高等职业教育扩招系列教材

U0965314

作物病虫草害防治

王学顺　主编

中国农业大学出版社
·北京·

内容简介

本书是高等职业教育扩招系列教材，在编写体例上充分体现了高职扩招人才培养目标和就业岗位群对人才能力需求的特点。本教材按职业岗位的能力和要求设计教材内容，突出“理论知识够用，实践技能适用”的原则。全书采取模块项目化编写，包括知识目标、能力目标、模块小结、模块巩固。全书分为 6 个模块、29 个工作项目，并有黑白插图、二维码识别图片。

本书以工作项目为主线，使“教、学、做”一体化呈现，体例新颖、层次清晰，深入浅出，实用性、针对性和可操作性强，突出了农业职业综合能力素质的培养。本书适用于高职扩招农业技术类专业，也可供成人教育种植和农业生产方向的工作人员参考使用。

图书在版编目(CIP)数据

作物病虫草害防治/王学顺主编. —北京：中国农业大学出版社，2020. 12
农业技术类专业用
ISBN 978-7-5655-2512-4

Ⅰ. ①作… Ⅱ. ①王… Ⅲ. ①作物-病虫害防治-高等职业教育-教材②作物-除草-高等职业教育-教材 Ⅳ. ①S43②S45

中国版本图书馆 CIP 数据核字(2020)第 271846 号

书　　名 作物病虫草害防治
作　　者 王学顺 主编

策　　划 康昊婷 张 玉 张 蕊　　**责任编辑** 张 玉 邢永丽
封面设计 郑 川
出版发行 中国农业大学出版社
社　　址 北京市海淀区圆明园西路 2 号　　**邮政编码** 100193
电　　话 发行部 010-62733489,1190　　读者服务部 010-62732336
编辑部 010-62732617,2618　　出 版 部 010-62733440
网　　址 http://www.caupress.cn　　**E-mail** cbsszs@cau.edu.cn
经　　销 新华书店
印　　刷 北京鑫丰华彩印有限公司
版　　次 2021 年 2 月第 1 版　2021 年 2 月第 1 次印刷
规　　格 787×1092　16 开本　13.5 印张　330 千字
定　　价 42.00 元

系列教材编审委员会

编写人员

主　编　王学顺　黑龙江农业职业技术学院

副主编　孙　雪　黑龙江农业职业技术学院

　　　　李婷婷　哈尔滨市园林动植物检疫站

参　编　胡法龙　黑龙江农业职业技术学院

　　　　杨巧红　黑龙江农业职业技术学院

　　　　李小为　黑龙江农业职业技术学院

总序

黑龙江是农业大省。黑龙江农业职业技术学院是三江平原上唯一一所农业类高职院校，也是与区域社会经济发展联系非常紧密的农业类高职院校，具有服务国家“乡村振兴”战略的地缘优势。在过去70多年的办学历史中，涉农专业办学历史悠久，培养了大批工作在农业战线上的优秀人才。在长期培养实用型人才、服务区域经济发展的实践中，学院形成了“大力发展农业职业教育不动摇、根植三江沃土不动摇和为‘三农’服务不动摇”的办学理念。20世纪90年代初，学院在农业职业教育领域率先实施模块式教学，在全国农业职业教育教学改革中走在前列。学院不断深化改革，努力服务经济社会发展；不断创新办学模式，努力提升人才培养质量。近年来学院先后晋升为省级骨干院校、省级现代学徒制试点院校，在服务区域经济社会方面成效显著。

学院涉农专业是省级重点专业，有国家财政重点支持的实训基地；有黑龙江三江农牧职教集团，校企合作办学成效显著，有实践经验丰富的“双师”队伍，有省级领军人才梯队，师资力量雄厚。

2019年，学院深入贯彻落实教育部等六部门印发的《高职扩招专项工作实施方案的通知》、教育部办公厅《关于做好扩招后高职教育教学管理工作的指导意见》和国务院印发的《国家职业教育改革实施方案》等文件精神，创新性地完成高职扩招任务，招生人数位居全省首位。学院针对扩招学生的实际情况和特点，实施弹性学制，采用灵活多样的教学模式，积极推进“三教”改革。依靠农学分院和动物科技分院的专业优势，根据区域经济发展的特点，针对高职扩招生源的特点，出版了种植类和畜牧类高职扩招系列特色教材。

种植类专业核心课程系列教材包括《植物生长与环境》《配方施肥技术》《作物生产与管理》《经济作物生产与管理》《作物病虫草害防治》《作物病害防治》《农业害虫防治》《农田杂草及防除》共计8种。教材在内容方面，本着深浅适宜、实用够用的原则，突出科学性、实践性和针对性；在内容组织形式方面，以图文并茂为基础，附加实物照片等相应的信息化教学资源，突出教材的直观性、真实性、多样性和时代性，激发学生的学习兴趣。

畜牧类专业教材包括《动物病理》《动物药理》《动物微生物与免疫》《畜禽环境控制技术》《畜牧场经营与管理》《动物营养与饲料》《动物繁育技术》《动物临床诊疗技术》《畜禽疾病防治技术》《养禽与禽病防治》《养猪与猪病防治》《牛羊生产与疾病防治》《中兽医》《宠物内科》《宠物传染病与公共卫生》《宠物外科与产科》共计16本。教材注重还原畜禽生产实际，坚持以够用、实用及适用为原则，着力反映现代畜禽生产及疾病防控前沿的新技术新技能，突出解决寒地畜禽生产中的关键问题。

本系列教材内容紧贴企业生产实际，紧跟行业变化，理论联系实际，突出实用性、前沿性。教材语言阐述通俗易懂，理论适度由浅入深，技能训练注重实用，教材均由具有丰富实践经验的教师和企业一线工作人员编写。

本系列教材将素质教育、技能培养和创新实践有机地融为一体。希望通过它的出版不仅很好地满足我院及兄弟院校相关专业的高职扩招教学需要，而且对北方种植业和畜牧业生产，以及专业建设、课程建设与改革，提高教学质量等起到积极推动作用。

院长：

前 言

作物病虫草害防治是高职百万扩招作物生产技术专业的专业课程之一。根据教育部《关于加强高职高专教育人才培养工作的意见》(教高〔2000〕2号)《关于全面提高高等职业教育教学质量的若干意见》(教高〔2006〕16号)等文件精神,我们本着"教材要与岗位技术标准对接、着力培养学生就业创业能力"的原则编写本教材。

在农业经济的发展过程中,我们需要对农作物病虫草害进行有效预防,保护农作物健康生长发育。本书系统阐述植物病害诊断技术、作物害虫识别技术、农田杂草识别技术、主要农作物病害防治、主要农作物害虫防治、主要农作物杂草防除六大方面。力求使学生在学习过程中自觉树立"预防为主、综合防治"的观念,有效防治植物病虫草害,达到优质、高产、高效益的目的。

本教材针对高职百万扩招教育培养目标,按职业岗位的能力和要求设计教材内容,突出"理论知识够用,实践技能适用"的原则。全书采取模块项目化编写,分为知识目标、能力目标、模块小结、模块巩固。全书分为6个模块、29个工作项目,并有黑白插图、二维码识别图片。

我国不同地区的病虫草害种类和发生规律差异很大,因此,各院校可根据当地的实际情况,选择相关项目内容组织教学。

本教材由王学顺担任主编,由孙雪、李婷婷担任副主编,胡法龙、杨巧红、李小为参编。编写分工如下:王学顺负责编写前言、模块一、模块三、模块四;孙雪负责编写模块二;李婷婷负责模块五中的项目一、二、三、四、五、六;胡法龙负责编写模块五中的项目七、八;杨巧红负责编写模块六中的项目一、二、三;李小为负责编写模块六中的项目四、五。全书由王学顺负责统稿、审校等工作。

本书编写过程中得到黑龙江农业职业技术学院农学院、教务处领导和同事们的大力支持。本书在编写过程中参阅、参考和引用了大量的有关文献资料,在此对被引用教材和专著文献的编著者一并表示真挚的感谢。

由于编者水平有限,编写时间紧张,不足之处在所难免,敬请各位专家、同行以及使用本教材的教师、学生提出宝贵意见,以便改正。

编 者

2020年9月

目 录

模块一　植物病害诊断技术 …… 1

项目一　植物病害的基本概念 …… 1

一、植物病害的定义和类型 …… 1

二、植物病害的病原和症状 …… 2

项目二　植物病害的病原物 …… 5

一、植物病原真菌 …… 5

二、植物病原原核生物 …… 12

三、植物病原病毒 …… 14

四、植物病原线虫 …… 15

五、寄生性种子植物 …… 16

项目三　植物侵染性病害的发生和发展 …… 17

一、病原物的寄生性与致病性 …… 17

二、寄主植物的抗病性 …… 18

三、植物侵染性病害的侵染过程 …… 19

四、病害的侵染循环 …… 21

五、植物病害流行的因素 …… 22

模块二　作物害虫识别技术 …… 25

项目一　昆虫的外部形态识别 …… 25

一、昆虫与人类的关系 …… 25

二、昆虫的特征 …… 25

三、昆虫的头部 …… 26

四、昆虫的胸部 …… 29

五、昆虫的腹部 …… 31

六、昆虫的体壁 …… 31

项目二　昆虫的繁殖与发育 …… 32

一、昆虫的生殖方式 …… 32

二、昆虫的变态 …… 33

三、昆虫的世代和年生活史 …… 36

四、昆虫的主要习性 …… 38

项目三　昆虫发生与环境的关系 …… 39

一、气候因素对昆虫的影响 …… 39

二、生物因素对昆虫的影响 …… 41
三、土壤因素对昆虫的影响 …… 41
四、农业生产活动对昆虫的影响 …… 42
项目四 农业昆虫常见类群的识别 …… 42
一、昆虫的分类及命名 …… 42
二、农业昆虫常见目科的识别 …… 43

模块三 农田杂草识别技术 …… 52
项目一 农田杂草的种类识别 …… 52
一、杂草概念 …… 52
二、杂草的为害 …… 52
三、农田杂草的发生特点 …… 53
四、杂草的分类 …… 53
五、我国主要作物田草相 …… 53
项目二 农田杂草的防除原理及方法 …… 64
一、除草剂的分类 …… 64
二、除草剂的吸收、传导及作用机制 …… 65
三、除草剂的选择性及生产应用 …… 66

模块四 主要农作物病害防治 …… 70
项目一 水稻主要病害防治技术 …… 70
一、水稻苗期病害 …… 70
二、水稻稻瘟病 …… 72
三、水稻纹枯病 …… 74
四、水稻稻曲病 …… 76
五、水稻细菌性条斑病 …… 77
六、水稻恶苗病 …… 79
项目二 玉米主要病害防治技术 …… 80
一、玉米大斑病 …… 80
二、玉米小斑病 …… 81
三、玉米丝黑穗病 …… 83
四、玉米黑粉病 …… 85
项目三 大豆主要病害防治技术 …… 87
一、大豆花叶病 …… 87
二、大豆霜霉病 …… 88
三、大豆胞囊线虫病 …… 89
四、大豆疫霉根腐病 …… 90
五、大豆菌核病 …… 91
项目四 小麦主要病害防治技术 …… 92

一、小麦锈病 …… 92
二、小麦白粉病 …… 94
三、小麦赤霉病 …… 95
四、麦类黑穗病 …… 97
项目五　马铃薯主要病害防治技术 …… 98
一、马铃薯病毒病 …… 98
二、马铃薯晚疫病 …… 100
三、马铃薯早疫病 …… 103
四、马铃薯环腐病 …… 103
项目六　蔬菜主要病害防治技术 …… 105
一、蔬菜苗期病害 …… 105
二、白菜软腐病 …… 107
三、番茄病毒病 …… 108
四、番茄灰霉病 …… 109
五、茄子褐纹病 …… 110
六、茄子黄萎病 …… 111
七、辣椒炭疽病 …… 112
八、黄瓜霜霉病 …… 114
九、黄瓜枯萎病 …… 115
十、菜豆锈病 …… 116
十一、萝卜白斑病 …… 117
十二、番茄晚疫病 …… 117
十三、番茄早疫病 …… 118
项目七　果树主要病害防治技术 …… 119
一、苹果树腐烂病 …… 119
二、苹果轮纹病 …… 121
三、苹果斑点落叶病 …… 121
四、梨黑星病 …… 122
五、梨锈病 …… 124
六、葡萄黑痘病 …… 125
七、葡萄霜霉病 …… 126
八、葡萄白腐病 …… 127

模块五　主要农作物害虫防治 …… 130
项目一　地下害虫防治技术 …… 130
一、蛴螬类 …… 130
二、蝼蛄类 …… 132
三、金针虫 …… 134
四、地老虎类 …… 135

五、根蛆、蟋蟀、白蚁…… 137
六、地下害虫的综合治理措施…… 140
项目二 水稻主要害虫防治技术…… 142
一、稻潜叶蝇…… 142
二、水稻负泥虫…… 144
三、二化螟…… 145
四、稻飞虱…… 147
五、稻水象甲…… 149
六、稻纵卷叶螟…… 150
项目三 玉米主要害虫防治技术…… 152
一、玉米螟…… 152
二、黏虫…… 154
三、玉米蚜…… 155
四、东亚飞蝗…… 156
项目四 大豆主要害虫防治技术…… 159
一、大豆食心虫…… 159
二、大豆蚜…… 161
三、大豆根潜蝇…… 162
项目五 小麦主要害虫防治技术…… 164
一、麦蚜…… 164
二、小麦吸浆虫…… 165
三、小麦害螨…… 166
项目六 马铃薯主要害虫防治技术…… 167
一、马铃薯瓢虫…… 167
二、马铃薯甲虫…… 169
项目七 蔬菜主要害虫防治技术…… 171
一、菜蚜…… 171
二、小菜蛾…… 172
三、菜粉蝶…… 173
四、斜纹夜蛾…… 174
五、美洲斑潜蝇…… 175
六、温室白粉虱…… 176
项目八 果树主要害虫防治技术…… 177
一、桃小食心虫…… 177
二、梨小食心虫…… 178
三、苹小食心虫…… 179
四、苹果小卷叶蛾…… 179
五、顶梢卷叶蛾…… 180
六、果树红蜘蛛类…… 181

七、果树蚜虫类…………………………………………………………… 182
八、桃红颈天牛…………………………………………………………… 183
九、桑白蚧………………………………………………………………… 184
十、梨星毛虫……………………………………………………………… 185
十一、天幕毛虫…………………………………………………………… 185

模块六　主要农作物杂草防除……………………………………………… 188
项目一　水稻田杂草防除技术…………………………………………… 188
一、水稻秧田杂草防除技术…………………………………………… 188
二、水稻本田杂草防除技术…………………………………………… 189
三、抛秧本田杂草防除技术…………………………………………… 191
四、水稻直播田杂草防除技术………………………………………… 191
项目二　玉米田杂草防除技术…………………………………………… 192
一、播后苗前封闭处理………………………………………………… 193
二、苗后茎叶处理……………………………………………………… 193
项目三　大豆田杂草防除技术…………………………………………… 194
一、播后苗前土壤封闭处理…………………………………………… 194
二、茎叶喷雾处理……………………………………………………… 194
三、大豆田恶性杂草防除……………………………………………… 195
项目四　小麦田杂草防除技术…………………………………………… 195
一、麦田杂草的发生规律……………………………………………… 196
二、麦田杂草防除策略………………………………………………… 196
三、冬麦区杂草防除技术……………………………………………… 196
四、春麦区杂草防除技术……………………………………………… 197
项目五　其他作物田杂草防除技术……………………………………… 197
一、马铃薯田杂草防除技术…………………………………………… 197
二、油菜田杂草防除技术……………………………………………… 197
三、甜菜田杂草防除技术……………………………………………… 198
四、棉花田杂草防除技术……………………………………………… 199

参考文献…………………………………………………………………… 201

模块一

植物病害诊断技术

【知识目标】

通过本模块学习，了解植物病害的类型和症状、作物病害常见病原物的类群，了解侵染性病害的发生发展规律，为学习植物病害防治技术打下良好的基础。

【能力目标】

具备植物症状的诊断和识别的能力，根据植物受害的状况，初步诊断植物病害病原类型。能够针对常发生病害的病征部位，独立完成病害镜检工作。

项目一　植物病害的基本概念

一、植物病害的定义和类型

（一）植物病害的定义和类型

1. 植物病害的定义

植物在生长发育和贮藏运输过程中，由于遭受病原生物的侵染或不利的非生物因素的影响，使其生长发育受到阻碍，导致产量降低、品质变劣、甚至死亡的现象，称为植物病害。植物病害的病因是病原生物或不良环境条件，一般将由植物自身遗传因素造成的病害排除在外。

植物发生病害后，由于病原的影响，在生理上、组织上、形态上发生变化并持续发展的过程称为病理程序，各种植物病害的发生都经过一定的病理程序。与植物病害相比，风、雹、昆虫以及高等动物对植物造成的机械损伤，没有逐渐发生的病理程序，因此不是病害。

从生物学观点考虑，菰草感染黑粉菌后幼茎形成肉质肥嫩的茭白，韭菜在弱光下栽培成为幼嫩的韭黄，是由于植物本身正常生理机制受到干扰形成了异常后果，属于植物病害。但从经济学观点考虑，由于其经济价值提高了，则不认为是植物病害。

植物生病的原因称为病原。病原是病害发生过程中起直接作用的主导因素。能够引起植物病害的病原分为生物因素和非生物因素两大类。由生物因素导致的病害称为侵（传）染性病害，非生物因素导致的病害称为非侵(传)染性病害，又称生理病害。

生物性病原被称为病原生物或病原物。植物病原物大多具有寄生性，因此病原物也被称为寄生物，它们所依附的植物被称为寄主植物，简称寄主。

非侵染性病害是由不良环境条件引起的，有病原和寄主两个条件存在即可发生。但侵染性病害的发生需要病原、寄主和环境条件的协同作用。环境条件可以影响病原物，促进或抑制其生长发育，同时也可以影响寄主，增强或降低其抗病能力。只有环境条件有利于病原物而不利于寄主时，病害才能发生和发展；反之，若环境条件有利于寄主而不利于病原物时，病害就可能不发生或发展受到抑制。病原、寄主和特定的环境条件三者之间的关系称为病害三要素。

2. 植物病害的类型

(1) 按病原类型分类　植物病害可分为侵染性病害和非侵染性病害。侵染性病害按病原物的种类分为真菌病害、病毒病害、原核生物病害、线虫病害和寄生性种子植物病害。非侵染性病害分为土壤水分失调引起的病害、温度不适宜引起的病害、营养失调造成的病害、有毒物质的污染引起的病害、植物的药害等。

(2) 按寄主植物类别分类　植物病害可分为农作物病害、果树病害、蔬菜病害、花卉病害以及林木病害等，农作物病害又分为麦类病害、水稻病害、大豆病害、玉米病害等。这种分类方法便于制订某种植物多种病害的综合防治方案。

(3) 按传播途径分类　植物病害可分为气流传播病害、土传病害、水流传播病害、种苗传播病害、昆虫介体传播病害等。这种分类方法有利于依据传播方式采取防治措施。

(4) 按受害部位分类　植物病害可分为叶部病害、茎秆病害、花器病害、果实病害和根部病害等。

另外，还可以按照生育期、病害的流行速度和病害的重要性进行分类。如苗期病害、贮藏期病害、流行病害、主要病害、次要病害等。

二、植物病害的病原和症状

症状是植物感病后在一定环境条件下，在生理上、组织上、形态上发生病变所表现的特征。植物病害的症状包括病状和病征，植物本身的不正常表现称为病状，病原物在发病部位的特征性表现称为病征。通常病害都有病状和病征，但也有例外。非侵染性病害不是由病原物引发的，因而没有病征。侵染性病害中只有真菌、细菌、寄生性植物所致的病害有病征，病毒、类病毒、植原体和线虫所致的病害无病征。

无论是非侵染性病害还是侵染性病害，都是由生理病变开始，随后发展到组织病变和形态病变。因此，症状是植物内部一系列复杂病理变化在植物外部的表现。各种植物病害的症状都有一定的特征和稳定性，对于植物的常见病和多发病，可以依据症状进行识别。

1. 病状

二维码 1-1-1
病状类型实物图片

(1) 变色　是指植物的局部或全株失去正常的颜色。变色是由于色素比例失调造成的，其细胞并没有死亡。变色以叶片变色最为多见。如花叶、斑驳、褪绿、黄化、红化、紫化和明脉等。

(2) 坏死　是指植物细胞和组织的死亡。多为局部小面积发生这类病状。如各种病斑、穿孔、环斑、叶枯、叶烧、疮痂、溃疡、猝倒和立枯等。

(3) 腐烂　是指植物大块组织的分解和破坏。如干腐、湿腐和软腐等。根据腐烂的部位不同又有根腐、茎基腐、果腐、花腐等。

(4) 萎蔫　是指植物的整株或局部因脱水而枝叶下垂的现象。主要由于植物维管束受到毒害或破坏,水分吸收和运输困难造成的。病原物侵染引起的萎蔫一般不能恢复,萎蔫有局部性的和全株性的。植株失水迅速仍能保持绿色的称青枯,不能保持绿色的称枯萎和黄萎。

(5) 畸形　植物受害部位的细胞生长发生促进性或抑制性的病变,使被害植物全株或局部形态异常如矮化、矮缩、丛枝、皱缩、卷叶、肿瘤等。畸形多由病毒、类病毒、植原体等病原物侵染引发的。

植物病害常见病状类型见表 1-1 所示。

表 1-1　植物病害常见病状类型

病状类型	表现形式		发生特点
变色	叶片等器官均匀变色	褪绿	叶片呈现均匀褪绿,变为浅绿色;叶脉褪绿后变为半透明状,形成明脉
		黄化、褪色	植物器官失去原有色泽,呈现黄化、白化、红化或紫化等
	叶片等器官不均匀变色	花叶	叶片呈现深浅绿色不匀、浓淡镶嵌的现象,各种颜色轮廓清晰
		斑驳	斑驳与花叶的不同是颜色轮廓不清晰
坏死	植物组织受害后引起局部细胞和组织的死亡	斑点	根据斑点特点分别称为角斑、条斑、褐斑、黑斑、紫斑、圆斑、大斑、小斑、轮斑、环斑等
		穿孔	叶片病斑坏死组织后期脱落
		疮痂	病斑表面粗糙,有时木栓化而稍有突起
		叶枯	叶片上较大面积枯死,枯死的边缘轮廓不明显
		叶烧	叶尖和叶缘大面积枯死
		溃疡	木质部坏死,病部稍微凹陷,周围的寄主细胞有时木栓化
		梢枯	分枝从顶端向下枯死,一直扩展到主茎或主干
		立枯	幼苗近地面的茎组织坏死,死而不倒
		猝倒	幼苗近地面的茎组织坏死,迅速倒伏
腐烂	植物组织较大面积的分解和破坏	干腐	组织腐烂时解体较慢,水分及时蒸发使病部表皮干缩
		湿腐	组织腐烂时解体很快,不能及时失水
		软腐	中胶层受到破坏,组织的细胞离析后再发生细胞的消解
萎蔫	植物根茎的维管束组织受到破坏而发生的凋萎现象	生理性萎蔫	植物因干旱失水使枝、叶萎垂
		青枯	植物根茎维管束组织受毒害或破坏,植株迅速失水,死亡后叶片仍保持绿色
		枯萎和黄萎	植物根、茎维管束组织受毒害或破坏,引起叶片枯黄、萎凋

续表 1-1

病状类型	表现形式			发生特点
畸形	植株受病原物分泌激素物质或干扰寄主代谢的刺激而表现的异常生长	增大	徒长	病组织的局部细胞体积增大，数量不增多
		增生	发根	不定根大量萌发使根系过度分枝而成丛生状
			丛枝	植物主、侧枝顶芽被抑制，侧芽受刺激大量萌发形成成簇枝条
			肿瘤	病组织的薄壁细胞分裂加快，数量迅速增多
		减生	矮缩	茎秆或叶柄的发育受阻，植株不成比例地变小，叶片卷缩
			矮化	枝叶等器官的生长发育均受阻，生长成比例地受到抑制
		变态	卷叶	叶片沿主脉平行方向向上或向下卷
			缩叶	叶片沿主脉垂直方向向上或向下卷
			皱缩	叶面高低不平
			蕨叶	叶细长，狭小，叶肉组织退化
			花变叶	花瓣变为绿色的叶片状
			缩果	果面凹凸不平
			袋果	果实变长呈袋状，膨大中空，果肉肥厚呈海绵状

2. 病征

(1) 霉状物　植物发病部位常产生各种霉，它们是真菌的菌丝、孢子梗和孢子在植物表面形成的，其着生部位、颜色、质地、疏密变化较大。可分为霜霉、绵霉、灰霉、青霉、黑霉等。

(2) 粉状物　粉状物是一些孢子和孢子梗聚集在一起所表现的特征。根据粉状物的颜色不同可分为锈粉、白粉、黑粉和白锈。

(3) 粒状物　粒状物是在病部产生的形状、大小、色泽和排列方式各不相同的小颗粒。如真菌的子囊壳、分生孢子器、分生孢子盘及菌核等。

(4) 伞状物和线状物　伞状物是真菌形成的较大型的子实体，蘑菇状，颜色有多种变化。如子囊盘等。线状物是真菌菌丝体形成较细的索状结构。

二维码 1-1-2
病征类型实物图片

上述四种脓状物种病症是植物病原真菌所具有的病征。

(5) 脓状物　是植物病原原核生物中细菌性病害所具有的病征。病部溢出的脓状黏液在气候干燥时形成菌痂或菌胶粒。如水稻白叶枯病、棉花细菌性角斑病。

植物病害常见病征类型见表 1-2 所示。

表 1-2　植物病害常见病征类型

病征类型	表现形式	特点及代表病害	病害
霉状物	霉层	病部产生各种颜色的绒毛状物，如赤霉、霜霉、青霉、黑霉、绵霉、灰霉	小麦赤霉病、大豆霜霉病、稻苗疫霉病、烟草早疫病
粉状物	粉层	病部产生各种颜色的粉末状物，如白粉、黑粉、锈粉和白锈	小麦白粉病、高粱丝黑穗病、玉米锈病、油菜白锈病

续表 1-2

病征类型	表现形式	特点及代表病害	病害
粒状物	小黑点或不规则形颗粒	一种是针尖大小的小黑点，是真菌的子囊壳、分生孢子器等；另一种是菜籽形或不规则形的菌核，多为褐色	油菜菌核病、马铃薯早疫病
伞状物和线状物	伞状物和线状物	伞状物是真菌形成的较大型子实体，蘑菇状；线状物是真菌形成的菌索结构，白色或紫褐色，似植物的根	甘薯紫纹羽病、果树根朽病
脓状物	溢脓	细菌性病害所具有的脓状黏液，干燥时形成菌胶粒	水稻白叶枯病、棉花细菌性角斑病

项目二　植物病害的病原物

一、植物病原真菌

真菌是最重要的一类病原物，真菌的主要特征是有固定的细胞核。典型的营养体是菌丝体，没有叶绿素，需要从外界吸收营养物质。繁殖方式是产生各种孢子。几乎所有的高等植物都受到一种或几种真菌所侵染。有一些农作物如棉花、马铃薯、水稻、小麦等都能受到几十种真菌的危害。真菌所致病害也是多种多样的，因此了解真菌的一般性状对于有效地防治植物真菌病害是必不可少的。

（一）植物病原真菌的一般性状

真菌生长和发育的一般过程先是经过一定时期的营养生长阶段，然后产生孢子繁殖。营养生长阶段的结构称为营养体，是真菌生长和营养积累时期。当营养生长进行到一定时期时，真菌转入繁殖阶段形成繁殖体，是真菌产生各种类型孢子进行繁殖的时期。大多数真菌的营养体和繁殖体形态差别明显。

1. 真菌的营养体

真菌的营养体指营养生长阶段的结构，除极少数真菌营养体是单细胞外（如酵母菌），典型的真菌营养体都是呈纤细的管状体，称为菌丝，多根菌丝交织集合成团称为菌丝体。菌丝多数无色，有的呈粉、黄、绿、褐等颜色。高等真菌的菌丝有隔膜，称为有隔菌丝；低等真菌的菌丝一般无隔膜，称为无隔菌丝。菌丝一般由孢子萌发产生的芽管生长而成，以顶部生长并延伸。菌丝每一部分都潜存着生长的能力，每一断裂的小段菌丝在适宜的条件下均可继续生长（图 1-1）。

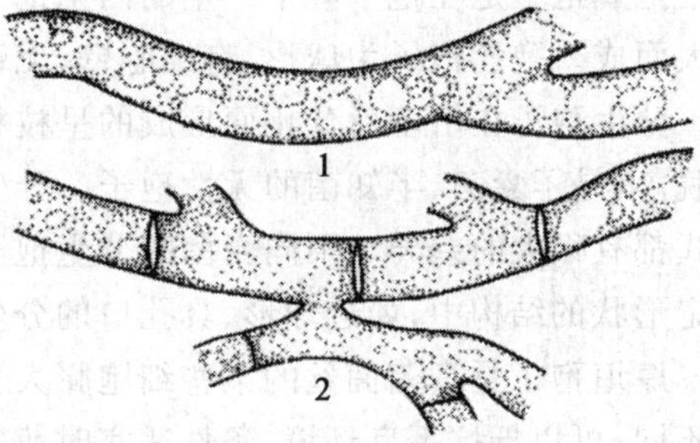

图 1-1　真菌菌丝体

1. 无隔菌丝　2. 有隔菌丝

寄生真菌以菌丝侵入寄主的细胞间或细胞

内吸收营养物质。当菌丝体与寄主细胞壁或原生质接触后，营养物质和水分进入菌丝体内。生长在细胞间的真菌，特别是专性寄生菌在菌丝体上形成吸器，伸入寄主细胞内吸收养分和水分。吸器的形状因真菌的种类不同而异，有掌状、丝状或分枝状、球状、指状等（图 1-2）。

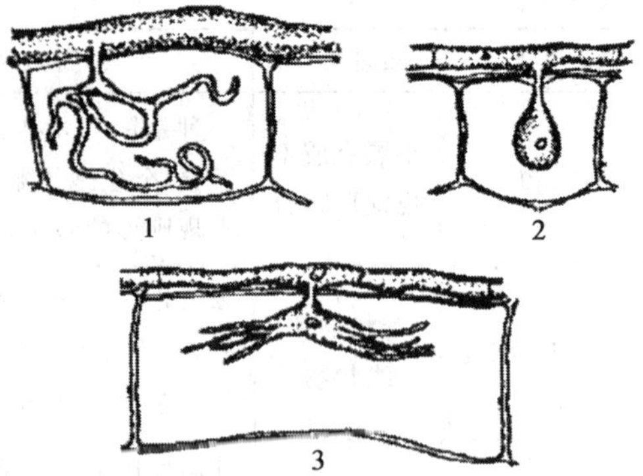

图 1-2 真菌吸器的类型

1. 分支状 2. 球状 3. 指状

真菌的菌丝体一般是分散的，但有时可以密集形成菌组织。真菌的菌组织还可以形成菌核、子座和菌索等变态类型。

菌核是由菌丝紧密交织而成的较坚硬的休眠体，菌核的形状和大小差异较大，通常似菜籽状、鼠粪或不规则状。大的如拳头，小的需在显微镜下才能观察到。颜色初期常为白色或浅色，成熟后为褐色或黑色，多较坚硬。菌核的功能主要是抵抗不良环境，当条件适宜时，菌核能萌发产生新的菌丝体或在上面形成产孢机构。子座垫状，子座的主要功能是形成产孢机构，也有抵抗不良环境的作用。

2. 真菌的繁殖体

真菌经过营养生长阶段后，即进入繁殖阶段，形成各种繁殖体即子实体。大多数真菌只将一部分营养体分化为繁殖体，其余营养体仍然进行营养生长。真菌的繁殖方式分为无性和有性两种，无性繁殖产生无性孢子，有性繁殖产生有性孢子。孢子的功能相当于高等植物的种子。

（1）无性繁殖及无性孢子的类型　无性繁殖是指真菌不经过性细胞或性器官的结合，直接从营养体上产生孢子的繁殖方式，所产生的孢子称为无性孢子。无性孢子在一个生长季中，环境适宜的条件下可以重复产生多次，是病害迅速蔓延扩散的重要孢子类型。但其抗逆性差，环境不适宜便很快失去生活力。

游动孢子是在游动孢子囊中产生的内生孢子，是鞭毛菌的无性孢子。游动孢子囊由菌丝或孢囊梗顶端膨大而成，呈球形、卵形或不规则形。游动孢子为肾形、梨形，无细胞壁，具 1～2 根鞭毛，可在水中游动。

孢囊孢子是在孢子囊中产生的内生孢子，是结合菌的无性孢子。孢子囊由孢囊梗的顶端膨大而成。孢囊孢子为球形，有细胞壁，无鞭毛，释放后可随风飞散。

分生孢子在由菌丝分化而形成的呈枝状的分生孢子梗上产生，成熟后分生孢子从孢子梗上脱落，是子囊菌、半知菌的无性孢子。分生孢子的种类很多，形状、大小、色泽、形成和着生的方式都有很大的差异。不同真菌的分生孢子梗为散生或丛生，有些真菌的分生孢子梗着生在特定形状的结构中，如近球形、具孔口的分生孢子器和杯状或盘状的分生孢子盘。

厚垣孢子是真菌菌丝的某些细胞膨大变圆、原生质浓缩、细胞壁加厚而形成的，与无性孢子不同，可以抵抗不良环境，条件适宜时萌发形成菌丝（图 1-3）。

（2）有性繁殖及有性孢子的类型　有性繁殖指真菌通过性细胞或性器官的结合而产生孢子的繁殖方式。有性繁殖产生的孢子称为有性孢子。真菌的性细胞，称为配子，性器官称为配子囊。真菌的有性孢子多数一个生长季产生一次，且多在寄主生长后期，它有较强的生活力和

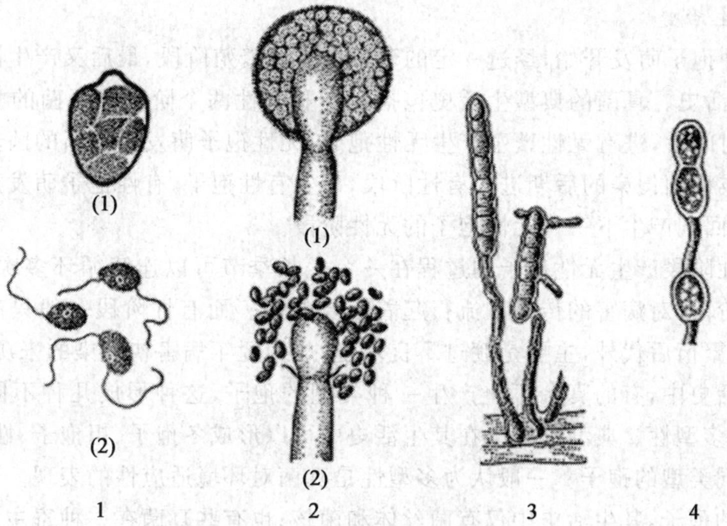

图 1-3　真菌的无性孢子

1. 游动孢子(1)孢子囊(2)游动孢子　2. 孢囊孢子(1)孢子囊和孢囊梗
(2)孢子囊释放出孢囊孢子　3. 分生孢子梗　4. 厚垣孢子

对不良环境的忍耐力，常是越冬的孢子类型和次年病害的初侵染来源。

卵孢子球形、厚壁，如鞭毛菌亚门卵菌的有性孢子。

接合菌亚门的有性孢子称为接合孢子。

子囊孢子在子囊中产生。子囊是无色透明、棒状或卵圆形的囊状结构。每个子囊中一般形成 8 个子囊孢子，子囊孢子形态差异很大。子囊通常产生在有包被的子囊果内。子囊果一般有 4 种类型：球状无孔口的闭囊壳；瓶状或球状、有真正壳壁和固定孔口的子囊壳；盘状或杯状的子囊盘。如子囊菌亚门的有性孢子。

担孢子通常在担子上产生，1 个担子产生 4 个外生担孢子。如担子菌亚门真菌的有性孢子(图 1-4)。

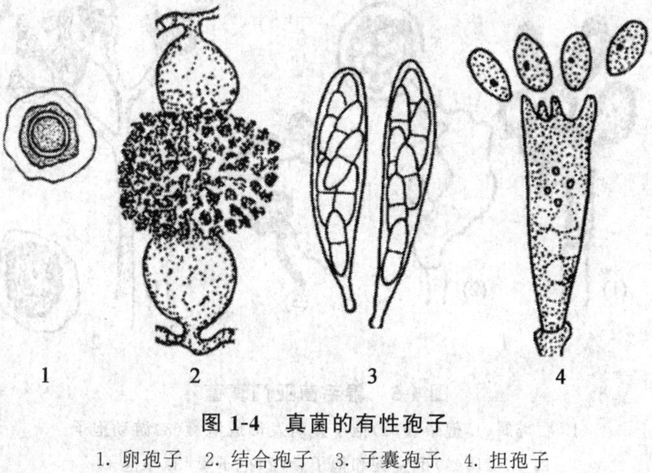

图 1-4　真菌的有性孢子

1. 卵孢子　2. 结合孢子　3. 子囊孢子　4. 担孢子

3. 真菌的生活史

真菌从一种孢子萌发开始，经过一定的营养生长和繁殖阶段，最后又产生同一种孢子的过程，称为真菌生活史。真菌的典型生活史包括无性和有性两个阶段。真菌的菌丝体在适宜条件下生长一定时间后，进行无性繁殖产生无性孢子，无性孢子萌发形成新的菌丝体。菌丝体在植物生长后期或病菌侵染的后期进入有性阶段，产生有性孢子，有性孢子萌发产生芽管进而发育成为菌丝体，回到产生下一代无性孢子的无性阶段。

真菌在无性阶段产生无性孢子的过程在一个生长季节可以连续循环多次，是病原真菌侵染寄主的主要阶段，对病害的传播和流行起着重要作用。而有性阶段一般只产生一次有性孢子，其作用除了繁衍后代外，主要是渡过不良环境，成为翌年病害初侵染的来源。

在真菌生活史中，有的真菌不止产生一种类型的孢子，这种形成几种不同类型孢子的现象，称为真菌的多型性。典型的锈菌在其生活史中可以形成冬孢子、担孢子、性孢子、锈孢子和夏孢子 5 种不同类型的孢子。一般认为多型性是真菌对环境适应性的表现。有些真菌根本不产生任何类型的孢子，其生活史中仅有菌丝体和菌核；也有些真菌在一种寄主植物上就可完成生活史，称单主寄生，大多数真菌都是单主寄生。有的真菌需要在两种或两种以上不同的寄主植物上交替寄生才能完成其生活史，称为转主寄生，如锈菌。

有些真菌的有性阶段到目前还没有发现，其生活史仅指其无性阶段。了解真菌的生活史，可根据病害在一个生长季的变化特点，有针对性地制定相应的防治措施。

（二）植物病原真菌的主要类群

真菌不仅分布广泛，遍布地上、地下和水中，以及各种生物体的内外。真菌的种类繁多，在医药、农业、工业上也有各种真菌的应用。植物病原真菌主要归入五个亚门。

1. 鞭毛菌亚门

鞭毛菌亚门真菌的营养体是单细胞或者是没有隔膜的菌丝体，无性繁殖产生游动孢子囊，游动孢子囊释放出游动孢子；有性繁殖形成卵孢子。大多数生于水中，少数具有两栖和陆生习性。有腐生的，也有寄生的（图 1-5）。

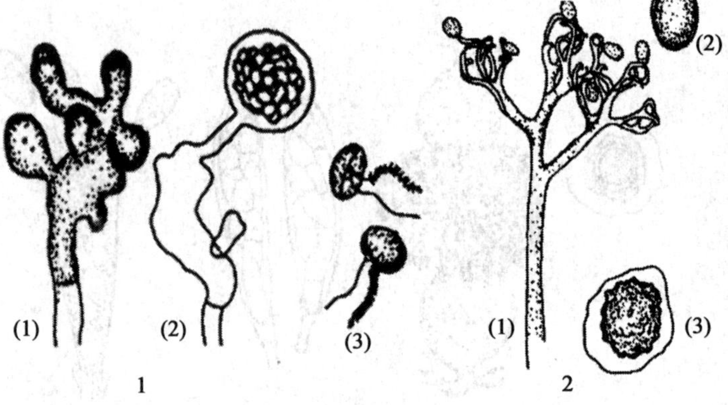

图 1-5　鞭毛菌亚门真菌

1. 腐霉属(1)孢子囊(2)孢子囊萌发形成泡囊(3)游动孢子

2. 霜霉属(1)孢囊梗和孢子囊(2)孢子囊(3)卵孢子

鞭毛菌亚门重要属及所致病害见表1-3所示。

表1-3 鞭毛菌亚门重要属及所致病害

重要属	主要特征	代表性病害
绵霉属 *Achlya*	菌丝粗壮,很少分支,聚集在一起呈棉絮状。在菌丝顶端产生棍棒型游动孢子囊。多数腐生,少数弱寄生	水稻烂秧、稻苗绵腐病
腐霉属 *Pythium*	菌丝发达,无特殊分化的孢囊梗。在菌丝上顶生或间生球状、棒状或卵形的孢子囊,成熟时一般不脱落	瓜果腐烂病、多种植物猝倒病
疫霉属 *Phytophthora*	孢囊梗分支在产生的孢子囊处膨大,孢子囊球形、卵形或梨形,萌发时产生游动孢子或直接产生芽管。大多是兼性寄生的	马铃薯晚疫病
霜霉属 *Peronospora*	孢囊梗主轴较明显,粗壮,顶部有2～10次对称的二叉状分支,分支的顶端尖锐。孢子囊近卵形,无乳突,成熟时易脱落,萌发时直接产生芽管,偶尔释放游动孢子。是重要的高等植物专性寄生菌	大豆霜霉病、十字花科植物霜霉病
白锈属 *Albugo*	孢囊梗不分枝,短棍棒状,密集在寄主表皮下成栅栏状,孢囊梗顶端串生孢子囊。专性寄生菌	多种作物、杂草和十字花科植物白锈病

2. 接合菌亚门

接合菌亚门真菌的营养体为无隔菌丝体,无性繁殖在孢子囊内产生孢囊孢子,有性繁殖产生接合孢子。绝大多数为腐生菌,少数为弱寄生菌。与作物病害有关的主要有根霉属 *Rhizopus*,无隔菌丝分化出假根和匍匐丝,在假根对应处向上长出孢囊梗。孢囊梗单生或丛生,分支或不分支,顶端着生孢子囊。孢子囊球形,囊轴明显,成熟后囊壁消解或破裂,散出孢囊孢子。接合孢子表面有瘤状突起。引起薯类、水果和南瓜软腐病。

3. 子囊菌亚门

子囊菌亚门真菌除酵母菌为单细胞外,其他子囊菌的营养体都是分枝繁茂的有隔菌丝体,无性繁殖在孢子梗上产生分生孢子,产生分生孢子的子实体有分生孢子器、分生孢子盘、分生孢子束等;有性繁殖产生子囊和子囊孢子,大多数子囊菌的子囊产生在子囊果内,少数是裸生的。常见的子囊果有子囊壳、闭囊壳、子囊腔和子囊盘(图1-6)。

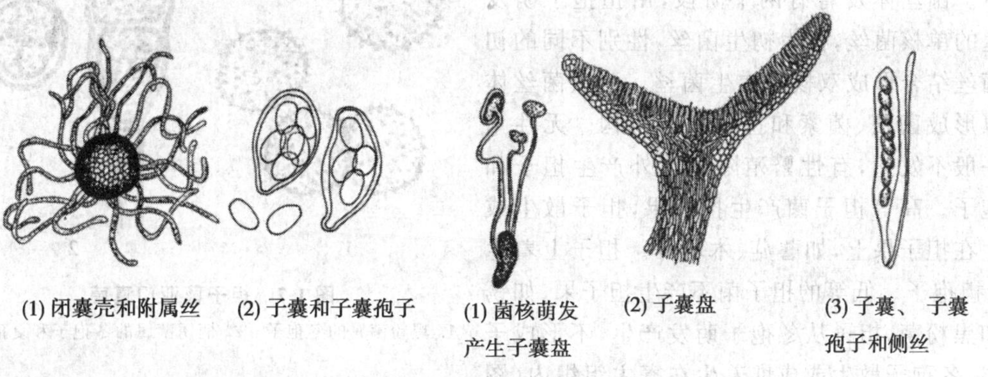

图1-6 子囊菌亚门真菌

1. 白粉菌属 2. 核盘菌属

子囊菌亚门重要属及所致病害见表 1-4 所示。

表 1-4 子囊菌亚门重要属及所致病害

重要属	主要特征	代表性病害
白粉菌属 *Erysiphe*	菌丝体大多在寄主表面,以吸器伸入表皮细胞吸收营养。分生孢子单胞,椭圆形,串生或单生,着生在分生孢子梗顶端。闭囊壳附属丝菌丝状,内含数个子囊,椭圆形或洋梨形,有柄。子囊内含2～8个子囊孢子,单细胞,无色。病部表面通常有一层白色粉状物,后期可出现许多黑色小粒点,即闭囊壳	豆类、烟草、油菜白粉病
布氏白粉属 *Blumiria*	分生孢子梗基部膨大呈近球形,闭囊壳附属丝不发达,呈短菌丝状。闭囊壳内含多个子囊	麦类白粉病
赤霉属 *Gibberalla*	子囊壳球形至圆锥形。子囊棍棒形,有柄。子囊孢子纺锤形,有2～3个分隔,无色。寄生,主要为害植物的茎、穗,引起腐烂。无性阶段为镰刀菌	小麦、大麦、黑麦、玉米赤霉病和水稻恶苗病
长喙壳属 *Ceratocystis*	子囊壳有一个球形的基部和细长的颈,颈的长度可达子囊壳直径的3倍以上,颈的端部常裂成须状,壳壁暗色。子囊近球形,不规则地散生在子囊壳内。子囊孢子单细胞、无色、椭圆形,成熟后从长颈的孔口挤出,并在孔口聚集成团。寄生或腐生,引起组织腐烂	甘薯黑斑病、甘蔗凤梨病
核盘菌属 *Sclerotinia*	产生在寄主表面的菌核多为黑色圆形。子囊盘由菌核产生,漏斗状或盘状,褐色。子囊圆柱形,子囊孢子单胞、无色、椭圆形。多数是腐生菌,主要引起植物茎基部、果实及贮藏器官的腐烂	油菜菌核病

4. 担子菌亚门

担子菌亚门真菌的营养体为发达的有隔菌丝体。菌丝体发育有两个阶段,由担孢子萌发产生的单核菌丝,称为初生菌丝,性别不同的初生菌丝结合形成双核的次生菌丝。双核菌丝体可以形成菌核、菌索和担子果等机构。无性繁殖一般不发达,有性繁殖除锈菌外产生担子和担孢子。高等担子菌产生担子果,担子散生或聚生在担子果上,如蘑菇、木耳等。担子上着生4个担孢子。低等的担子菌不产生担子果,如锈菌和黑粉菌,担子从冬孢子萌发产生,不形成子实层,冬孢子散生或成堆着生在寄主组织内(图1-7)。

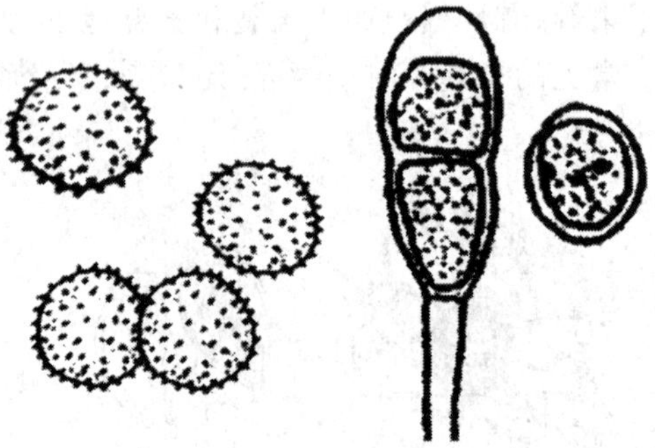

图 1-7 担子菌亚门真菌

1. 黑粉菌属的冬孢子 2. 柄锈菌属的冬孢子和夏孢子

担子菌亚门重要属及所致病害见表 1-5 所示。

表 1-5　担子菌亚门重要属及所致病害

重要属	主要特征	代表性病害
黑粉菌属	在寄主的各个部位产生冬孢子堆，黑褐色，成熟时呈粉末状。冬孢子散生，单胞，球形或近球形，表面光滑或有饰纹。冬孢子萌发产生有隔担子，担孢子顶生或侧生。有些种的冬孢子直接产生芽管侵入，不产生担孢子	小麦散黑穗病、玉米瘤黑粉病、谷子粒黑穗病、甘蔗黑粉病
轴黑粉菌属	与黑粉菌属相似，由菌丝体组成的膜包被在粉状或粒状孢子堆外面，孢子堆中间有由寄主维管束残余组织形成的中轴	高粱和玉米丝黑穗病、高粱散黑穗病、高粱坚黑穗病
腥黑粉菌属	冬孢子堆通常在寄主子房内产生，少数产生在寄主的营养器官上。谷粒成熟后破裂，散发出黑色粉末状的冬孢子堆，有腥臭味。冬孢子萌发产生无隔担子，其顶端集生多个担孢子	小麦腥黑穗病、小麦矮腥黑穗病
柄锈菌属	冬孢子堆产生在表皮下，大多突破表皮。单主或转主寄生。冬孢子双胞有柄，深褐色，椭圆，棒状；性孢子器球形；锈孢子器杯状或筒状，锈孢子单胞、球形；夏孢子黄褐色，单胞，有柄，有刺	麦类秆锈病、小麦条锈病、小麦叶锈病、玉米锈病、向日葵锈病、花生锈病

5. 半知菌亚门

半知菌亚门真菌的营养体多为分枝繁茂的有隔菌丝体，无性繁殖产生各种类型的分生孢子，多数种类有性阶段尚未发现，少数发现有性阶段的多属子囊菌，少数为担子菌。着生分生孢子的机构类型多样。有些种类分生孢子梗散生或呈束状，或着生在分生孢子座上；有些种类形成孢子果，分生孢子梗和分生孢子着生在近球形、具孔口的分生孢子器中，或盘状的分生孢子盘上（图 1-8）。

半知菌亚门重要属及所致病害见表 1-6 所示。

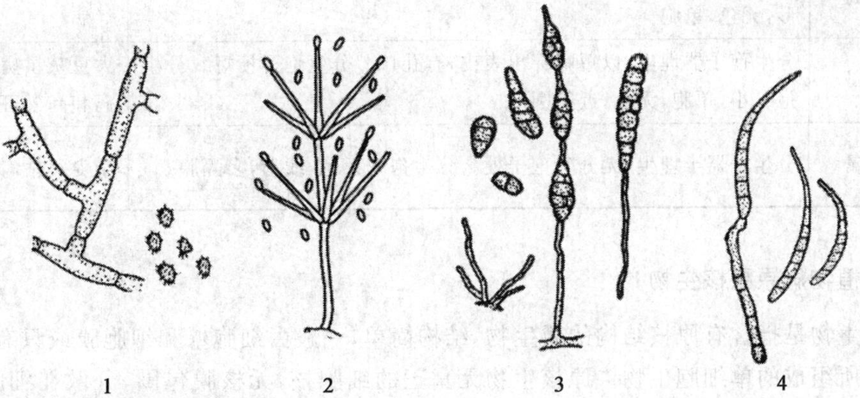

图 1-8　半知菌亚门真菌

1. 丝核菌属的菌丝和菌核　2. 轮枝孢属的分生孢子梗和分生孢子

3. 链格孢属的分生孢子梗和分生孢子　4. 尾孢属的分生孢子梗和分生孢子

表 1-6 半知菌亚门重要属及所致病害

重要属	主要特征	代表性病害
丝核菌属	产生菌核，菌核间有丝状体相连。菌丝多为近直角分枝，分枝处有缢缩	水稻、小麦纹枯病，棉花立枯病
小菌核属	产生菌核，菌核间无丝状体相连	引起多种植物白绢病和稻灰色菌核病
轮枝孢属	分生孢子梗直立，分枝，轮生、对生或互生。分生孢子单胞	引起棉花、大豆、马铃薯和烟草的黄萎病
链格孢属	分生孢子梗褐色，弯曲，孢痕明显。分生孢子单生或串生，褐色，卵圆形或倒棍棒形，有纵横分隔	马铃薯早疫病
曲霉属	分生孢子梗无色，不分枝，顶端膨大呈球形，产生放射状排列的小梗，顶端着生成串无色或淡色、单胞、圆形的分生孢子	玉米、高粱、花生、棉花种子腐败、烂果、烂铃和茎腐等
粉孢属	分生孢子梗短小，不分枝。分生孢子单胞，圆形，串生	多种植物白粉病
梨孢属	分生孢子梗无色或淡褐色，细长，很少分枝，单生或丛生。分生孢子无色或橄榄色，单生，梨形或倒棍棒形，大多两个隔膜	水稻稻瘟病
尾孢属	分生孢子梗黑褐色，丛生，不分枝，有时呈屈膝状。分生孢子线形、鞭形或蠕虫形，多胞	高粱紫斑病、甜菜褐斑病
平脐蠕孢属	分生孢子梭形，直或弯曲，脐点稍突出，平截状	水稻胡麻斑病、玉米小斑病
突脐蠕孢属	分生孢子梭形、圆筒形或倒棍棒形，直或弯曲，脐点明显突出	玉米大斑病
茎点霉属	分生孢子器球形，埋生或半埋生分生孢子梗短。分生孢子小，卵形，无色，单胞	甜菜蛇眼病和块根腐烂病
叶点霉属	分生孢子器埋生，以短喙穿出表皮，有孔口。分生孢子梗短。分生孢子小，单胞，无色，近卵圆形	大豆灰星病、棉花斑点病和高粱斑点病
壳针孢属	分生子器半埋生，无分生孢子梗。分生孢子无色，线形，多隔膜	小麦颖枯病

二、植物病原原核生物

原核生物是指含有原核结构的微生物，结构简单，一般由细胞壁和细胞膜或只有细胞膜包围细胞质所组成的单细胞生物。原核生物无真正的细胞核，无核膜包围，分散在细胞质中，形成椭圆形或近圆形的核质区。原核生物包括细菌、放线菌、蓝细菌以及无细胞壁的菌原体等。能够侵染植物引起发病的原核生物称为植物病原原核生物，植物病原原核生物是仅次于真菌和病毒的第三大类病原生物，侵染植物可引起许多重要病害，如水稻白叶枯病、水稻细菌性条纹病、马铃薯环腐病等。

1. 植物病原原核生物的一般性状

原核生物界的成员很多，通常以细菌作为有细胞壁类群的代表，以菌原体作为无细胞壁但有细胞膜类型的典型。细菌病害的数量和危害仅次于真菌和病毒，是引起植物病害最多的一类植物病原原核生物。一般细菌的形态为球状、杆状和螺旋状。植物病原细菌大多是杆状菌，大小为(0.5～0.8) μm×(1～5) μm，有鞭毛，着生在菌体一端或两端的称为极鞭，着生在菌体四周的称为周鞭。细菌鞭毛的有无、着生位置和数目是细菌分类的重要依据(图 1-9)。

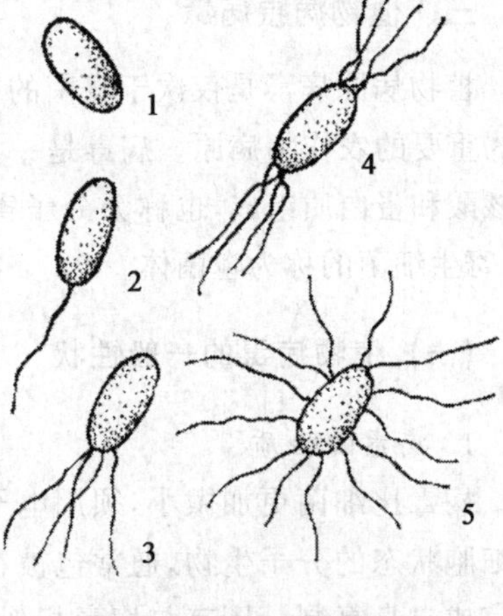

图 1-9　细菌形态及鞭毛

1. 无鞭毛　2. 单极鞭毛　3. 单极多鞭毛　4. 双极多鞭毛　5. 周生鞭毛

革兰氏染色反应是细菌分类的一个重要性状。植物病原细菌革兰氏染色反应多为阴性，少数为阳性。

细菌依靠细胞膜的渗透作用直接吸收寄主体内的营养。细菌以裂殖方式进行繁殖，其突出的特点是繁殖速度极快，在适宜的环境条件下每 20～30 min 可以裂殖一次。

植物病原细菌可以在普通培养基上培养，生长的最适温度为 26～30℃，能耐低温，对高温较敏感，通常 48～53℃处理 10 min，多数细菌即死亡。植物病原细菌绝大多数为好气性，少数为兼性厌气性。一般在中性偏碱的环境中生长良好。

菌原体的形态、大小变化很大，表现为多型性。有圆形、椭圆形、哑铃形、梨形和线条形。还有些特殊的形态，如分枝形、螺旋形等。菌原体的大小一般为 80～800 nm。

2. 植物病原原核生物的主要类群

植物病原原核生物分属于薄壁菌门、厚壁菌门和软壁菌门。原核生物形态简单、差异较小，侵染植物并引起严重病害的原核生物很多。植物病原原核生物重要属及所致病害见表 1-7 所示。

表 1-7　植物病原原核生物重要属及所致病害

门		重要属	主要特征		代表病害
名称	特征	名称	鞭毛	菌落	
薄壁菌门	有细胞壁，较薄，革兰氏染色反应阴性	欧文氏杆菌属	周生多根鞭毛	圆形、隆起、灰白色	马铃薯黑胫病、玉米细菌性茎腐病、玉米细菌性枯萎病、白菜软腐病
		假单胞菌属	极生 1～4 根或多根	圆形、隆起、灰白色，多数有荧光反应	烟草角斑病、甘薯细菌性萎蔫病、大豆细菌性疫病
		黄单胞菌属	极生单鞭毛	隆起，黏稠，蜜黄色，产生非水溶性色素	水稻白叶枯病、甘蓝黑腐病、大豆细菌性斑疹病、桃细菌性穿孔病
		布克氏菌属	极生 2～4 根	光滑、湿润、隆起或粗糙、干燥而低平	茄科植物青枯病
厚壁菌门	有细胞壁，较厚，革兰氏染色反应阳性	棒形杆菌属	无鞭毛	圆形、光滑、凸起、多为灰白色	马铃薯环腐病

三、植物病原病毒

植物病原病毒是仅次于真菌的重要病原物。目前已命名的植物病毒达 1 000 多种,其中许多为重要的农作物病原。病毒是一类结构简单,非细胞结构的专性寄生物,病毒粒体很小,主要由核酸和蛋白质组成,也称为分子寄生物。寄生植物的称为植物病毒,寄生动物的称为动物病毒,寄生细菌的称为噬菌体。

(一) 植物病毒的一般性状

1. 病毒的性质

病毒比细菌更加微小,须用电子显微镜观察。病毒是含有核酸的核蛋白,是有一定形状的非细胞状态的分子生物,通常包被在保护性的蛋白(或脂蛋白)衣壳中,只能在适宜的寄主细胞内完成自身复制。还有与病毒相似,但个体更小的植物病原物,如卫星病毒及引起马铃薯块茎病的类病毒。

2. 植物病毒的形态

形态完整的病毒称作病毒粒体。高等植物病毒粒体主要为杆状、线状和球状等。线状、杆状和短杆状的粒体两端钝圆或平截,粒体呈菌状或弹状。

3. 植物病毒的结构和成分

植物的病毒粒体由核酸和蛋白质衣壳组成。植物病毒粒体的主要成分是核酸和蛋白质,核酸和蛋白质的比例因病毒种类而异,一般核酸占 5%～40%,蛋白质占 60%～95%。此外,还含有水分、矿物质元素等;一种病毒粒体内只含有一种核酸(RNA 或 DNA)。高等植物病毒的核酸大多数是单链 RNA,极少数是双链的。植物病毒外部的蛋白质衣壳具有保护核酸免受核酸酶或紫外线破坏的作用。同种病毒的不同株系,蛋白质的结构有一定的差异。

4. 植物病毒的理化特性

病毒作为活体寄生物,在其离开寄主细胞后会逐渐丧失侵染力,不同种类的病毒对各种物理化学因素的反应有所差异。

(1) 钝化温度(失毒温度) 指把含有病毒的植物汁液在不同温度下处理 10 min 后,使病毒失去侵染力的最低温度。病毒对温度的抵抗力相当稳定。大多数植物病毒钝化温度为55～70℃,烟草花叶病毒的钝化温度最高为 90～93℃。

(2) 稀释限点(稀释终点) 把含有病毒的植物汁液加水稀释,使病毒失去侵染力的最大稀释限度。各种病毒的稀释限点差别很大,如菜豆普通花叶病毒的稀释限点为 10^{-3},烟草花叶病毒的稀释限点为 10^{-6}。

(3) 体外存活期(体外保毒期) 在室温(20～22℃)条件下,含有病毒的植物汁液保持侵染力的时间最长。大多数病毒的体外存活期为数天到数月。

(4) 对化学因素的反应 病毒对一般杀菌剂如硫酸铜、甲醛的抵抗力都很强,但肥皂等除垢剂可以使病毒的核酸和蛋白质分离而钝化,因此常把除垢剂作为病毒的消毒剂。

5. 植物病毒的增殖

植物病毒是一种非细胞状态的分子寄生物,核酸和蛋白质的合成和复制通常在寄主的细胞质或细胞核内进行,需寄主提供复制所需的原材料和能量,并利用寄主的部分酶和膜系统。

（二）重要的植物病毒及所致病害

1. 烟草花叶病毒属

烟草花叶病毒（TMV），病毒形态为直杆状，直径 18nm，长 300nm，病毒基因组核酸为一条正单链 RNA。寄主范围广，属于世界性分布；依靠植株间的接触、花粉或种苗传播，对外界环境的抵抗力强。易引起番茄、马铃薯、辣椒等茄科植物的花叶病（图 1-10）。

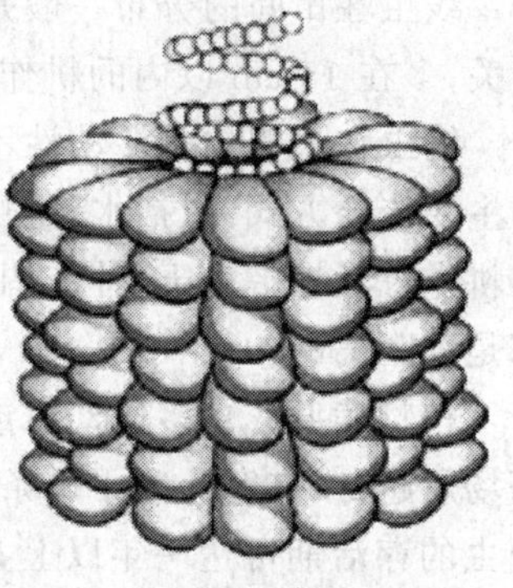

图 1-10　烟草花叶病毒结构

2. 马铃薯 Y 病毒属

马铃薯 Y 病毒属为线状病毒，直径 11～15 nm，长 750 nm，具有一条正单链 RNA。主要以蚜虫进行非持久性传播，绝大多数可以通过接触传染，个别可以种传。所有病毒均可在寄主细胞内产生典型的风轮状内含体或核内含体和不定形内含体。大部分病毒有寄主专化性，如马铃薯 Y 病毒（PVY）主要侵染马铃薯、番茄等茄科植物。

3. 黄瓜花叶病毒属

典型种为黄瓜花叶病毒（CMV），粒体球状，直径 29 nm，有大小不同的 3 种病毒粒体。CMV 在自然界依赖蚜虫以非持久性方式传播，也可由汁液接触传播。黄瓜花叶病毒寄主包括十余科的百种双子叶和单子叶植物，常与其他病毒复合侵染，病害症状复杂多样。

四、植物病原线虫

线虫是一类低等动物，种类多，分布广，一部分可寄生在植物上引起植物线虫病害。如花生等植物的根结线虫病，使寄主生长衰弱、根部畸形；同时，线虫还能传播其他病原物，如真菌、病毒、细菌等，加剧病害的严重程度。

在生产上有利用斯氏线虫科、异小杆线虫科等昆虫病原线虫防治小地老虎、大黑鳃金龟等害虫。此外，还有利用线虫捕食真菌、细菌的。

（一）植物病原线虫的一般性状

大多数植物病原线虫体形细长，两端稍尖，如线形，多为乳白色或无色透明。植物寄生性线虫大多虫体细小，需要用显微镜观察。线虫体长 0.3～1 mm，个别种类可达 4 mm，宽30～50 μm。雌雄同型线虫的雌成虫和雄成虫都是线形的，雌雄异型线虫的雌成虫为柠檬形或梨形，但它们在幼虫阶段都是线状的。

线虫虫体分唇区、胴部和尾部。虫体最前端为唇区。胴部是从吻针基部到肛门的一段体躯。线虫的消化、神经、生殖、排泄系统都在这个体段。尾部是从肛门以下到尾尖的部分。

植物寄生线虫外层为体壁，不透水、角质，有弹性，有保持体形和防御外来毒物渗透的作用。体壁下为体腔，其内充满体腔液，有消化、生殖、神经、排泄等系统，无循环和呼吸系统。植物线虫有卵、幼虫和成虫 3 个虫态。卵通常为椭圆形，半透明，产在植物体内、土壤中或留在卵囊内。幼虫有 4 个龄期，1 龄幼虫在卵内发育并完成第一次脱皮，2 龄幼虫从卵内孵出，再经过 3 次脱皮发育为成虫。植物线虫一般为两性生殖，也有孤雌生殖。多数线虫完成 1 代只要 3～4 周的时间，在一个生长季中可完成若干代。

线虫在田间的分布一般是不均匀的，水平分布呈块状或中心分布。垂直分布与植物根系有关，多在 15 cm 以内的耕作层内，特别是根围。

线虫在土壤中的活动性不强，在土壤中每年迁移的距离不超过 1～2 m。被动传播是线虫的主要传播方式，包括水、昆虫和人为传播。在田间主要以灌溉水的形式传播。人为传播方式有耕作机具携带病土、种苗调运、污染线虫的农产品及其包装物的贸易流通等。通常人为传播都是远距离的。

植物病原线虫多以幼虫或卵在土壤、田间病株、带病种子（虫瘿）和无性繁殖材料、病残体等场所越冬，在寒冷和干燥条件下还可以休眠或滞育的方式长期存活。低温干燥条件下，多数线虫的存活期可达一年以上，而卵囊或胞囊内未孵化的卵存活期更长。

（二）植物病原线虫的主要类群

线虫为动物界、线虫门的低等动物。为害农作物的重要虫属有：

1. 粒线虫属

雌虫和雄虫均为蠕虫型，虫体肥大，较长。多数种类寄生在禾本科植物的地上部，在茎、叶上形成虫瘿，或者破坏子房形成虫瘿。如小麦粒线虫病。

2. 茎线虫属

雌虫和雄虫均为蠕虫型，虫体纤细。可以为害地上部的茎、叶和地下的根、鳞茎和块根等，有的可以寄生昆虫和蘑菇等。该类线虫的危害症状是组织坏死，有的可在根上形成肿瘤。目前，该属线虫全世界已报道近 100 种，如水稻茎线虫和绒草茎线虫是我国重要的对外检疫对象。马铃薯茎线虫引起甘薯茎线虫病，给农业生产造成严重损失。

3. 异皮线虫属

异皮线虫属又称胞囊线虫属，雌雄异型。成熟雌虫膨大呈柠檬形、梨形，雄虫为蠕虫型。是为害植物根部的一类重要线虫。如甜菜胞囊线虫、大豆胞囊线虫、玉米胞囊线虫、水稻胞囊线虫和燕麦胞囊线虫等，都可严重为害农作物。

二维码 1-2
主要植物病原线虫为害状

4. 根结线虫属

雌雄异型。成熟雌虫膨大呈梨形，表皮柔软透明，雄虫为蠕虫型。根结线虫属为害植物后受害的根部肿大，形成瘤状根结。如花生根结线虫、南方根结线虫、北方根结线虫等。

5. 滑刃线虫属 Aphelenchoides

雌虫和雄虫均为蠕虫型，细长。主要为害寄生植物的叶片和茎，如水稻干尖线虫等。

五、寄生性种子植物

一些由于缺乏叶绿素或根系、叶片退化，必须寄生在其他植物上以获取营养物质的植物，称为寄生性植物。大多数寄生性植物可以开花结籽，又称为寄生性种子植物。

（一）寄生性种子植物的一般性状

根据寄生性种子植物对寄主植物的依赖程度，可将其分为全寄生和半寄生两类。全寄生性种子植物如菟丝子、列当等，无叶片或叶片已经退化，无足够的叶绿素，根系蜕变为吸根，必须从寄主植物上获取包括水分、无机盐和有机物在内的所有营养物质，寄主植物体内的各种营养物质可不断供给寄生性植物；半寄生性种子植物如槲寄生、桑寄生等本身具有叶绿素，能够进行光合作用，但需要从寄主植物中吸取水分和无机盐。

按寄生性种子植物在寄主植物上的寄生部位分为根寄生（列当）和茎寄生（菟丝子）。

寄生性种子植物对寄主植物的致病作用主要表现为对营养物质的争夺。一般来说，全寄生的比半寄生的致病力要强，如菟丝子和列当主要寄生在一年生草本植物上，可引起寄主植物黄化和生长衰弱，严重时造成大片死亡，对产量影响很大；而半寄生的如槲寄生和桑寄生等则主要寄生在多年生的木本植物上，寄生初期对寄主无明显影响，当群体较大时会造成寄主生长不良和早衰，发病速度较慢。除了争夺营养外，还能将病毒从病株传到健株上。

寄生性种子植物靠种子繁殖。种子依靠风力或鸟类传播的，称为被动传播；当寄生植物种子成熟时，果实吸水膨胀开裂，将种子弹射出去的，称为主动传播。

（二）寄生性种子植物的主要类群

1. 菟丝子属

菟丝子属植物在我国各地均有发生，寄主范围广，主要寄生豆科、菊科、茄科、百合科、伞形科、蔷薇科等草本和木本植物上。全寄生，一年生攀藤寄生的草本种子植物，无根；叶片退化为鳞片状，无叶绿素；茎多为黄色丝状；花较小，白色、黄色或淡红色，头状花序；蒴果扁球形，内有2～4粒种子；种子卵圆形，稍扁，黄褐色至深褐色。

我国主要有中国菟丝子和日本菟丝子等。中国菟丝子主要为害草本植物，日本菟丝子则主要为害木本植物。

田间发生菟丝子危害后，要在开花前彻底割除，或采取深耕的方法将种子深埋，使其不能萌发。近年来用“鲁保一号”防治效果也很好。

2. 列当属

列当为一年生草本植物，叶片退化为鳞片状，无叶绿素，吸根吸附于寄主植物根的表面，以短须状次生吸器与寄主的维管束相连。列当主要寄主植物有向日葵、烟草、番茄等。

项目三　植物侵染性病害的发生和发展

植物病害的发生是在一定的环境条件下寄主与病原物相互作用的结果，植物病害的发展是在适宜环境条件下病原物大量侵染和繁殖，造成植物减产或品质下降的过程。要认识病害的发生发展规律，就必须了解病害发生发展的各个环节，深入分析病原物、寄主植物和环境条件在各个环节中的作用。

一、病原物的寄生性与致病性

（一）病原物的寄生性

寄生性指病原物从寄主获得活体营养的能力。

1. 专性寄生物

专性寄生物的寄生能力最强，自然条件下只能从活的寄主细胞和组织中获得营养，也称为活体寄生物。寄主植物的细胞和组织死亡后，寄生物也停止生长和发育。植物病原物中，所有植物病毒、植原体、寄生性种子植物，大部分植物病原线虫、霜霉菌、白粉菌和锈菌等都是专性寄生物。

2. 非专性寄生物

绝大多数的植物病原真菌和植物病原细菌都是非专性寄生的。但它们的寄生能力也有强弱之分。强寄生物的寄生性仅次于专性寄生物，以寄生生活为主，但也有一定的腐生能力，在某种条件下，可以营腐生生活。大多数真菌和叶斑性病原细菌属于这一类。

弱寄生物一般也称作死体寄生物，寄生性较弱，只能在衰弱的活体寄主植物或处于休眠状态的植物组织或器官(如块根、块茎、果实等)上营寄生生活。如引起猝倒病的腐霉菌和瓜果腐烂的根霉菌、引起腐烂的细菌等，在生活史中的大部分时间营腐生生活。

了解病原物的寄生性很重要，与病害的防治关系密切。如抗病品种主要是针对寄生性较强的病原物所引起的病害；弱寄生物引起的病害一般很难获得理想的抗病品种，应采取栽培管理措施提高植物的抗病性。

(二) 病原物的致病性

致病性是病原物所具有的破坏寄主和引起病害的能力。病原物的破坏作用是由于寄生物从寄主吸取水分和营养物质，同时，病原物新陈代谢的产物也直接或间接地破坏寄主植物的组织和细胞。致病性和寄生性既有区别又有联系，但致病性才是导致植物发病的主要因素。

专性寄生物或强寄生物对寄主细胞和组织的直接破坏性小，所引起的病害发展较为缓慢；而多数非专性寄生物对寄主的直接破坏作用很强，可很快分泌酶或毒素杀死寄主的细胞或组织，再从死亡的组织和细胞中获得营养。

病原物对寄主植物致病性的表现是多方面的。首先是夺取寄主的营养物质，致使寄主生长衰弱；其次分泌各种酶和毒素，使植物组织中毒进而消解、破坏组织和细胞，引起病害；有些病原物还能分泌植物生长调节物质，干扰植物的正常代谢，引起生长畸形。

病原真菌、细菌、病毒、线虫等病原物，在其种内存在致病性的差异，依据其对寄主属的专化性可区分为不同的专化型；同一专化型内又根据对寄主种或品种的专化性分为生理小种，病毒称为株系，细菌称为菌系。了解当地病原物的生理小种，对选择抗病品种、分析病害流行规律和预测预报具有重要的实践意义。

病原物的致病性，只是决定植物病害严重性的一个因素，病害的严重程度还与病原物的发育速度、传染效率等因素有关，在一定条件下，致病性较弱的病原物也可能引起病害的严重发生。如霜霉菌的致病性较弱，但引起霜霉病重要病害的是十字花科、葫芦科等作物。

二、寄主植物的抗病性

(一) 植物的抗病性类型

二维码 1-3
植物的抗病类型

不同植物对病原物的抗病能力有差别，一种植物对某一种病原物完全不发病或无症状称免疫，表现为轻微发病的称抗病，发病极轻称高抗；植物可忍耐病原物侵染，虽然表现发病较重，但对植物的生长、发育、产量、品质没有明显影响称耐病；寄主植物发病严重，对产量和品质影响显著称感病；寄主植物本身是感病的，但由于形态、物候或其他方面的特性而避免发病的称避病。

根据作物品种对病原物生理小种抵抗情况将品种抗病性分为垂直抗病性

和水平抗病性。垂直抗病性是指寄主的某个品种能高度抵抗病原物的某个或某几个生理小种的情况，这种抗病性的机制对生理小种是专化性的，一旦遇到致病力强的小种时，就会丧失抗病性而变成高度感病。水平抗病性是指寄主的某个品种能抵抗病原物的多数生理小种，一般表现为中度抗病。由于水平抗病性不存在生理小种对寄主的专化性，所以抗病性不容易丧失。

（二）植物的抗病性机制

植物抗病性有的是植物先天具有的被动抗病性，也有因病原物侵染而引发的主动抗病性。抗病机制包括形态结构和生理生化方面的抗性。

植物固有的抗病机制是指植物本身所具有的物理结构和化学物质在病原物侵染时形成的结构抗性和化学抗性。如植物的表皮毛不利于形成水滴，也不利于真菌孢子接触植物组织；角质层厚不利于病原菌侵入；植物表面气孔的密度、大小、构造及开闭习性等常成为抗侵入的重要因素；皮孔、水孔和蜜腺等自然孔口的形态和结构特性也与抗侵入有关；木栓层是植物块茎、根和茎等抵抗病原物侵入的物理屏障；植物体内的某些酚类、单宁和蛋白质可抑制病原菌分泌的水解酶。

在病原物侵入寄主后，寄主植物会从组织结构、细胞结构、生理生化方面表现出主动的防御反应。如病原物的侵染常引起侵染点周围细胞的木质化和木栓化；植物受到病原物侵染的刺激产生植物保卫素，对病原菌的毒性强，可抑制病原菌生长；过敏性反应是在侵染点周围的少数寄主细胞迅速死亡，抑制了专性寄生病原物的扩展。

对植物预先接种某种微生物或进行某些化学、物理因子的处理后产生获得抗病性。如病毒近缘株系间的"交互保护作用"，当寄主植物接种弱毒株系后，再感染强毒株系，寄主对强毒株系表现出抗性。

三、植物侵染性病害的侵染过程

病原物的侵染过程是指病原物侵入寄主到寄主发病的过程。包括侵入前期、侵入期、潜育期和发病期。

（一）侵入前期

侵入前期是指从病原物与寄主植物的感病部位接触到产生侵入机构的阶段。病原物处在寄主体外，必须克服各种不利于侵染的环境因素才能侵入，若能创造不利于病原物与寄主植物接触和生长繁殖的生态条件可有效地防治病害。

（二）侵入期

侵入期是指病原物从侵入到与寄主建立寄生关系的阶段。侵入期的病原物已经从休眠状态转入生长状态，又暴露在寄主体外，是其生活史中最薄弱的环节，是采取防治措施的关键时期。

1. 病原物的侵入途径

病原物通过一定的途径进入植物体内才能进一步发展引起病害。病原物的侵入途径主要有伤口（如机械伤、虫伤、冻伤、自然裂缝、人为创伤）侵入、自然孔口（气孔、水孔、皮孔、腺体、花柱）侵入和直接侵入。各种病原物往往有特定的侵入途径，如病毒只能从伤口侵入；细菌可以从伤口和自然孔口侵入；大部分真菌可从伤口和自然孔口侵入，少数真菌、线虫、寄生性植物可从表皮直接侵入。

病原物的侵入途径与其寄生性有关，一般寄生性较弱的病原物从伤口侵入，寄生性较强的病原物可以从自然孔口，甚至可以从表皮直接侵入。大多数真菌以孢子萌发后形成的芽管或菌丝通过一定的侵入途径侵入寄主。

2. 影响侵入的环境条件

影响侵入的环境条件主要是温、湿度。温、湿度既影响病原物也影响寄主植物。

湿度对真菌和细菌等病原物的影响最大。湿度影响孢子能否萌发和侵入，绝大多数气流传播的真菌病害，其孢子萌发率随湿度增加而增大，在水滴(膜)中萌发率最高。如真菌的游动孢子和细菌只有在水中才能游动和侵入，而白粉菌的孢子在湿度较低的条件下萌发率高，在水滴中萌发率反而很低。另外，在高湿条件下，寄主愈伤组织形成缓慢，气孔开张度大，水孔吐水多而持久，植物组织柔软，寄主植物的抗侵入能力大大降低。

温度影响孢子萌发和侵入的速度。真菌孢子在适温条件下萌发只需要几小时。如马铃薯晚疫病菌孢子囊在12～13℃的适宜温度下萌发仅需1 h，而在20℃以上时需5～8 h。

在植物生长季节，一般温度都能满足病原物侵入的需要，而较大的湿度变化，常常成为病害发生的限制因素。因此在潮湿多雨的气候条件下病害严重，而雨水少或干旱季节病害轻或不发生；同样，恰当的栽培管理措施，如灌水适时适度、合理密植、合理修剪、适度打除底叶、改善通风透光条件、田间作业尽量避免机械损伤植株和注意促进伤口愈合等，有利于减轻病害发生程度。但是，植物病毒病在干旱条件下发病严重，这是因为干旱有利于传毒昆虫(如蚜虫)的繁殖。如果使用保护性杀菌剂，必须在病原物侵入寄主之前使用，也就是选择田间少数植株发病初期使用，才能收到理想的防治效果。

(三) 潜育期

潜育期指病原物侵入寄主后建立寄生关系到出现明显症状的阶段。潜育期是病原物在植物体内进一步繁殖和扩展的时期，也是寄主植物调动各种抗病因素积极抵抗病原为害的时期。温度影响病害潜育期的长短。在病原物生长发育的最适温度范围内，潜育期最短。

此外，潜育期的长短与寄主植物的生长状况关系密切。凡生长健壮的植物，抗病力强，潜育期相应延长；而营养不良，长势弱或氮素肥料施用过多，徒长的，潜育期短，发病快。在潜育期采取有利于植物正常生长的栽培管理措施或使用合适的杀菌剂可减轻病害的发生。

病害流行与潜育期的长短关系密切。有重复侵染的病害，潜育期越短，重复侵染的次数越多，病害流行的可能性越大。

(四) 发病期

发病期指病害出现明显症状后进一步发展的阶段。发病期病原物开始产生大量繁殖体，加重危害或病害开始流行。病原真菌在受害部位产生孢子，细菌产生菌脓。孢子形成的早晚不同，如霜霉病、白粉病、锈病、黑粉病的孢子和症状几乎是同时出现的，一些寄生性较弱的病原物繁殖体，往往在植物产生明显的症状后才出现。

另外，病原物繁殖体的产生也需要适宜的温、湿度，在适宜的温度条件下，湿度大，病部才会产生大量的孢子或菌脓。对病征不明显的病害标本进行保湿促进产生病征，加快识别病害。

掌握病害的侵染过程及其规律性，有利于开展病害的预测预报和制定防治措施。

四、病害的侵染循环

病害的侵染循环指侵染性病害从一个生长季节开始发生，到下一个生长季节再度发生的过程。包括病原物越冬（越夏）、病原物传播以及病原物的初侵染和再侵染等环节，切断其中任何一个环节，都能达到防治病害的目的。

（一）病原物的越冬与越夏

绝大多数植物病原物在寄主植物体上寄生，作物收获后，病原物以寄生、休眠、腐生等方式越冬和越夏，病原物越冬和越夏的场所一般也是下一个生长季节的初侵染来源。病原菌越冬与越夏情况直接影响下一个生长季的病害发生。越冬和越夏时期的病原物相对集中，可以采取经济简便的方法压低病原物的基数，用最少的投入收到最好的防治效果。

1. 田间病株

越冬或越夏的被侵染植物本身是其寄生物的越冬或越夏场所。冬小麦在秋苗阶段被锈菌、白粉菌或黑穗病菌侵染后，病菌以菌丝体的状态在寄主体内越冬。夏季在小麦收获后，田间的自生麦苗成为锈菌、白粉菌等病原菌的越夏场所。

2. 种子、苗木和其他繁殖材料

种子、苗木、块根、块茎、鳞茎、接穗等繁殖材料是多种病原物重要的越冬或越夏场所。使用这些繁殖材料时，不仅植物本身发病，而且会成为田间的发病中心，造成病害的蔓延。繁殖材料的远距离调运还会使病害传入新区。如菟丝子的种子、小麦粒线虫的虫瘿等混杂在种子中；小麦腥黑穗病菌的冬孢子、谷子白发病菌的卵孢子附着在种子表面；小麦散黑穗病菌潜伏在种胚内；马铃薯环腐病菌在块茎中；甘薯黑斑病菌在块根中。

在播种前应根据病原物在种苗上的具体位置选用最经济有效的处理方法，如水选、筛选、热处理或药剂处理等。对种子等繁殖材料实行检疫检验，也是防止危险性病害在更广大地区传播的重要措施。

3. 病残体

病残体包括寄主植物的根、茎、枝、叶、花、果实等残余组织。大部分非专性寄生的真菌和细菌能以腐生的方式在病残体上存活一段时期。某些专性寄生的病毒也可随病残体休眠。但病残体腐烂分解后，多数种类的病原物会死亡。

4. 土壤

各种病原物能以休眠或腐生的方式在土壤中存活。如鞭毛菌的休眠孢子囊和卵孢子、黑粉菌的冬孢子、线虫的胞囊等，可在干燥土壤中长期休眠。

在土壤中腐生的真菌和细菌，可分为土壤寄居菌和土壤习居菌两类。土壤寄居菌的存活依赖于病株残体，当病残体腐败分解后，不能单独存活在土壤中，如大多数寄生性强的真菌、细菌；土壤习居菌在土壤中能长期存活和繁殖，寄生性较弱，如腐霉属、丝核属和镰孢霉属真菌等，常引起多种植物的幼苗发病。

连作能使土壤中某些病原物数量逐年增加，使病害不断加重。合理的轮作可阻止病原物的积累，能有效地减轻土传病害的发生。

5. 粪肥

作物的枯枝落叶、杂草等是堆肥、垫圈和沤肥的材料，病原物可随各种病残体混入肥料，有的病原物虽然经过牲畜消化，但仍能保持生活力而使粪肥带菌。粪肥未经充分腐熟，可能成为初侵染来源，因此使用农家肥必须充分腐熟。

（二）病原物的传播

病原物传播的方式，有主动传播和被动传播之分。如很多真菌有强烈的放射孢子的能力，又如具有鞭毛的游动孢子、细菌可在水中游动，线虫和菟丝子可主动寻找寄主，但其活动的距离十分有限。自然条件下以被动传播为主的有以下 4 个方面：

1. 气流传播

真菌产孢数量大、孢子小而轻，气流传播最为常见。气流传播的距离远，范围大，容易引起病害流行。气流传播病害的防治方法比较复杂，要注意大面积的联防。另外，可根据某些病害的传播距离确定相邻作物的种类和距离。利用抗病品种是防治气流传播病害的有效防治方法。典型的气流传播病害有小麦条锈病、小麦白粉病等。

2. 水流传播

水流传播病原物的形式很常见，传播距离没有气流传播远。雨水、灌溉水的传播都属于水流传播。如鞭毛菌的游动孢子、炭疽病菌的分生孢子和病原细菌在干燥条件下无法传播，必须随水流或雨滴传播。在土壤中存活的病原物，如苗期猝倒病、立枯病和水稻白叶枯病等随灌溉水传播，在防治时要注意采用正确的灌水方式。

3. 人为传播

人类在从事各种农事操作和商业活动中，常常无意识地传播了病原物。如使用带病原菌的种子等繁殖材料会将病原物带入田间；在育苗、移栽、打顶、去芽、疏花、疏果等农事操作中，手、衣服和工具会将病菌由病株传播至健株上；种苗、农产品及植物性包装材料所携带的病原物都能随着贸易运输进行远距离传播。

4. 昆虫和其他介体传播

昆虫等介体的取食和活动也可以传播病原物。如蚜虫、叶蝉、木虱等刺吸式口器的昆虫可传播大多数病毒病害和植原体病害；咀嚼式口器的昆虫可以传播真菌病害；线虫可传播细菌、真菌和病毒病害；鸟类可传播寄生性种子植物的种子；菟丝子可传播病毒病等。大多数病原物都有较固定的传播方式，如真菌和细菌病害多以风、雨传播；病毒病常由昆虫和汁液传播。

（三）初侵染和再侵染

病原物越冬或越夏后，在新的生长季节首次引起植物的发病过程称为初侵染。在同一生长季节内，由初侵染所产生的病原物通过传播又侵染健康的植株称再侵染。有些病害只有初侵染，没有再侵染，如黑粉病等；有些病害不仅有初侵染，还有多次再侵染，如霜霉病、白粉病等。

有无再侵染是制定防治策略和方法的重要依据。对于只有初侵染的病害，设法减少或消灭初侵染来源，即可获得较好的防治效果。对再侵染频繁的病害不仅要控制初侵染，还必须采取措施防止再侵染，才能遏制病害的发展和流行。

五、植物病害流行的因素

植物病害的流行指植物病原物大量传播，在较短的时间内和较大的地域内植物群体严重发病，并造成严重的产量损失现象。植物病害流行的三要素是寄主植物、病原物和环境条件。

1. 病原物

病原物的致病性强、数量多并能有效传播是病害流行的原因。病毒病还与蚜虫等介体的发生数量有关。

2. 寄主植物

品种布局不合理，大面积种植感病寄主植物或品种，有时会导致病害的严重流行。

3. 环境条件

环境条件包括气象条件和耕作栽培条件。只有具长时间的、适宜的环境条件，病害才能流行。

气象因素中温度、相对湿度、雨量、雨日、结露和光照时间的影响最为重要。同时要注意大气候与田间小气候的差别。耕作栽培条件中土壤类型、含水量、酸碱性、营养元素等也会影响病害的流行。

病害的流行都是上述三方面综合作用的结果。但由于各种病害发病规律不同，每种病害都有各自的流行主导因素。如苗期猝倒病，品种抗性无明显差异，土壤中存在病原物，只要苗床持续低温高湿就会导致病害流行，低温高湿就是病害流行的主导因素。

病害流行的主导因素有时是可变化的。在相同栽培条件和相同气象条件下，品种的抗性是主导因素；已采用抗性品种且栽培条件相同的情况下，气象条件就是主导因素；相同品种、相同气象条件下，肥水管理可成为主导因素。防止病害流行，必须找出流行的主导因素，采取相应的措施。

模块小结

植物在生长发育和运输贮藏的过程中，由于遭受病原生物的侵染或不利的非生物因素的影响，使其生长发育受到阻碍，导致产量降低、品质变劣、甚至死亡的现象，称为植物病害。

能够引起植物病害的病原分为生物因素和非生物因素两大类。由生物因素引起的病害称为侵(传)染性病害，又叫病理性病害；由非生物因素引起的病害称为非侵(传)染性病害，又叫生理性病害。引起侵染性病害的病原物类群有真菌、细菌(类细菌、类菌原体、螺原体)、病毒(类病毒)、线虫和寄生性高等植物，还有少数放线菌、藻类和原生动物等。这些病原物的共同特性是对植物有寄生能力和致病能力，在寄主植物体上生长发育和产生大量繁殖体，致使寄主植物发生病变，通过传播到达健株或健部再次引起新的侵染。

植物病害发生的三要素是病原物、感病寄主和环境条件。病原物和感病寄主之间的相互作用是在环境条件影响下进行的，这三个要素的关系被称为植物病害的三角关系，也叫“病害三角”。

病原物的侵染过程是指病原物侵入寄主到寄主发病的过程。包括侵入前期、侵入期、潜育期和发病期。病害的侵染循环指侵染性病害从一个生长季节开始发生，到下一个生长季节再度发生的过程。包括病原物越冬(越夏)、病原物传播以及病原物的初侵染和再侵染等环节，切断其中任何一个环节，都能达到防治病害的目的。

模块巩固

1. 你平时看到的植物病害有哪些病状类型？
2. 引起侵染性病害的病原物类群有哪些？
3. 植物侵染性病害的侵染过程包括哪些？
4. 病原物的传播途径有哪些？

模块二

作物害虫识别技术

【知识目标】

通过本模块学习，学生了解农业昆虫的形态特征、生物学特性及农业主要昆虫类群识别要点，为学习昆虫分类和进一步识别作物害虫奠定基础。

【能力目标】

具备常见害虫的诊断和识别的能力，能够识别与农作物有关的昆虫主要类群，独立完成昆虫的镜检工作。

项目一　昆虫的外部形态识别

一、昆虫与人类的关系

地球上的昆虫超过100万种，遍布人类所能到达的每一个地方。无论是在冰雪覆盖的极地和高山，还是在几米深的土壤中；无论是在江河、湖泊、海洋，还是在干热的沙漠、阴湿的雨林，都能见到它们的踪迹。它们与人类的关系密切。许多昆虫为害农作物，造成重大的经济损失，如蝗虫、螟虫等被称为农业害虫。有的寄生于人体、畜体上或传播疾病，影响人、畜健康，如蚊、蝇等，被称为卫生害虫。有些昆虫可以帮助人们消灭害虫，如瓢虫、寄生蜂等，被称为天敌昆虫。有些昆虫能帮助植物传粉，为人们酿蜜、吐丝、产蜡、创造巨大财富，如蜜蜂、家蚕、白蜡虫等，被称为资源昆虫。还有些昆虫成为人们餐桌上的佳肴，被称为食用昆虫。因此，识别昆虫是防治害虫，保护利用益虫的基础。

二、昆虫的特征

昆虫身体左右对称，体躯由一系列体节组成，有些体节具有分节的附肢，相邻体节间由节间膜相连，虫体可以自由活动。

成虫体躯分为头、胸、腹三个体段（图2-1）。头部有口器和1对触角，1对复眼，通常有1～3个单眼。胸部由3个体节组成，有3对胸足，一般有2对翅。腹部多由9～11个体节组成，末端具有外生殖器，有的还有1对尾须。中后胸及腹部1～8节两侧各有1对气门，是昆虫呼吸

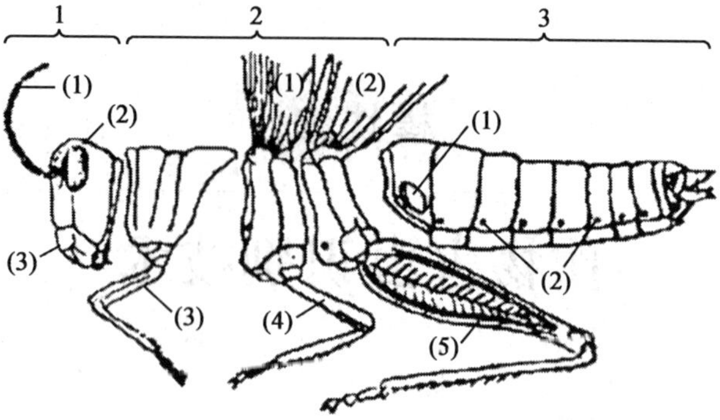

图 2-1　昆虫体躯侧面

1. 头部：(1)触角(2)复眼(3)口器　2. 胸部：(1)前翅(2)后翅(3)前足(4)中足(5)后足　3. 腹部：(1)听器(2)气门

器官在体外的开口。虫体被一层坚硬的体壁所包围，形成"外骨骼"。由卵变为成虫，要经过一系列内部器官和外部形态的变化过程。

三、昆虫的头部

头部是昆虫体躯的第一个体段，以膜质与胸部相连，头壳坚硬呈半球形。头部通常着生1对触角，1对复眼，1～3个单眼和口器，是感觉和取食的中心。

(一) 昆虫的头式

昆虫种类多，取食方式各异，取食器官在头部着生的位置各不相同。昆虫头式是识别昆虫种类的依据之一。根据口器在头部着生的位置，昆虫的头式可分为三种类型(图 2-2)。

1. 下口式

口器着生在头部下方，头部的纵轴与身体的纵轴垂直。如蝗虫、螽斯等。

2. 前口式

口器着生在头部前方，头部的纵轴与身体的纵轴几乎平行。如步甲和玉米螟幼虫等。

3. 后口式

口器向后伸，贴在身体的腹面，头部的纵轴与身体纵轴成锐角。如蝉、蚜虫等。

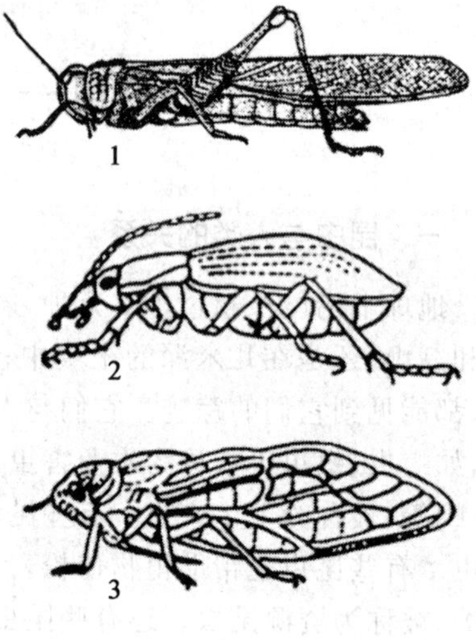

图 2-2　昆虫的头式

1. 下口式　2. 前口式　3. 后口式

(二) 触角

触角着生于两复眼之间的触角窝内，是昆虫的主要感觉器官，有利于昆虫觅食，避敌、求偶和寻找产卵场所。

触角基部第一节称为柄节，第二节称为梗节，以后各节统称为鞭节(图 2-3)。

昆虫种类、性别不同，常具有不同触角类型。人们可根据触角的类型辨别昆虫的种类和性别，为害虫的测报和防治提供依据。

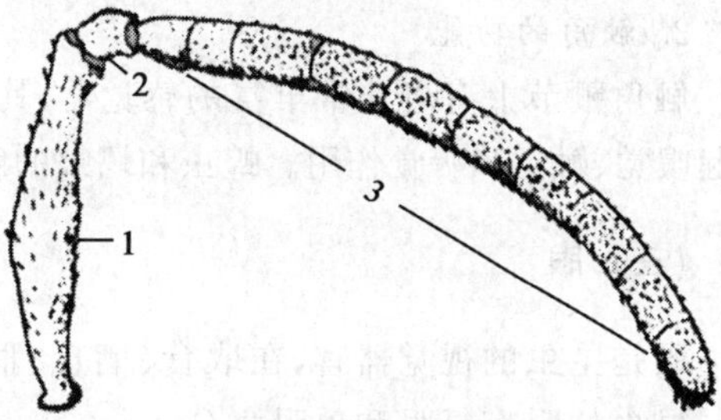

图 2-3　昆虫触角的构造

1. 柄节　2. 梗节　3. 鞭节

1. 触角的类型

大体上可归为 12 种主要类型。包括刚毛状、丝状、念珠状、锯齿状、栉齿状、球杆状、羽毛状、膝状、锤状、环毛状、具芒状、鳃片状等(图 2-4)。

①刚毛状或刺状　触角很短，基部的一、二节粗大，其余的各节纤细似刚毛。如蜻蜓、蝉等。

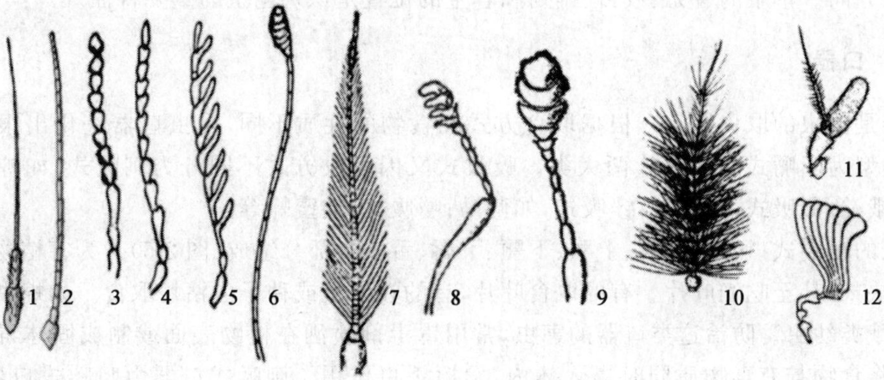

图 2-4　昆虫触角的类型

1. 刚毛状　2. 丝状　3. 念珠状　4. 锯齿状　5. 栉齿状　6. 球杆状　7. 羽毛状　8. 膝状　9. 锤状　10. 环毛状　11. 具芒状　12. 鳃片状

②丝状或线状　触角细长，圆筒形，除基部一、二节稍大外，其余各节的大小、形状相似，逐渐向端部缩小。如蝗虫、蟋蟀等。

③念珠状　鞭节各亚节形如小珠，大小相似，形似念珠。如白蚁、褐蛉等。

④锯齿状　鞭节各亚节向一侧稍突出如锯齿，整个触角似锯条。如雌性绿豆象、叩头虫和锯天牛等。

⑤栉齿状　鞭节各亚节向一侧伸出枝状突起，整个触角似梳子。如雄性绿豆象等。

⑥球杆状或棒状　鞭节端部数亚节逐渐膨大如球，其余各节细长如杆。如蝶类、蚁蛉等。

⑦羽毛状　鞭节各节向两侧作细羽状突出，形似鸟羽。如蚕蛾、毒蛾等。

⑧膝状　柄节细长，梗节短小，鞭节各节与柄节形成膝状曲折。如蜜蜂、蚂蚁等。

⑨锤状　基部各节细长如杆，鞭节端部数亚节突然膨大，整个触角较短，形似锤。如瓢虫、郭公虫和长角蛉等。

⑩环毛状　鞭节各亚节环生一圈细毛，近基部的环毛较长，端部的较短。如雄蚊、摇蚊等。

⑪具芒状　触角短，鞭节不分亚节，较柄节和梗节粗大，其上有一刚毛状或芒状构造，称触角芒。此类触角为蝇类所特有。

⑫鳃片状或鳃叶状　鞭节各亚节向一面扩展成片状或叶片状，状如鱼鳃。此类触角为金龟子类所特有。

2. 触角的功能

触角鞭节上有着非常丰富的感觉器，其功能主要是在觅食、聚集、求偶和寻找适当产卵场所时起嗅觉、触觉和听觉作用。蝗虫和蚂蚁的触角具有触觉作用；雄蚊的触角具有听觉作用等。

(三) 眼

眼是昆虫的视觉器官，在取食、栖息、群集、避敌、决定行动方向等活动中，起着重要的作用。昆虫的眼有复眼和单眼之分。

(1)复眼　1对，位于头顶两侧，复眼由很多小眼组成。复眼主要分辨物体的形象和颜色。

(2)单眼　成虫的单眼多为3个，位于两复眼之间，呈倒三角形排列。单眼主要分辨光线的强弱和方向。单眼的有无、数目、排列和着生的位置是识别昆虫的重要特征。

(四) 口器

口器是昆虫的取食器官。根据取食方式和食物的性质不同，昆虫口器进化出很多类型。但基本类型为咀嚼式和吸收式两大类。吸收式又因吸收方式不同分为刺吸式，如蝉类；虹吸式，如蝶蛾类；舐吸式，如蝇类；锉吸式，如蓟马；嚼吸式，如蜜蜂等。

昆虫的咀嚼式口器由上唇、上颚、下颚、下唇、舌5个部分组成(图2-5)。为害植物时，常造成孔洞、缺刻，甚至吃光叶片。有的取食叶片，有的在果实或种子内钻蛀取食。如蝗虫、黏虫及多种蝶、蛾类幼虫。防治这类口器的害虫，常用胃毒剂喷洒在植物表面或制成固体毒饵，害虫取食时，将食物与有毒物质同时摄入体内，发挥杀虫作用。刺吸式口器由咀嚼式口器演化而来。上唇退化成三角形小片，下唇延长成管状的喙，上、下颚特化为口针。取食时，上、下颚口针交替刺入植物组织内吸取植物汁液，使植物出现斑点、卷曲、皱缩、虫瘿等现象。如蚜虫、叶蝉、飞虱等。对于这类口器的害虫，选用内吸性杀虫剂防治效果好(图2-6)。

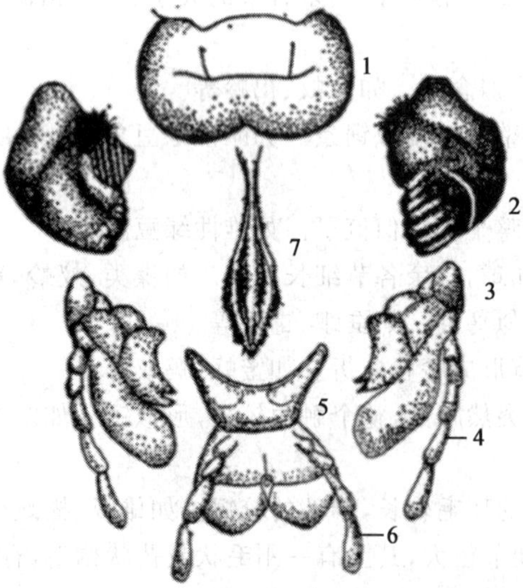

图2-5　昆虫的咀嚼式口器

1. 上唇　2. 上颚　3. 下颚　4. 下颚须
5. 下唇　6. 下唇须　7. 舌

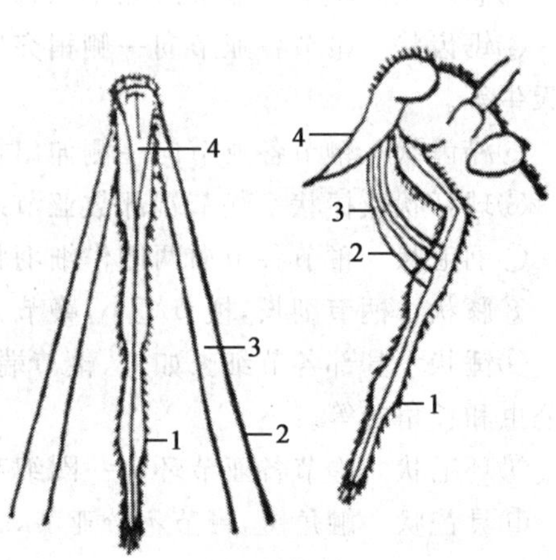

图2-6　昆虫的刺吸式口器

1. 喙　2. 上颚口针　3. 下颚口针　4. 上唇

四、昆虫的胸部

胸部是昆虫的第二个体段，由3个体节组成，依次称为前胸、中胸和后胸。每个胸节的侧下方各有1对分节的足，分别称为前、中、后足。多数昆虫在中胸和后胸侧方还各有1对翅，依次称为前翅和后翅。足和翅都是昆虫的运动器官。所以胸部是昆虫的运动中心。

（一）胸足

昆虫的胸足由基部向端部依次称为基节、转节、腿节、胫节、跗节和前附节。一般前跗节由爪和中垫组成（图2-7）。

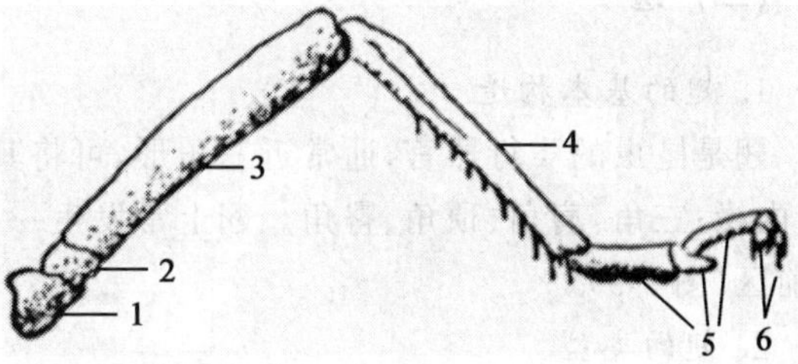

图 2-7　昆虫胸足的构造

1. 基节　2. 转节　3. 腿节　4. 胫节 5. 跗节　6. 前跗节

由于昆虫的生活环境和活动方式不同，胸足的形态和功能发生了相应的变化，形成了不同的类型。了解昆虫胸足的构造和类型，对于识别昆虫的种类，寻找昆虫的栖息场所，了解昆虫的生活习性和为害方式，防治害虫，保护、利用益虫都有重要意义。

根据足的形态与功能，可将胸足分为7种常见类型。包括步行足、跳跃足、开掘足、捕捉足、携粉足、游泳足、抱握足等（图2-8）。

图 2-8　昆虫胸足的类型

1. 步行足　2. 跳跃足　3. 携粉足　4. 游泳足　5. 捕捉足　6. 抱握足　7. 开掘足

①步行足　足较细长，各节不特化，适于行走。如步甲、蝽等。

②跳跃足　腿节特别发达，胫节细长。跳动前，胫节折贴于腿节下，然后突然伸直，使虫体弹跳起来。如蝗虫、蟋蟀等。

③携粉足　胫节宽扁，向外的一面光滑略凹，边缘有长毛，形成一个可以携带花粉的容器，称此为花粉篮；第一跗节也特别膨大，内侧有很多列横排的刚毛，用来梳集粘在体毛上的花粉。此为蜜蜂类所特有。

④游泳足　足各节扁平，有长的缘毛，以利于划水。此为水生昆虫所具有。如龙虱、水龟甲等。

⑤捕捉足　基节延长，腿节的腹面有一沟槽，胫节可以折嵌其内，好像一把折刀用来捕捉其他昆虫、蜘蛛等。如螳螂、猎蝽等。

⑥抱握足　跗节特别膨大，上面有吸盘状构造，用于交配时抱持雌虫。如龙虱雄虫。

⑦开掘足　前足胫节宽扁，外侧具齿，跗节呈铲状，用来掘土。如蝼蛄、金龟子等。

(二) 翅

1. 翅的基本构造

翅是昆虫的飞行器官，通常近三角形，可将其分为三缘、三角、三褶和四区。三缘：前缘、外缘、内缘；三角：肩角、顶角、臀角。翅上常发生一些褶线，将翅分为四个区：腋区、轭区、臀区和臀前区(图 2-9)。

2. 翅的类型

根据翅的形状、质地与功能，可将昆虫的翅分膜翅、鳞翅、缨翅、覆翅、半翅或半鞘翅、鞘翅和平衡棒等(图 2-10)。

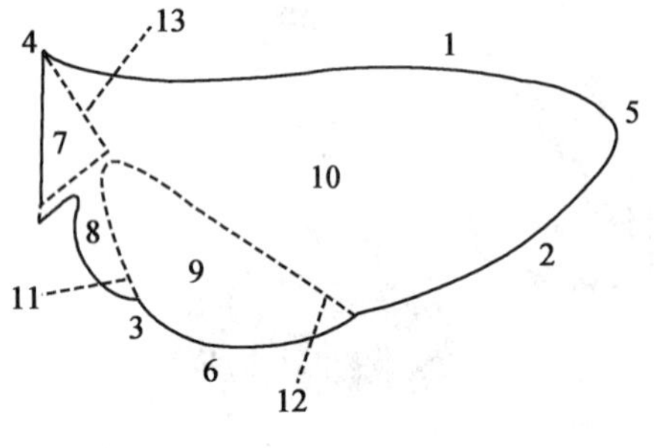

图 2-9　昆虫翅的分区

1. 前缘　2. 外缘　3. 内缘　4. 肩角　5. 顶角　6. 臀角　7. 腋区　8. 轭区　9. 臀区　10. 臀前区　11. 轭褶　12. 臀褶　13. 基褶

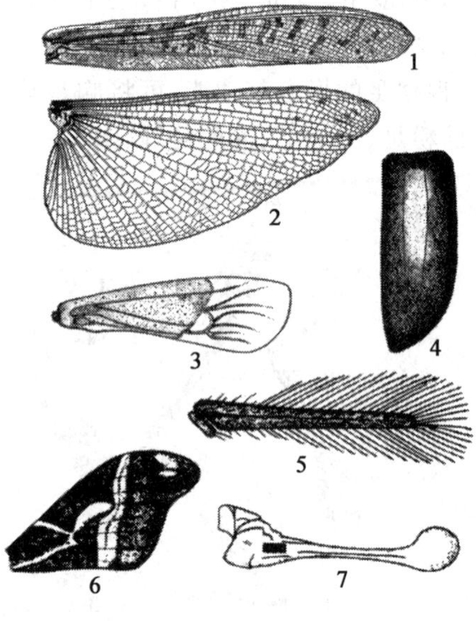

图 2-10　昆虫翅的类型

1. 覆翅　2. 膜翅　3. 半鞘翅　4. 鞘翅　5. 缨翅　6. 鳞翅　7. 平衡棒

①覆翅　蝗虫和蟋蟀类的前翅加厚变为革质，栖息时覆盖于后翅上面，但翅脉仍保留着。

②膜翅　蜂类、蝇类的翅为膜质透明。

③半翅或半鞘翅　椿象类的前翅，基部一半加厚革质，端部一半则为膜质。

④鞘翅　各类甲虫的前翅，骨化坚硬如角质，翅脉消失，栖息时两翅相接于背中线上。

⑤缨翅　蓟马的翅细而长，前后缘具有很长的缨毛。

⑥鳞翅　蛾蝶类的翅为膜质，但翅面覆盖很多鳞片。

⑦平衡棒　蚊蝇类的后翅，退化为小型棒状体，飞行时有保持身体平衡的作用。

3. 翅脉

翅脉是翅的两层薄壁间纵横分布的条纹，由气管加厚形成，对翅面起支架作用。主要分纵脉与横脉。纵脉是从翅基部伸到边缘的脉；横脉是横列在两纵脉之间的短脉。纵脉和横脉都有一定的名称和符号。

4. 翅的连锁

在等翅目、脉翅目和蜻蜓目昆虫中，前后翅不相关联，飞翔时各自动作。而同翅目、半翅目、鳞翅目和膜翅目等昆虫的前翅发达并用作飞行器官，后翅不发达，在飞行时须以某种构造挂在前翅上，用前翅来带动后翅飞行，被称为翅的连锁。具体分为翅抱型、翅轭型、翅缰型、翅褶型和翅钩型。

五、昆虫的腹部

腹部是昆虫体躯的第三个体段，通常由 9～11 个体节组成。腹部 1～8 体节两侧有气门，腹腔内着生有内部器官，末端有尾须和外生殖器。腹部是昆虫新陈代谢和生殖的中心。

1. 外生殖器

雌性外生殖器就是产卵器，位于第 8～9 节的腹面，主要由背产卵瓣、腹产卵瓣、内产卵瓣组成(图 2-11)。雄性外生殖器就是交尾器，位于第 9 节腹面，主要由阳具和抱握器组成(图 2-12)。了解昆虫外生殖器的形态和构造是识别昆虫种类和性别的重要依据。

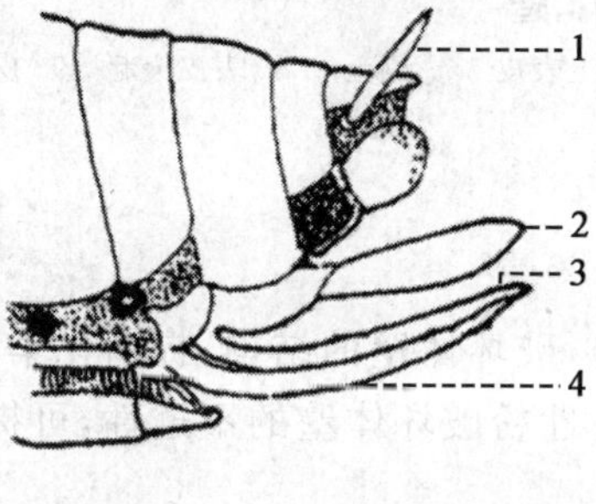

图 2-11　昆虫的雌性外生殖器

1. 尾须　2. 背产卵瓣　3. 内产卵瓣　4. 腹产卵瓣

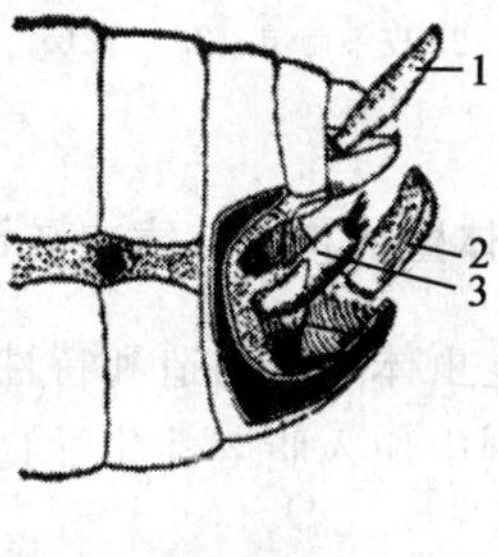

图 2-12　昆虫的雄性外生殖器

1. 尾须　2. 抱握器　3. 阳具

2. 尾须

有些昆虫有一对尾须，着生在腹部第 11 节两侧的 1 对须状构造，分节或不分节，具有感觉作用。

六、昆虫的体壁

体壁是昆虫骨化了的皮肤，包被于虫体之外，类似于高等动物的骨骼。昆虫体壁的功能是支撑身体、着生肌肉、保护内脏，防止体内水分过度蒸发和外部水分、微生物及有害物质的侵入。还能接受外界刺激，分泌各种化合物，调节昆虫的行为。

(一) 体壁的构造和衍生物

1. 体壁的构造

昆虫的体壁由皮细胞层和表皮层、底膜3部分组成。皮细胞层是活细胞层;底膜为1层紧贴皮细胞层下的薄膜;表皮层由外向内分为上表皮、外表皮和内表皮。体壁具有延展性、坚韧性、不透性等特性。

2. 体壁的衍生物

昆虫体壁常向外突出,形成外长物,如刚毛、刺、距、鳞片等。体壁向内凹,特化出各种腺体,如唾腺、丝腺、蜡腺、毒腺、臭腺等(图2-13)。

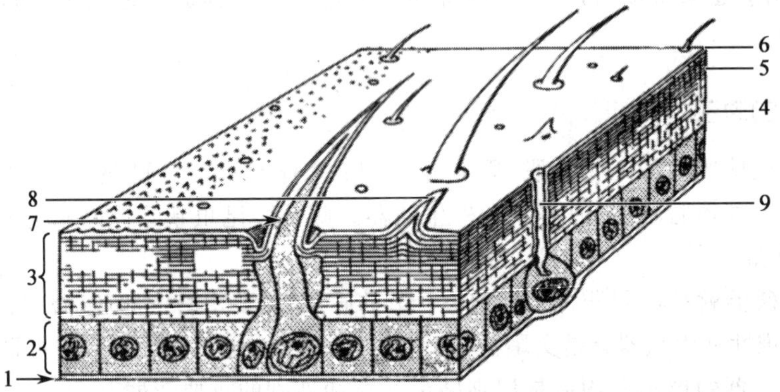

图2-13 昆虫体壁的构造

1. 底膜 2. 皮细胞层 3. 表皮层 4. 内表皮 5. 外表皮 6. 上表皮 7. 刚毛 8. 表皮突起 9. 皮细胞腺

(二) 体壁的构造与害虫防治的关系

了解昆虫体壁的构造和特性可以采取相应的措施,破坏体壁的结构,提高化学防治效果。如在杀虫剂中加入脂溶性化学物质或在粉剂中加入惰性粉破坏体壁的不透性,可提高药剂的防治效果。

项目二 昆虫的繁殖与发育

一、昆虫的生殖方式

昆虫在长期适应演化的历程中,生殖方式表现出多样性。常见的有两性生殖、孤雌生殖、多胚生殖和卵胎生等。

1. 两性生殖

自然界绝大多数种类的昆虫属于雌雄异体,多行两性生殖。即通过雌雄交配,受精后产生受精卵,再发育成新个体。如蝗虫、蝶、蛾类等。

2. 孤雌生殖

卵不经受精就能发育成新个体。这是昆虫对不良环境条件的适应,有利于昆虫种群繁衍和扩大地理分布，如蚜虫等。

3. 多胚生殖

1个卵发育成多个胚，从而形成多个幼体。如小蜂、茧蜂等。

4. 卵胎生

卵在母体内孵化，直接从母体内产出幼体。如蚜虫等。

有些种类的昆虫还可以进行幼体生殖。

二、昆虫的变态

昆虫从卵到成虫阶段要经过一系列外部形态、内部器官和生活习性变化的现象称为变态。昆虫常见的变态类型有不完全变态和完全变态。

（一）不完全变态

昆虫一生中只经过卵、若虫、成虫三个阶段是不完全变态。若虫与成虫的外部形态和生活习性很相似，仅个体的大小、翅的长短、性器官发育程度等方面存在着差异。如蝗虫、椿象、叶蝉等（图 2-14）。

（二）完全变态

昆虫一生中要经过卵、幼虫、蛹、成虫4个阶段。幼虫与成虫在外部形态、内部器官、生活习性和活动行为等方面都有很大差别。如蝶、蛾和甲虫类昆虫（图 2-15）。

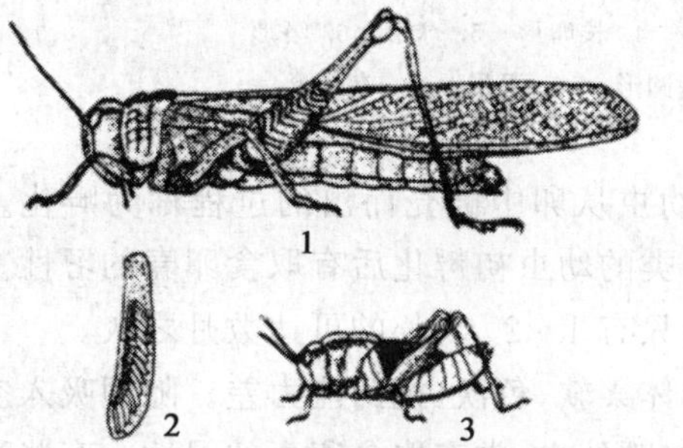

图 2-14　昆虫的不完全变态

1. 成虫　2. 卵囊及卵　3. 若虫

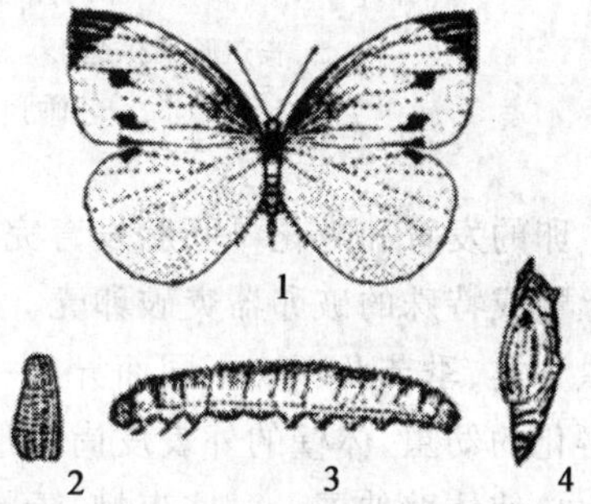

图 2-15　昆虫的完全变态

1. 成虫　2. 卵　3. 幼虫　4. 蛹

1. 卵期

卵从母体产下到孵化为止，称为卵期。卵是昆虫胚胎发育的时期，也是个体发育的第一阶段，昆虫的生命活动从卵开始。

（1）卵的结构　昆虫的卵是一个大型细胞，最外面包着一层坚硬的卵壳，表面常有特殊的刻纹。其下为一层薄膜，称卵黄膜，里面包有大量的营养物质——原生质、卵黄和卵核。卵的顶端有1至几个小孔，是精子进入卵子的通道，称为卵孔或精孔。卵孔附近区域常有放射状、菊花状等刻纹，可作为鉴别不同虫种卵的依据之一。

（2）卵的形状及产卵方式　昆虫卵的形状也是多种多样的。卵的形状一般为长茄形、袋形、半球形、长卵形、球形、篓形、椭圆形、桶形、长椭圆形、肾形、有柄形等。昆虫卵的大小种间差异很大，较大者如蝗卵，长 6～7 mm，赤眼蜂的卵则很小，长度仅有 0.02～0.03 mm。昆虫的产卵方式有单个散产的，有许多卵粒聚集排列在一起形成各种形状的卵块的。有的将卵产在物体表面，有的产在隐蔽的场所甚至寄主组织内(图 2-16)。

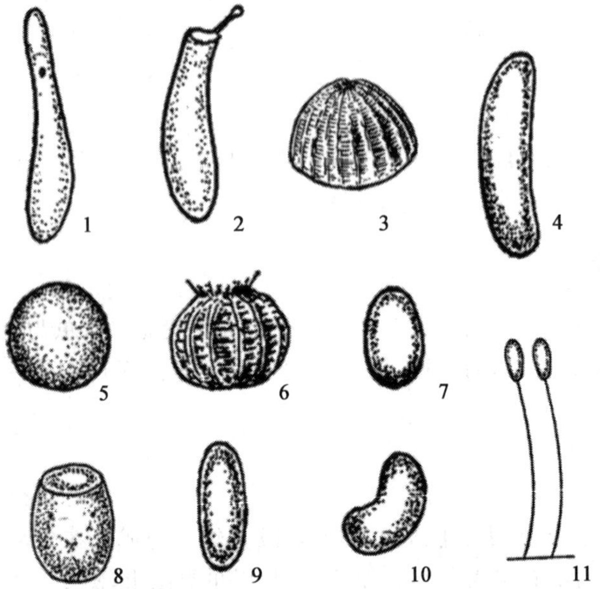

图 2-16 昆虫卵的类型

1. 长茄形 2. 袋形 3. 半球形 4. 长卵形 5. 球形 6. 篓形 7. 椭圆形 8. 桶形 9. 长椭圆形 10. 肾形 11. 有柄形

(3) 卵的发育和孵化 胚胎发育完成后，幼虫从卵中破壳而出的过程称为孵化。孵化时幼虫用上颚或特殊的破卵器突破卵壳。有些种类的幼虫初孵化后有取食卵壳的习性。卵期长短因昆虫种类、季节及环境不同而异，一般短的只有 1～2 天，长的可达数月之久。

初孵化的幼虫，体壁的外表皮尚未形成，身体柔软，色淡，抗药能力差。随即吸入空气或水(水生昆虫)使体壁伸展。一些夜蛾、天蛾等的初孵幼虫，常有取食卵壳的习性。有些种类在幼虫孵化后，并不马上开始取食活动，而常常停息在卵壳上或其附近静止不动。对害虫来说，卵孵化为幼虫就进入为害期，因此消灭卵是一项重要的防治措施。

2. 幼虫期

从孵化到化蛹所经历的时期称为幼虫期。昆虫完成胚胎发育脱卵而出称为孵化。幼虫期是昆虫一生中主要取食危害的时期，也是防治的关键时期。幼虫生长到一定阶段受体壁限制，必须脱去旧皮，才能继续生长的现象，称为蜕皮。脱下的旧皮称为“蜕”。幼虫每脱一次皮，体重、体积、食量都显著增加。幼虫每两次脱皮之间的时期称为龄期，其虫态称为龄。从卵孵化到第一次蜕皮，为 1 龄幼虫，以后每脱 1 次皮就增加 1 龄。脱皮次数加 1 就是虫龄。

不同虫龄的幼虫不但形态不同，而且在食量、生活习性上都有很大差异。初孵幼虫体小，体壁薄，常群集取食，对药剂抵抗力弱。随着虫龄的增加，虫体的食量增大，危害加剧，对药剂抵抗力增强。药剂防治幼虫的关键时期是低龄期，特别是在 3 龄前施药可收到理想的效果。

完全变态昆虫的幼虫，由于对生活环境长期适应的结果，在形态上发生了很大变化。根据足的有无和数目的多少，可将幼虫分为原足型、无足型、寡足型和多足型 4 类(图 2-17)。

①原足型　很像一个发育不完全的胚胎，腹部分节或不分节，胸足和其他附肢处有几个突起，口器发育不全，不能独立生活。如寄生蜂的早龄幼虫。

②无足型　幼虫完全无足。多生活在食物易得的场所，行动和感觉器退化。根据头的发达程度又可分为有头无足型：头发达，如象甲、蚊子的幼虫；半头无足型：头后半部缩在胸内，如虻的幼虫；无头无足型：头多退化，完全缩入胸内，仅外露口钩，如蝇的幼虫。

③寡足型　幼虫只具有 3 对发达的胸足，无腹足。头发达，咀嚼式口器。有的行动敏捷，如步甲、瓢虫、草蛉及金针虫的幼虫；有的行动迟缓，如金龟甲的幼虫蛴螬等。

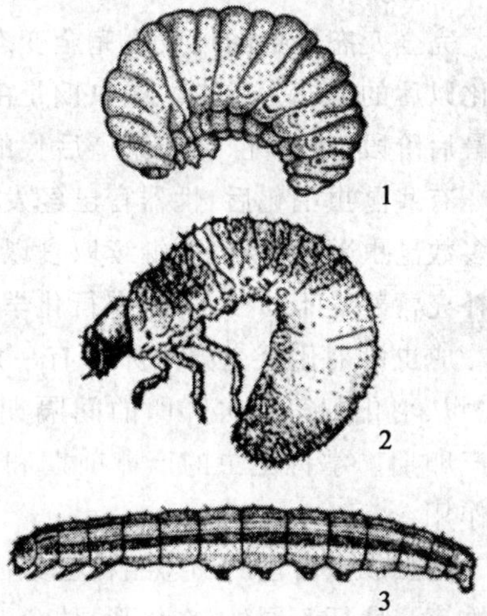

图 2-17　昆虫幼虫的类型

1. 无足型　2. 寡足型　3. 多足型

④多足型　幼虫除具有 3 对胸足外，还有腹足。头发达，咀嚼式口器，腹足的数目随种类不同而异。如蛾蝶类幼虫有腹足 2～5 对，腹足端还有趾钩；叶蜂幼虫有 6～8 对腹足，无趾钩。

了解幼虫的类型，对于进行田间调查和设计防治方案，都具有实际意义。

3. 蛹期

末龄幼虫脱去最后 1 次皮变为蛹的现象称为化蛹。从化蛹至羽化为成虫所经历的时期称为蛹期。蛹期是一个表面静止，内部进行着剧烈的代谢活动的虫态，抗逆能力差，自身要求相对稳定的环境完成由幼虫到成虫的转变过程。老熟幼虫常寻找安全场所化蛹，如树皮下、裂缝中、枯枝落叶下、土缝中等。蛹期是开展综合治理的良好时期，如耕翻晒垡，淹水，清理田园等措施对很多害虫都能收到较好的防治效果。

昆虫蛹的类型有离蛹、被蛹和围蛹 3 种(图 2-18)。

① 离蛹　又称为裸蛹，其特点是翅和附肢除基部外与蛹体分离，不紧贴于蛹体上，可以活动，腹部各节间也能自由扭动，一些脉翅目和毛翅目的蛹甚至可以爬行或游泳。鞘翅目、膜翅目等昆虫的蛹均为此种类型。

② 被蛹　特点是翅和附肢都紧贴于身体上，不能活动，大多数腹节或全部腹节不能扭动。鳞翅目、鞘翅目的隐翅虫、双翅目的虻等昆虫的蛹均属此种类型。

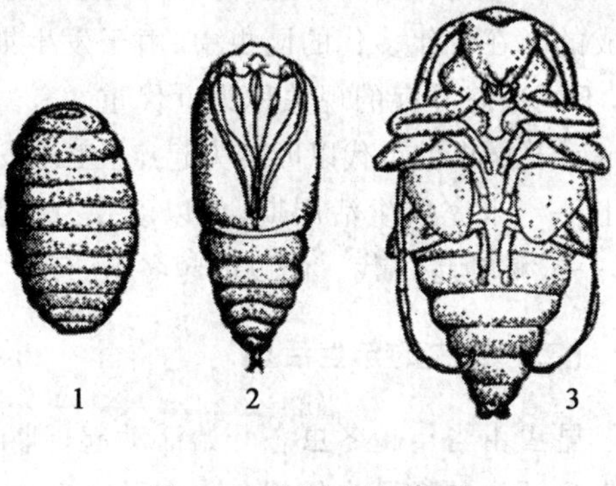

图 2-18　昆虫蛹的类型

1. 围蛹　2. 被蛹　3. 离蛹

③ 围蛹　双翅目蝇类特有。在离蛹体外被有末龄幼虫未脱去的蜕。如蝇类幼虫将第3 龄脱下的表皮硬化成为蛹壳，第 4 龄幼虫就在蛹壳里，成为不吃不动的前蛹，前蛹再经脱皮即形成离蛹，而脱下的皮又附加在第 3 龄幼虫的皮下。

4. 成虫期

完全变态昆虫的蛹或不完全变态昆虫的若虫脱去最后1次皮，成为成虫的过程称为羽化。羽化以后的虫态为成虫。成虫期是由成虫羽化到死亡所经历的时间，成虫期是昆虫个体发育的最后阶段，是交配、产卵繁殖后代的生殖期。

有些昆虫羽化后，性器官已经发育成熟，口器退化，不再取食即可交配产卵，不久便死亡。大多数昆虫羽化后，需要继续取食以满足性器官发育对营养的需要，称为补充营养。了解昆虫对补充营养的不同要求，可进行化学诱杀，把害虫消灭在产卵之前。

成虫由羽化至交配产卵常有一定的间隔期。从羽化到第一次交配的间隔期称为交配前期。从羽化到第一次产卵的间隔期称为产卵前期。从第一次产卵到产卵终止的间隔期称为产卵期。掌握昆虫的产卵前期和产卵期在害虫测报和制定防治方案方面，都有重要的指导作用。

昆虫成虫阶段的形态结构已经固定，种的特征明显，是昆虫分类的主要依据。有的昆虫除雌雄第一性征不同外，在体形、体色及其他形态等第二性征方面也存在着差异的现象，称为性二型现象。如小地老虎雄蛾触角栉齿状，雌蛾为丝状；介壳虫雌虫无翅，定居，雄虫有翅能飞。同种同性别昆虫有两种或两种以上的个体类型的现象称为多型现象。如蚜虫雌虫有有翅和无翅型；稻飞虱雌虫有长翅型和短翅型之分。

了解昆虫性二型和多型现象，对分析害虫的种群动态和制订防治指标，有效控制害虫发生危害具有重要价值。

三、昆虫的世代和年生活史

(一) 昆虫的世代

昆虫自卵或幼虫离开母体到性成熟为止的个体发育史称为世代。各种昆虫或同种昆虫在不同的地区，世代的长短及1年中发生的世代数不尽相同。如大豆食心虫1年发生1代，黏虫、螟虫1年发生多代，金蝉多年发生1代。这是受种性遗传的支配，也受气候因素的影响所造成的。在1年多代的昆虫中，由于发生期和产卵期长，在同一时期内，存在前后世代相互重叠，不同虫态并存的现象称为世代重叠。

计算昆虫的世代以卵期为起点。1年发生多代的昆虫，依先后顺序称第1代，第2代……凡是上一年未完成生活周期，如以幼虫、蛹越冬，第二年继续发育为成虫，是上年最后1代的继续，一般称为越冬代。而以卵越冬，次年发育为幼虫的才可称为第1代幼虫。

(二) 昆虫的年生活史

昆虫由当年越冬虫态开始活动起，到第二年越冬结束为止的发育过程，称为年生活史。昆虫年生活史包括昆虫的越冬虫态及1年中发生的世代数以及各世代、各虫态的发生时间和历期，常用图表的方式来表示(表2-1)。

(三) 休眠和滞育

昆虫在生活周期中，常发生生长发育和繁殖暂时停止的现象，这种现象多发生在严冬和酷暑来临之前，分别称为越冬或越夏。从生理上可区分为休眠与滞育。

表 2-1　葱斑潜蝇生活史

世代＼旬	1～3月 上中下旬	4月 上中下旬	5月 上中下旬	6月 上中下旬	7月 上中下旬	8月 上中下旬	9月 上中下旬	10月 上中下旬	11月 上中下旬	12月 上中下旬
越冬代	▲▲▲	▲▲▲ +++	▲▲▲ +++	▲▲▲ +++	▲ +++					
1		●● —— ▲	●●● ——— ▲▲▲ +++	●●● ——— ▲▲▲ +++	●● ——— ▲▲▲ +++	▲ ++				
2			●● —— ▲	●●● ——— ▲▲▲ +++	●●● ——— ▲▲▲ +++	●● ——— ▲▲▲ +++	▲ ++			
3				●●● ——— ▲▲ +	●●● ——— ▲▲▲ +++	●●● ——— ▲▲▲ +++	●● ——— ▲▲▲ +++	▲ ++		
4				● —	●●● ——— ▲▲▲ ++	●●● ——— ▲▲▲ +++	●●● ——— ▲▲▲ +++	●● ——— ▲▲▲ +++	▲▲▲	▲▲▲
5					●● —— ▲	●●● ——— ▲▲▲ +++	●●● ——— ▲▲▲ +++	●●● ——— ▲▲▲ +++	— ▲▲▲	▲▲▲
6						●●● ——— ▲▲ +	●●● ——— ▲▲▲ +++	●●● ——— ▲▲▲ +++	—— ▲▲▲	▲▲▲
越冬代						● —	●●● ——— ▲▲▲	●●● ——— ▲▲▲	—— ▲▲▲	▲▲▲

注：●卵；—幼虫；▲蛹；+成虫

1. 休眠

由不良环境条件引起昆虫生长发育暂时停止的现象，称为休眠。当不良环境消除时，就可以恢复生长发育。引起昆虫休眠的环境因素主要是温度和湿度。在温带和寒带地区，低温是引起休眠的主要原因。

2. 滞育

由环境条件和昆虫遗传特性支配，造成昆虫生长发育暂时停止的现象，称为滞育。当昆虫进入滞育后，即使创造适宜的外界条件，也不会立即恢复生长发育，必须通过一定的刺激因素和时间才能解除滞育状态。引起昆虫滞育的主要因素是光周期。

四、昆虫的主要习性

由于外界环境条件的刺激与内部生理活动的复杂联系，使昆虫获得了赖以生存的生物学特性，即昆虫的习性。昆虫的习性包括昆虫的活动和行为，有食性、趋性、假死性、群集性、迁飞与扩散等。

（一）食性

昆虫在长期的演化过程中，形成了对食物的特殊要求，称为食性。根据食物的性质不同，昆虫的食性可分为以下5种：

（1）植食性　以植物为食料，包括绝大多数农业害虫和少部分益虫。如蝗虫、螟虫、家蚕等。

（2）肉食性　以动物为食料，大多数是天敌昆虫。如瓢虫、赤眼蜂等。

（3）粪食性　以动物的粪便为食料。如蜣螂。

（4）腐食性　以死的动、植物组织及腐败物质为食料。如某些金龟甲、蝇类幼虫等。

（5）杂食性　以动、植物为食料。如胡蜂、芫菁等。

根据取食范围的广窄，昆虫食性又可分为以下3种：

（1）单食性　以一种动物或植物为食料。如三化螟、澳洲瓢虫等。

（2）寡食性　以一科或近缘科的植物为食料。如二化螟、菜粉蝶等。

（3）多食性　以多科的植物或动物为食料。如小地老虎、草蛉等。

了解昆虫的食性，对采取相应的栽培技术措施有效地防治农业害虫，选择利用天敌昆虫都有实用价值。

（二）趋性

昆虫对外界刺激产生的定向反应称为趋性。凡是向着刺激来源方向运动的称为正趋性，背避刺激来源方向运动的称为负趋性。按照刺激物的性质，趋性可分为趋光性、趋化性和趋温性等。

1. 趋光性

趋光性是昆虫通过视觉器官趋向光源而产生的反应行为。一般夜出性的夜蛾、螟蛾等对灯光为正趋光性；而蜚蠊经常藏于黑暗场所，见光便躲避，称为负趋光性。一般短波光对具有趋光性昆虫诱集性强。虫情测报用的黑光灯就是根据这个原理制成的。

2. 趋化性

趋化性是昆虫通过嗅觉器官对化学物质的刺激而产生的反应行为。如菜粉蝶趋向含芥子苷的十字花科植物上产卵；糖、酒、醋混合液可诱集多种地老虎；雌性昆虫在交配前分泌性外激素，引诱同种异性交配。在农业生产中可利用害虫的趋化性进行食饵或性诱剂诱杀。

3. 趋温性

昆虫是变温动物，其体温随所在环境而变化。当环境温度变化时，昆虫就趋向适宜其生活的温度条件的场所，这就是趋温性。如地下害虫蝼蛄等随土温的变化而升降，冬季钻入深土层，春季又到土表为害植物的种子和根。

（三）假死性

昆虫受到外界刺激产生的一种抑制性反应。如黏虫幼虫、多种叶甲，当受到触及或震动，立即坠地假死。生产上可利用假死性进行震落捕杀。

（四）群集性

同种昆虫的个体高密度地聚集在一起的习性称为群集性。有些昆虫终身群集在一起，而且成群向一个方向迁移，称为永久性群集，如飞蝗。还有些昆虫只在某一虫态和某一段时间内群集在一起，之后便分散，称为临时性群集，如黏虫、瓢虫等。了解昆虫的群集性，可为集中防治害虫提供可靠依据。

（五）迁飞与扩散

某些昆虫在成虫期成群地从一个发生地长距离迁到另一个发生地的特性称为迁飞，如东亚飞蝗、稻纵卷叶螟等。有些昆虫在环境条件不适宜或营养条件恶化时，由一个发生地近距离向另一个发生地迁移的特性称为扩散，如多种蚜虫、螨等。了解昆虫迁飞与扩散规律，对害虫的测报与防治具有重要意义。

项目三　昆虫发生与环境的关系

昆虫在自然界的分布、生长发育和消长规律不仅取决于其本身的生物学特性，而且与周围环境因素有着密切联系。了解昆虫与环境之间的相互关系是开展害虫预测预报和害虫综合防治的基础。

构成昆虫生活环境的因素称为生态因素。依其性质可分为气候因素、生物因素、土壤因素和人为因素等。

一、气候因素对昆虫的影响

与昆虫个体生命活动及种群消长关系密切的气候因素，包括温度、湿度和降水、光照、气流等。

（一）温度

昆虫是变温动物，其体温的变化取决于周围环境的温度，环境温度对昆虫的生长发育和繁殖都有很大的影响。

1. 昆虫对温度的反应

昆虫的生长发育，都要求一定的温度范围，称为有效温区，一般为 8～40℃。其中最适合昆虫生长发育和繁殖的温度范围，称为最适温区，一般为 22～30℃。最适温区不是昆虫生长发育最快的温度范围，而是指对种的生存和繁殖最有利的温度。

2. 有效积温法则及应用

在有效温区内，昆虫的发育速度与温度呈正相关。温度越高，发育速度越快，发育所需天数越少。昆虫完成一个虫期或世代所需的天数与同期内的有效温度的乘积是一个常数，这一

常数称为有效积温,这一规律称为有效积温法则

$$N=\frac{K}{T-C} \quad 或 \quad K=N(T-C)$$

公式中 K 为有效积温常数、N 为发育日数、T 为实际温度、C 为发育起点温度。

有效积温法则在害虫综合治理中的应用较广泛。

(1) 推算某种昆虫在某地可能发生的世代数

$$世代数=\frac{某地全年有效积温总和(℃)}{该地某虫完成1代所需的有效积温(℃)}$$

(2) 预测害虫的发生期

$$N=\frac{K}{T-C}$$

(3) 控制昆虫发育速度 如人工繁殖寄生蜂防治害虫时,按释放日期的需要,可根据公式计算出室内饲养寄生蜂所需要的温度,通过调节温度来控制寄生蜂的发育速度,在适当的时期释放。

有效积温法则在实际应用中有一定局限性,在应用时要注意各种因素对昆虫生长发育的综合影响。

(二) 湿度和降水

湿度实质上是水的问题,水是昆虫体的组成成分和生命活动的重要物质与媒介。不同种类昆虫或同种昆虫的不同发育阶段,对水的要求不同。湿度主要影响昆虫的成活率、生殖力和发育速度,从而影响昆虫种群的消长。有些昆虫,如稻纵卷叶螟、小地老虎等对湿度要求较高,湿度越大,产卵越多,卵孵化率明显增高,幼虫成活率高,发生量大。但有些昆虫如蚜虫,在干旱的情况下,由于植物汁液浓度增高,提高了营养水平,更有利于繁殖,所以在干旱年份易造成危害。

降雨不仅影响湿度,还直接影响昆虫种群的数量变化。春季雨后有助于一些在土壤中以幼虫或蛹越冬的昆虫顺利出土;暴雨对许多初孵幼虫和小型昆虫有机械冲刷和杀伤作用;阴雨连绵不断,不但影响昆虫的活动取食,还会导致昆虫病害流行而使种群数量减少。

(三) 光照

光的性质、光强度、光周期主要影响昆虫的活动与行为,起信号作用。

光的性质通常用波长表示。不同波长的光显示出不同的颜色。昆虫的可见光区,偏于短波光。很多昆虫对紫外光有正趋性,利用黑光灯诱杀害虫,就是这个道理。昆虫的昼夜活动节律就是光强度对昆虫活动和行为的影响。如蝶类、蝇类等昆虫喜欢白天活动,蛾类、蚊类昆虫等喜欢夜间活动。光周期对昆虫生理活动有明显的影响。如短日照的来临,预示着冬季即将到来,对某些昆虫越冬滞育起信号作用。桃蚜在长日照条件下,产生大量无翅蚜,在秋季短日照条件下则产生两性蚜,并飞向越冬寄主产卵越冬。

(四) 气流

气流主要影响昆虫的迁飞和扩散。如蚜虫能借气流传播到很远的地方。黏虫、稻飞虱能借助大气环流远距离迁飞。气流还通过影响大气温度和湿度,而影响昆虫的生命活动。

二、生物因素对昆虫的影响

生物因素包括食物因素和天敌因素。

(一) 食物因素

1. 食物对昆虫的影响

食物的种类、数量和质量可直接影响昆虫的生长、发育和繁殖。食物数量充足,质量高,昆虫取食后生长发育快,生殖力强,自然死亡率低。当食物数量不足或质量不高时会导致昆虫种群中的个体大量死亡或引起种群中个体的大规模迁移。如东亚飞蝗能取食多个科的植物,但最适宜的是禾本科和莎草科的一些植物种类。取食这类食物,昆虫不仅发育好,而且产卵量高。如果让其取食不喜欢吃的油菜,则死亡率增加,发育期延长,若饲喂棉花和豌豆,则不能完成发育而死亡。同种植物的不同器官,不同生育期,由于其组成成分差异较大,对昆虫的作用也不相同。据此,在生产实践中可采取合理的栽培技术措施,恶化害虫的食料条件,创造有利于天敌昆虫发育和繁殖的条件,有效地防治害虫。

2. 植物抗虫性

植物对昆虫的取食危害所产生的抵抗反应,称为植物的抗虫性。植物的抗虫性机制分为避害性、抗生性和耐害性。

(1) 避害性　植物不具备引诱昆虫产卵或取食的化学物质或物理性状;昆虫的发生期与植物的生育期不吻合,阻碍了昆虫对植物的选择,使植物全部或局部避免危害的特性。

(2) 抗生性　植物被取食后不能全面满足昆虫的营养需要或者含有对昆虫有毒的物质,昆虫取食后会导致发育不良,寿命缩短,生殖力下降,甚至死亡的特性。

(3) 耐害性　有些植物被昆虫取食后,自身具有很强的补偿能力,可减轻被害损失的特性。

利用植物的抗虫性来选育、选用抗虫高产作物品种在农业害虫防治上具有重要意义。

(二) 天敌因素

害虫在自然界的生物性敌害,通称为天敌。天敌因素主要影响害虫的种群数量。

1. 天敌昆虫

天敌昆虫包括捕食性天敌昆虫与寄生性天敌昆虫两类。捕食性天敌昆虫种类很多,如螳螂、瓢甲、步甲、虎甲、草蛉等。寄生性天敌昆虫主要有寄生蜂与寄生蝇等。天敌昆虫在害虫的生物防治中发挥了很大作用。

2. 昆虫病原微生物

昆虫在生长发育过程中,常因致病微生物的侵染而生病死亡。能使昆虫致病的病原微生物主要有真菌、细菌、病毒等,如白僵菌、蚜霉菌、杀螟杆菌、核型多角体病毒等,在农业生产中应用越来越广泛。

3. 其他有益动物

蜘蛛、两栖类,鸟类、禽类等都是食虫动物,很好地保护和利用它们,能够有效地防治农业害虫。

三、土壤因素对昆虫的影响

土壤是昆虫的一个特殊生态环境。土壤温度、湿度、物理结构和化学特性,直接影响土栖昆虫的生存、活动和分布。

土壤是昆虫越冬、越夏的重要场所。生活在土壤中的昆虫的活动会随土层深度的变化而出现较大的变化。灌水或雨水会造成土壤耕层水分暂时过多,可以迫使昆虫向下迁移或大量出土,甚至可以造成不活动虫态死亡。麦红吸浆虫适宜生活在碱性土壤中,麦黄吸浆虫较喜欢酸性土壤,了解土壤因素对昆虫的影响,有利于通过各种栽培措施造成有利于作物生长发育而不利于害虫生活繁殖的土壤环境,达到减轻作物受害和控制害虫的目的。

四、农业生产活动对昆虫的影响

(一)改变一个地区昆虫的组成

从事农业生产活动中,人类频繁地调运种子、苗木,可能将一些当地从未发生过的害虫调入,或者有目的地引进天敌昆虫,都会使当地昆虫组成发生变化。如葡萄根瘤蚜随种苗传入我国;成功引进澳洲瓢虫,有效地控制了柑橘吹绵蚧的为害。

(二)改变昆虫生存环境

兴修水利,改变耕作制度,选用抗虫品种,中耕除草,施肥灌溉,整枝打杈等农业措施,改变了昆虫生长发育的环境条件,创造了不利于害虫生存而有利于天敌和作物生长发育的条件,达到控制害虫的目的。

(三)直接控制害虫

为保护农作物不受或少受害虫的危害,常用农业、化学、物理、生物的方法,直接或间接地消灭害虫,达到既控制害虫种群数量,保证农业生产安全,又保护环境的目的。

项目四　农业昆虫常见类群的识别

昆虫纲不但是节肢动物门最大的纲,也是动物界最大的纲,自然界昆虫种类繁多,有100多万种,占动物种类的2/3。

一、昆虫的分类及命名

昆虫分类是认识昆虫的一种基本方法。人们依据昆虫的形态特征,生物学、生态学、生理学特性,通过分析、对比、归纳等手段,将自然界的昆虫分门别类地加以区分,有利于控制害虫和保护利用益虫。

昆虫分类系统由界、门、纲、目、科、属、种7个基本阶梯所组成。纲、目、科、属、种下设"亚"级;在目、科之上设"总"级。以东亚飞蝗为例表示其分类阶梯。

界　动物界　Animalia kingdom
　门　节肢动物门　Arthropoda
　　纲　昆虫纲　Insect
　　　亚纲　有翅亚纲　Pterygota
　　　　总目　直翅总目　Orthopteroides

目 直翅目 Orthoptera

亚目 蝗亚目 Locustodea

总科 蝗总科 Locustoidea

科 蝗科 Locustidae

亚科 飞蝗亚科 Locustinae

属 飞蝗属 *Locusta*

亚属 （未分）

种 飞蝗 *Locusta migratoria* L.

亚种 东亚飞蝗 *Locusta migratoria manilensis* Meyen

在昆虫分类的各阶元中，种是最基本的单元。昆虫种的科学名称通称学名。昆虫学名是利用国际上统一规定的双命名法，并用拉丁文书写。每个种的学名由属名和种名组成，种名后是定名人的姓氏。属名和定名人的第一个字母大写，种名第一个字母小写。种名和属名在印刷时排斜体。

二、农业昆虫常见目科的识别

昆虫纲一般分为 33 个目，在农业生产中常见的有 9 个目。

（一）直翅目

体中型至大型，咀嚼式口器，下口式。触角多为丝状，前胸发达。前翅覆翅，后翅膜翅。后足跳跃足，有的种类前足为开掘足。雄虫多能用后足摩擦前翅或前翅相互摩擦发音；多有听器。雌虫产卵器发达，形式多样，呈剑状、刀状、凿状等。不完全变态。一般为植食性，多为害虫（图 2-19）。直翅目昆虫重要科特征见表 2-2 所示。

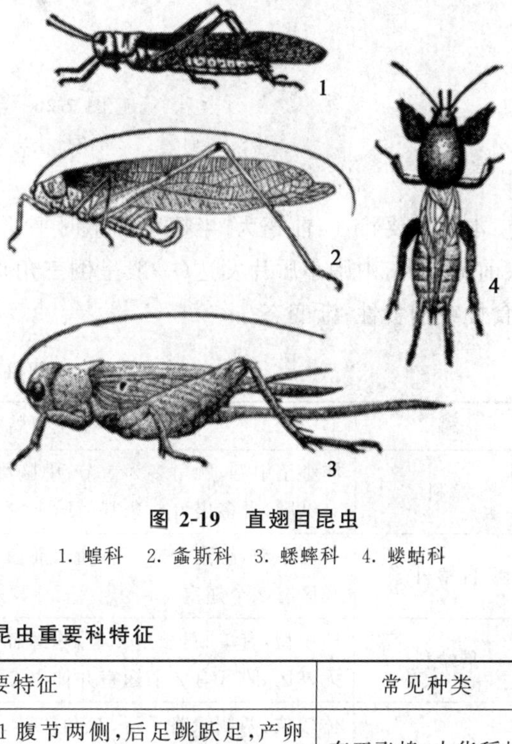

图 2-19 直翅目昆虫

1. 蝗科 2. 螽斯科 3. 蟋蟀科 4. 蝼蛄科

表 2-2 直翅目昆虫重要科特征

科	主要特征	常见种类
蝗科	触角短于体长，听器位于第 1 腹节两侧，后足跳跃足，产卵器凿状，尾须短，不分节	东亚飞蝗、中华稻蝗
蝼蛄科	触角短于体长，听器位于前足胫节内侧，前足开掘足，前翅短，后翅长于腹末，尾须长、产卵器不外露	东方蝼蛄、华北蝼蛄
蟋蟀科	触角长于体长，听器位于前足胫节内侧，后足跳跃足，雄虫发音器位于前翅基部，雌虫产卵器呈剑状，尾须长	花生大蟋、姬蟋蟀
螽斯科	触角长于体长，听器位于前足胫节基部，翅发达，也有短或无翅类型。产卵器发达，呈刀状，尾须短小	日本螽斯、露螽

(二) 半翅目

半翅目昆虫俗称蝽或椿象，由于很多种能分泌挥发性臭油，因而又叫臭虫、臭板虫。多为植食性种类，为害农作物、果树、林木或杂草，刺吸其茎叶或果实的汁液，对农业造成一定程度的危害(图 2-20)。半翅目昆虫重要科特征见表 2-3。

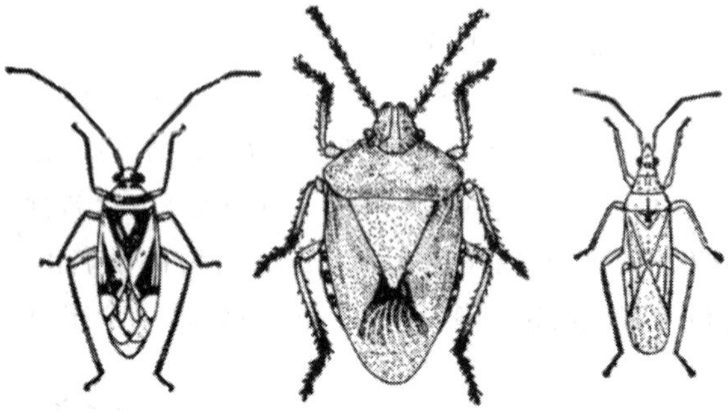

图 2-20 半翅目昆虫

1. 盲蝽科 2. 蝽科 3. 缘蝽科

本目主要特征：前翅为“半翅”，栖息时平覆背上；刺吸式口器；具分节的喙，喙从头端部伸出；前胸很大，中胸小盾片发达(一般呈倒三角形)；腹面中后足间多有臭腺开口；陆生或水生；植食性或捕食性；渐变态。

表 2-3 半翅目昆虫重要科特征

科	主要特征	常见种类
蝽科	体小至中型，触角多为 5 节；中胸小盾片发达，三角形；前翅膜区有纵脉，且多出自一条基横脉上	稻绿蝽、菜蝽
盲蝽科	多数小型，触角 4 节，无单眼，前翅分为革区、楔区、爪区和膜区，膜区有 2 个翅室	绿盲蝽、烟草盲蝽
猎蝽科	体中型，有单眼，触角 4 节；喙短而呈弯钩状，不紧贴于腹，前翅无楔区，膜区有 2 个翅室并伸出 2 条纵脉，肉食性	黄刺蝽、白带猎蝽
缘蝽科	体较狭，两侧缘略平行，触角 4 节；中胸小盾片，三角形，不超过爪区长度；前翅膜区有多数分叉纵脉，从横脉上分出	针缘蝽、粟小缘蝽
长蝽科	体小至中型，狭长；触角 4 节，着生在头侧的下方，位置比复眼低；前翅无楔片，膜区有 4～5 条简单的翅膜	粟长蝽、甘蔗长蝽

(三) 同翅目

体小至大型，刺吸式口器从头的后方伸出。触角刚毛状或丝状。前翅质地均匀，为膜质或革质，静止时呈屋脊状。多为两性生殖，有的进行孤雌生殖。不完全变态。植食性，刺吸植物汁液，有的可传播植物病毒病(图 2-21)。同翅目昆虫重要科特征见表 2-4 所示。

表 2-4 同翅目昆虫重要科特征

科	主要特征	常见种类
叶蝉科	头部宽圆,触角刚毛状,生于两复眼间,前翅革翅,后翅膜翅,后足胫节密生两列刺	黑尾叶蝉、棉叶蝉
沫蝉科	体卵型,有2个单眼;前胸背板大,但盖不住中胸小盾片。前翅革翅,长过腹部,爪区脉纹分离;后足胫节有两侧刺,第1、2跗节有端刺	稻沫蝉、鞘翅沫蝉
飞虱科	头部窄于胸,触角锥状,生于两复眼之下,前翅膜翅,后足胫节末端有一个能活动的距	褐飞虱、白背飞虱
蚜科	体小而柔软,触角丝状,膜翅,前翅有翅痣,腹部第6或第7节背面两侧有一对腹管,腹末有尾片	玉米蚜、大豆蚜、绵蚜
绵蚜科	体小似蚜虫,前翅中脉减少或不分叉,腹管退化成盘状或完全没有;蜡腺发达,能分泌白色绵状蜡粉;有性个体小,无口器,无翅	苹果绵蚜、甘蔗绵蚜

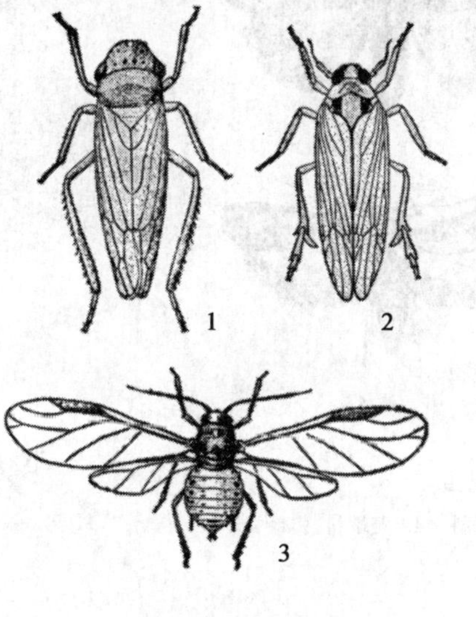

图 2-21 同翅目昆虫

1. 叶蝉科 2. 飞虱科 3. 蚜科

图 2-22 蓟马科

(四) 缨翅目

体微小型,锉吸式口器,前后翅均为缨翅。一般两性生殖,有的孤雌生殖。不完全变态。多为植食性,少数肉食性。如蓟马科 Thripidae,体微小,略扁。触角6～8节,第3、4节上有感觉器。翅狭长而端部尖锐。雌虫腹末圆锥形,有锯状产卵器。在农田常见稻蓟马和烟蓟马等(图 2-22)。

（五）脉翅目

体小至大型，咀嚼式口器，触角丝状，膜翅，脉多如网。完全变态，肉食性，如草蛉科 Chrysopidae 体细长，复眼有金色闪光，触角丝状；前后翅膜质透明，形状和脉序相似，前缘区横脉不分叉。在农田常见丽草蛉和中华草蛉等（图 2-23）。

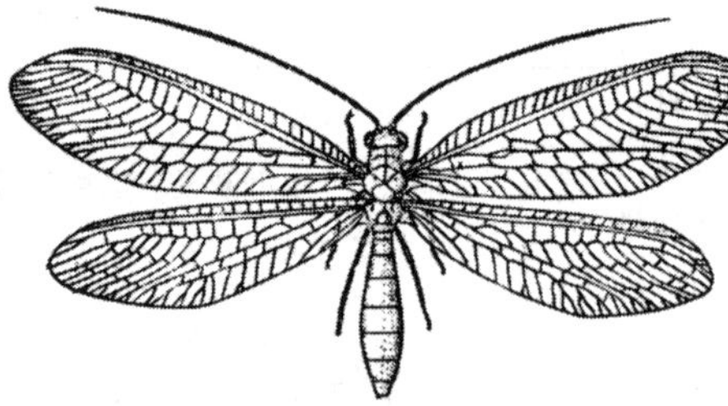

图 2-23 草蛉科

（六）鳞翅目

体小至大型，虹吸式口器。触角丝状、羽状、球杆状、栉齿状等。体翅密被鳞片，组成各种颜色或斑纹。完全变态。幼虫多足型，咀嚼式口器。被蛹。植食性，多数为农业害虫。

鳞翅目昆虫按其触角类型、活动习性及静止时翅的状态分为锤角亚目和异角亚目（图 2-24）。鳞翅目昆虫重要科特征见表 2-5 所示。

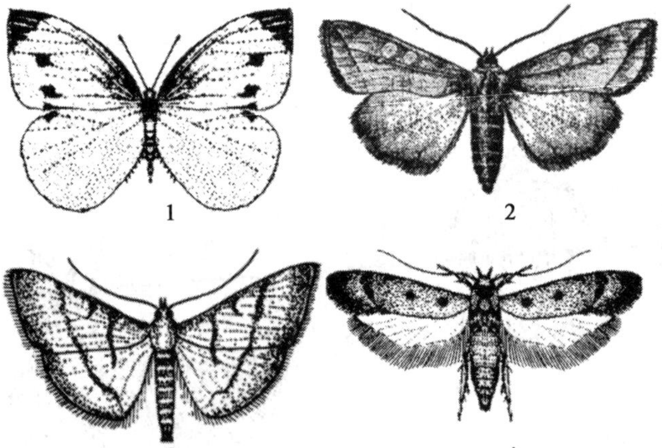

图 2-24 鳞翅目昆虫

1. 粉蝶科 2. 夜蛾科 3. 螟蛾科 4. 麦蛾科

1. 锤角亚目

触角端部膨大成球杆状，静息时双翅竖立于体背，白天活动，卵散产，多数为缢蛹。如粉蝶科、弄蝶科等。

2. 异角亚目

触角多样，主要有丝状、羽毛状、栉齿状等。静息时双翅平放于身体两侧；昼伏夜出，卵散产或块产，蛹外常有茧。如螟蛾科、夜蛾科等。

（七）鞘翅目

昆虫纲中最大的目，通称甲虫。体小型到中型，体壁坚硬。咀嚼式口器，触角多样。前翅鞘翅，后翅膜翅折叠于鞘翅下。完全变态，幼虫多为寡足型，少数为无足型，离蛹。肉食性、植食性、腐食性、粪食性和杂食性（图 2-25）。鞘翅目昆虫重要科特征见表 2-6 所示。

表 2-5　鳞翅目昆虫重要科特征

科	主要特征	常见种类
粉蝶科	体中型，白、黄、橙色；翅有黑色缘斑，少数种类有红色斑点；前翅三角形，后翅卵圆形	菜粉蝶、东方粉蝶
蛱蝶科	体中至大型，触角端部特膨大，色彩鲜艳，飞翔迅速，有的休息时前后翅不停地扇动，前足退化	苎麻黄蛱蝶
弄蝶科	小到中型、粗壮，颜色深。触角端部呈钩状。幼虫体纺锤形，头大胸细呈颈状	直纹弄蝶、中华弄蝶
眼蝶科	中型，色暗而不艳。翅上常有眼状斑纹。前足退化。幼虫体似弄蝶，但头部有 2 个显著角状突起	稻眼蝶、链眼蝶
螟蛾科	体细长，腹末尖削。触角丝状，下唇须发达前伸或上弯	二化螟、三化螟
夜蛾科	体中至大型，色深暗，体粗壮多毛。触角丝状或齿状。前翅狭，后翅宽。斑纹明显	小地老虎、黏虫
灯蛾科	体小至中型，少数大型。体色较鲜艳，常为红色或黄色，多具条纹或斑点；翅常有鲜艳色斑	黄腹星灯蛾、红袖灯蛾
尺蛾科	小至大型，体细长，翅大而薄，前后翅颜色相似并常有条纹连接，静止时，前后翅平展，有些种类雌成虫无翅；幼虫 2 对腹足	棉大造桥虫、枣尺蛾
小卷蛾科	体小，多数黄褐、灰色，有杂色斑点，但前翅前缘无翻折部分，前缘有 1 列白色的钩状纹	大豆食心虫
麦蛾科	小型，色深暗。下唇须向上弯曲，伸过头顶。前翅柳叶形，后翅菜刀形。翅后缘有长缘毛	甘薯麦蛾、棉红铃虫
天蛾科	大型，粗壮，纺锤形。触角中部加粗，末端成钩状。喙发达，有时超过体长。前翅大而窄，顶角尖，后翅小	甘薯天蛾、豆天蛾

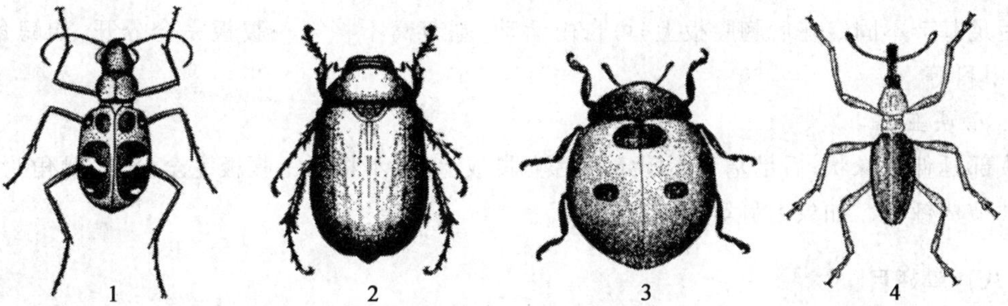

图 2-25　鞘翅目昆虫

1. 虎甲科　2. 鳃角金龟科　3. 瓢甲科　4. 象甲科

表 2-6　鞘翅目昆虫重要科特征

科	主要特征	常见种类
步甲科	体小至大型，黑色或褐色，有光泽；头前口式，比前胸狭；触角丝状，鞘翅多刻点或颗粒，后翅常退化	金星步甲、短鞘步甲
虎甲科	体中型，具鲜艳色斑及金属光泽，下口式，头比胸部略宽，复眼突出	中华虎甲、杂色虎甲
瓢甲科	体小至中型，半球形，背面隆起，腹面扁平，头缩于前胸背板下，触角棒状短小；肉食性成虫体表光滑，无毛，有光泽；植食性成虫体背有毛，无光泽	异色瓢虫、七星瓢虫
鳃角金龟科	体中至大型，鳃叶状触角，前足开掘足，腹末常外露	大黑鳃金龟
叩头甲科	体小至中型，体狭长，末端尖削，略扁；前胸背板后侧角突出成锐刺；前胸腹板中央有 1 齿突，插入中胸腹板的凹沟内，组成弹跃构造，虫体受压时，作“叩头”状	细胸叩头虫、褐纹叩头虫
叶甲科	体小至中型，具金属光泽，丝状触角；复眼圆形，不环绕触角	麻叶甲、黄条跳甲
豆象科	体小型，体卵圆形；触角锯齿状、栉齿状或棒状；鞘翅末端平截，腹末外露	豌豆象、蚕豆象
芫菁科	体中型，狭长；体黑、灰色，有些种类鞘翅上有黄褐色横纹，体表被毛，头大，下口式，前胸狭于鞘翅基部，鞘翅末端分离	豆白条芫菁、金绿芫菁
天牛科	体中至大型，狭长，肾形复眼围于触角基部，触角 11 节，长于身体	锯天牛、麻天牛
象甲科	体小至大型，头部前端延长成象鼻状，咀嚼式口器，膝状触角	甘薯小象甲、米象

1. 肉食亚目

后足基节着生在后胸腹板上，不能自由活动；基节窝将腹部第一腹板分割成 2 片，如步甲科、虎甲科等。

2. 多食亚目

后足基节不固定在后胸腹板上，可自由活动；基节窝不将第一腹板完全分开，如鳃角金龟科、叶甲科等。

3. 管头亚目

头部延伸成喙状；后足基节不固定在后胸腹板上，并不将第一腹板完全分开；触角为膝状，末端 3 节成锤状。如象甲科等。

（八）膜翅目

本目包括蜂类、蚂蚁。体微小至中型。咀嚼式口器或嚼吸式口器。触角丝状、棒状或膝状。前后翅均为膜翅。完全变态，幼虫多足型或无足型，离蛹，植食性或肉食性。根据成虫胸腹部连接处是否缢缩成腰状，可分为广腰亚目和细腰亚目（图 2-26）。膜翅目昆虫重要科特征见表 2-7 所示。

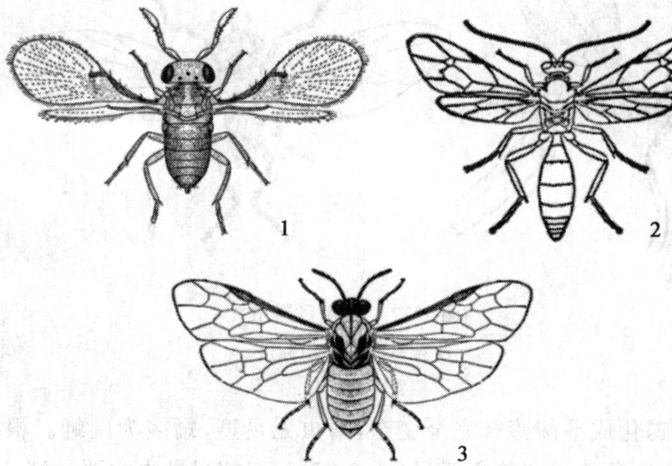

图 2-26　膜翅目昆虫

1. 赤眼蜂科　2. 姬蜂科　3. 叶蜂科

表 2-7　膜翅目昆虫重要科特征

科	主要特征	常见种类
叶蜂科	成虫体粗短，胸腹连接，触角丝状，前胸背板后缘深凹，前翅有粗短翅痣，产卵器扁锯状，前足胫节有 2 个端距	小麦叶蜂、日本菜叶蜂
姬蜂科	体小至大型，触角丝状，前翅翅痣明显有小室和第二回脉，腹部细长	黄带姬蜂、拟瘦姬蜂
茧蜂科	体小型，与姬蜂相似；前翅小室缺或不明显，无第二回脉；翅面常有斑纹	麦蚜茧蜂、螟蛉绒茧蜂
赤眼蜂科	体微小型，黑褐或黄色，复眼红色，触角膝状，前翅宽，翅面有纵行排列的微毛，后翅狭，呈刀状	稻螟赤眼蜂、松毛虫赤眼蜂
小蜂科	体微小，有黑、褐、黄、白、红等颜色，头横阔，复眼大，触角膝状，前翅脉仅 1 条，后足腿节膨大	广大腿小蜂

1. 广腰亚目

胸腹部连接处不缢缩。后翅至少有 3 个翅室。产卵器锯状或管状，常不外露。本目为植食性昆虫，如叶蜂科。

2. 细腰亚目

胸腹部连接处明显缢缩。后翅最多有 2 个翅室。产卵器外露于腹部末端。本目多为寄生性或捕食性昆虫，如姬蜂科、茧蜂科等。

(九) 双翅目

本目包括蚊、蝇、虻类。体小到中型。刺吸式口器或舐吸式口器，触角丝状、念珠状和具芒

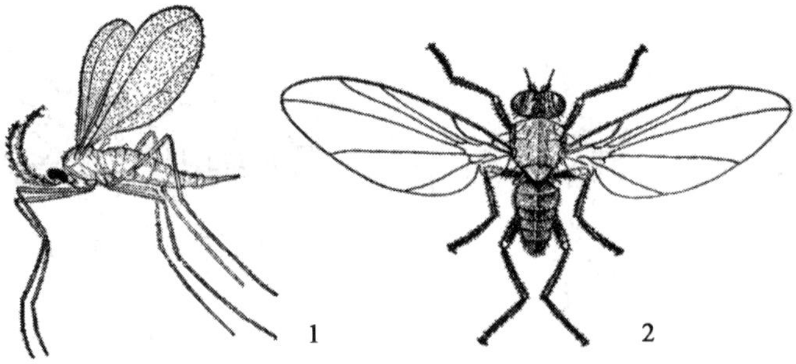

图 2-27 双翅目昆虫

1. 瘿蚊科 2. 潜蝇科

状。前翅膜翅，后翅退化成平衡棒。完全变态，幼虫无足型，蛹多为围蛹。根据触角长短和构造，可分为长角亚目、短角亚目和芒角亚目(图 2-27)。双翅目昆虫重要科特征见表 2-8 所示。

1. 长角亚目

长角亚目通称蚊类。触角长度超过头胸，节数在 6 节以上，多的可达 40 节左右，无触角芒。如瘿蚊科、摇蚊科。

2. 短角亚目

短角亚目通称虻类。触角较短，通常 3 节，无触角芒。如食虫虻科。

3. 芒角亚目

芒角亚目通称为蝇类。触角常为 3 节，第 3 节背面具触角芒。如食蚜蝇科、潜蝇科等。

表 2-8 双翅目昆虫重要科特征

科	主要特征	常见种类
瘿蚊科	体小纤细，似蚊；触角念珠状，复眼发达或左右愈合，足细长；前翅只有 3～5 条纵脉，基部仅有 1 个基室	麦红吸浆虫、稻瘿蚊
食蚜蝇科	体中型，似蜜蜂，头大；翅外缘有与边缘平行的横脉，纵脉间有 1 条两端游离的伪脉	黑带食蚜蝇、细腰食蚜蝇
潜蝇科	体小或微小型，淡黑或淡黄色；翅宽大，前缘近基部 1/3 有折断处	豌豆潜叶蝇、小麦黑潜蝇
黄潜蝇科	体小型，多绿色或黄色，触角芒生于背面基部，前翅前缘有一折断处	麦秆蝇、稻秆蝇
花蝇科	体小至中型，细长多毛，复眼大，中胸背板有一横沟将其分割为前后两块	种蝇、葱蝇

模块小结

昆虫隶属于节肢动物门 Arthropoda 昆虫纲 Insecta。所以，昆虫既具有节肢动物所共有的特征，又具有区别于节肢动物其他纲的特点。昆虫纲的主要特征(成虫)：身体的环节分别集合组成头、胸、腹三个体段；头部是感觉和取食中心，具有口器和 1 对触角，通常还有复眼及单眼;胸部是运动中心,具 3 对足,一般还有 2 对翅;腹部是生殖与代谢中心,其中包含着生殖器和大部分内脏;末端有外生殖器,有的还有 1 对尾须。昆虫在生长发育过程中要经过一系列内部及外部形态上的变化,才能转变为成虫。

昆虫的绝大多数种类须经过雌雄两性交配,雌性个体产生的卵子受精之后,方能正常发育成新个体,这种生殖方式称为两性生殖。卵不经过受精也能发育成正常的新个体的生殖方式叫孤雌生殖也称单性生殖。昆虫从卵中孵化后,在生长发育过程中要经过一系列外部形态和内部器官的变化,才能转变为成虫,这种现象称为变态。昆虫常见的变态类型有完全变态和不完全变态,完全变态的昆虫具有 4 个虫态,即卵、幼虫、蛹、成虫。

自然界中的昆虫种类繁多,要正确地识别它们,就必须根据其形态特征、地理分布、生物学特性、生态要求等加以分析归纳,找出其亲缘关系进行系统分类。昆虫在长期的演化过程中,形成了彼此间有亲缘关系和历史渊源的大小不同的自然类群。所以,昆虫分类的任务除鉴别种类和确定名称外,还要研究昆虫种的渊源及系统发生,以探讨物种的起源、种群的形成、分布、进化与变异以及整个昆虫区系的形成、发展与演替,建立符合客观的分类系统。

分类学中最常用、最基本的特征,包括体长、体宽、颜色及口器、触角、翅、足等一般外部形态,还包括一些特殊构造(如外生殖器、各种腺体等)和内部形态、胚胎学特征及胚后发育特征等。昆虫与农业生产关系密切,与农业相关的农业昆虫有九个目:直翅目、半翅目、同翅目、缨翅目、脉翅目、鳞翅目、鞘翅目、膜翅目、双翅目。

模块巩固

1. 昆虫纲成虫的主要特征是什么?
2. 简述昆虫体壁的作用。
3. 常见昆虫足的类型有哪些?
4. 昆虫与农业生产关系密切,与农业相关的九个目昆虫分别是什么?并列举代表昆虫。

模块三

农田杂草识别技术

【知识目标】

通过本模块学习，学生了解作物田常见杂草种类，掌握除草剂杀草原理和使用方法，为农田杂草防除奠定基础。

【能力目标】

具备常见农田杂草的识别能力，能够在生产实践中灵活运用除草剂杀草原理。

项目一　农田杂草的种类识别

一、杂草概念

杂草是随着人类而产生的，没有人类，没有人类的生产，就不存在杂草。因此，杂草的概念都是以植物与人类活动或愿望的关系为依据，通常定义是：

(1) 长错地方的植物；

(2) 不受欢迎的植物；

(3) 无价值的植物；

(4) 干扰人类对土壤使用意图的植物；

(5) 不是人类有意识栽培的植物；

(6) 无应用与观赏价值的植物。

通常，在人们心目中的杂草是指那些分布广，为害明显，急需铲除的，非人工种植的植物，是生长在农田、为害作物的非人工有意识栽培的植物。

二、杂草的为害

(1) 侵占空间，影响作物光合作用，干扰作物生长；

(2) 与农作物争水、肥、光能等；

(3) 是作物病害、虫害的中间寄主(间接为害)；

(4) 影响人畜健康，影响水利设施；

（5）增加管理用工和生产成本，降低作物的产量和品质。

三、农田杂草的发生特点

（1）繁殖方式复杂多样（具有无性繁殖），传播方式多样性；

（2）杂草有多种授粉途径，杂草种子和作物种子大小、形状相似；

（3）杂草的出苗、成熟期参差不齐；

（4）杂草的出苗、成熟期和作物相似；

（5）杂草的竞争能力、适应性和抗逆性强。

四、杂草的分类

为了制定化学防除杂草的策略，按照除草剂控制杂草的类别，可以把杂草分为三大类，即禾草（禾本科杂草）、莎草（莎草科杂草）和阔叶草（阔叶类杂草）。其简易区别方法如下：

（1）禾本科杂草　叶片长条形、叶脉平行、茎切面为圆形；

（2）莎草科杂草　叶片长条形、叶脉平行、茎切面为三角形；

（3）阔叶类杂草　叶片宽阔、叶脉网纹状、茎切面为圆形或方形。

五、我国主要作物田草相

（一）水田杂草

1. 稗草

禾本科，一年生草本，株高 50～130 cm。须根庞大；茎丛生，光滑无毛。叶片主脉明显，叶鞘光滑柔软，无叶舌及叶耳，是与水稻的主要区别。圆锥花序，小穗密集于穗轴一侧；颖果椭圆形、骨质、有光泽，花果期 7～10 月，全国各地均有分布。

二维码 3-1-1
水田常见杂草图片

2. 千金子

禾本科，一年生草本，高 30～90 cm。杆丛生，上部直立，基部膝曲，具 3～6节，光滑无毛。叶鞘大多短于节间。无毛。叶舌膜质，多撕裂，具小纤毛。叶片多条状披针形，无毛，常卷折。花序圆锥状，分枝长，由多数穗形总状花序组成；颖果长圆形，幼苗淡绿色。主要为害水稻、豆类和棉花等多种作物；在我国多分布于华东、华中、华南、西南及陕西等地，生于水田、低湿旱田及地边。

3. 野慈姑

泽泻科，多年生草本，具有地下匍匐茎，匍匐茎的末端为小球茎，圆球形。叶基生，叶片箭形，先端尖锐；花序总状，花茎长 30～70 cm，花 3～5 朵轮生，雌花在下，萼片形花被片反卷，花瓣长于萼，白色，心皮多，聚合成球形；雄花在上，雄蕊多数。瘦果斜倒卵形，扁平，背腹均有刺。

4. 泽泻

泽泻科，新出土 1～3 叶条状披针形，无柄，下部具肥厚的短叶鞘，边缘膜质；4～6 叶为卵状披针形，羽脉明显，具长柄。幼苗当年只进行营养生长，8～9 月从根颈处产生越冬芽，次年5月上旬出苗形成叶丛。成株叶柄较长，常随水层加深而伸长，基部鞘状，具膜质边缘。叶片长椭圆形至椭圆形、阔卵形至狭卵形，长 5～19 cm，宽 2～7 cm，全缘，基部心形或圆形。根须状，有缩短根头。6～7 月间从叶丛中抽出花茎，高 50～100 cm；花枝轮生，基部有 3～4 个披针形至条形的苞片，通常 3～5 轮组成大圆锥状复伞形花序；种子于 8 月渐次成熟落地，漂浮于水面传播，经越冬休眠后萌发。

5. 萤蔺

莎草科，多年生草本。根状茎短，有多数须根；杆丛生，圆柱形，直立，高 25～60 cm，较纤细，平滑；无叶片，有 1～3 个叶鞘着生在杆的基部。小穗 3～5 个聚成头状，假侧生，鳞片宽卵形。小坚果宽倒卵形，暗褐色，具不明显的横皱纹。以种子和根茎繁殖。农田 5～8 月均见有根苗，花果期 7～10 月。除内蒙古、甘肃、西藏外，我国各地均有分布。生于稻田、池边或浅水边，部分水稻受害严重。

6. 牛毛毡

莎草科，多年生小草本植物。地上茎直立，秆密丛生，细如牛毛。株高 2～12 cm，绿色，叶退化，在茎基部 2～3cm 处具叶鞘。茎顶生 1 穗状花序，狭卵形至线状或椭圆形略扁，浅褐色，花数朵。鳞片卵形，浅绿色，生 3 根刚毛，长短不一，鳞片内全有花，膜质；花柱头 3 裂，雄蕊 3 个，雌蕊 1 个。小坚果狭矩圆形，无棱，表生隆起网纹。靠根茎和种子繁殖。幼苗细针状，具白色纤细匍匐茎，长约 10 cm，节上生须根和枝。

7. 水莎草

莎草科，多年生草本，高 35～100 cm。根状茎长，横走。秆粗壮，扁三棱形，光滑。叶片少，线形，短于秆或有时长于秆，宽 3～10 mm，先端狭尖，基部折合，全缘，上面平展，下面中肋呈龙骨状突起。

8. 鸭舌草

雨久花科，一年生草本，株高 10～30 cm，全株光滑无毛。茎短，有分枝。叶从基部长出，具长柄，披针形或卵形，弧状脉；叶柄中部常有一个纺锤形的膨大部分，基部有紫红色膜质鞘。总状花序于叶鞘中抽出，有花 3～8 朵，花呈钟状，淡蓝色。蒴果卵形。初生叶 1 片，后生叶互生，披针形，基部两侧有膜质的鞘边，有 3 条直出平行脉，第一片互生叶与初生叶相似。

9. 狼巴草

菊科，一年生草本。高 20～100 cm。茎直立，近四棱形，无毛或上部疏被硬毛。基生叶及茎下部叶花期枯萎；茎中部叶对生，常 3～5 深裂，裂片长卵形、披针形或长圆状披针形，顶裂片基部楔形，先端长渐尖，侧裂片基部下延成柄，半抱茎，边缘具齿；茎上部叶互生，不裂，无毛或疏被毛。头状花序单生于茎或枝端，宽与高近相等；具长梗；瘦果倒卵状楔形，长 7～10 mm，宽 1.5～2.5 mm，先端截形，具 3 刺芒，沿瘦果两侧和刺芒具倒生刺毛。以种子繁殖，常以芒刺钩附于动物体或漂浮于水面而传播。

10. 异型莎草

莎草科，一年生草本，高 20～65cm，秆丛生，扁三棱形。叶基生，条形，短于秆。叶鞘稍长，淡褐色，有时带紫色。苞片叶状 2～3 枚，长于花序；花序长侧枝聚伞形。小穗多数集成球形，具 8～28 朵花。小坚果倒卵状，椭圆形，淡黄色。幼苗淡绿色至黄绿色，基部略带紫色，全体光滑无毛；1～3 片叶条形，略带波状曲折，长 5～20 mm；4 叶以后，开始分蘖。叶鞘闭合。

11. 香蒲

香蒲科香蒲属的一个种，多年生水生或沼生草本植物，根状茎乳白色，地上茎粗壮，向上渐细，叶片条形，叶鞘抱茎，雌雄花序紧密连接，果皮具长形褐色斑点。种子褐色，微弯。花果期

5～8月。香蒲生于湖泊、池塘、沟渠、沼泽及河流缓流带。中国黑龙江、吉林、辽宁、内蒙古、河北、山西、河南、陕西、安徽、江苏、浙江、江西、广东、云南、台湾等地区均有栽培。菲律宾、日本及大洋洲等地均有分布。

12. 扁杆藨草

扁杆藨草，具匍匐根状茎和块茎。秆高60～100 cm，一般较细，三棱形，平滑，靠近花序部分粗糙，基部膨大，具秆生叶。我国东北及华北、华东、西北，朝鲜、日本、俄罗斯（远东地区）均分布。叶扁平，宽2～5 mm，向顶部渐狭，具长叶鞘。叶状苞片1～3枚，常长于花序，边缘粗糙；长侧枝聚伞花序短缩成头状，或有时具少数辐射枝，通常具1～6个小穗；小穗卵形或长圆状卵形，锈褐色，长10～16 mm，宽4～8 mm，具多数花；鳞片膜质，长圆形或椭圆形，长6～8 mm，褐色或深褐色，外面被稀少的柔毛，背面具一条稍宽的中肋，顶端或多或少缺刻状撕裂，具芒；下位刚毛4～6条，上生倒刺，长为小坚果的1/2～2/3；雄蕊3，花药线形，长约3 mm，药隔稍突出于花药顶端；花柱长，柱头2。小坚果宽倒卵形，或倒卵形，扁，两面稍凹，或稍凸，长3～3.5 mm。花期5～6月，果期7～9月。

13. 田字萍

田字萍又名四叶萍，萍科，根状茎匍匐细长，顶端有淡棕色毛，茎节远离，向上出一叶或数叶。叶柄长20～30cm，叶由4片倒三角形的小叶组成呈“十”字形，外缘半圆形，叶脉扇形分叉，网状，网眼狭长，无毛。分布于我国长江以南各地。江浙一带3月下旬至4月上旬从根茎处长出新叶，5～9月继续扩展或形成新的根芽和根茎，9～10月产生孢子囊，11～12月孢子成熟，喜欢生于池塘、水田、沟边，是稻田常见杂草。

14. 东北甜茅

东北甜茅，多年生禾本科草本，具根茎。秆单生，直立，高50～150 cm，粗壮，基部径4～8 mm。叶鞘闭合几达口部，无毛，具横脉纹，下部者长于上部者且常短于节间；叶舌膜质透明，稍硬。长2～4 mm，顶端截平，钝圆或有小凸尖；叶片扁平或边缘纵卷，长15～25 cm，宽5～10 mm，上面以及边缘粗糙，下面光滑或微粗糙，基部具2个褐色斑点。

15. 小茨藻

茨藻科，一年生沉水草本。多分枝，叶常聚生于枝端或对生，叶片带状，缘具刺齿6～11个，叶表叶背在中脉处常有少数棘刺状突起。花单生叶腋，雌雄异株，雄花有佛焰苞，雌花无花被。果实椭圆形，夏、秋季为花果期。

16. 水绵

常见的真核生物，绿色，属接合藻纲、水绵科、水绵属植物；（属绿藻门、接合藻纲、双星藻目、双星藻科、水棉属植物），多生长在淡水处。水绵为多细胞丝状结构个体，叶绿体呈带状，有真正的细胞核，含有叶绿素可进行光合作用。藻体是由1列圆柱状细胞连成的不分枝的丝状体。由于藻体表面有较多的果胶质，所以用手触摸时颇觉黏滑。

17. 碎米莎草

莎草科，一年生草本。杆丛生，高8～85 cm，扁三棱形，叶片长线形，短于杆，宽3～5 mm，叶鞘红棕色。小穗排列疏松，长圆形至线状披针形，压扁。小坚果倒卵形或椭圆形、三棱形，褐色。花果期6～10月。生于田间、山坡、路旁阴湿处。全国大部分地区多有分布。

18. 雨久花

雨久花，直立水生草本；根状茎粗壮，具柔软须根。茎直立，全株光滑无毛，基部有时带紫红色。叶基生和茎生;基生叶宽卵状心形,全缘,具多数弧状脉;叶柄有时膨大成囊状;茎生叶叶柄渐短,基部增大成鞘,抱茎。总状花序顶生,有时再聚成圆锥花序;花具5～10 mm米长的花梗;花被片椭圆形,蓝色;雄蕊6枚,花药浅蓝色,花丝丝状。蒴果长卵圆形。种子长圆形,有纵棱。花期7～8月,果期9～10月。

(二) 小麦田杂草

1. 野燕麦

野燕麦又名铃铛麦、乌麦,禾本科,一年生或越年生草本植物。杆直立单生或丛生,有2～4个节,株高60～120 cm。叶鞘光滑或基部被柔毛;叶片宽条状。圆锥花序呈塔形开展,分枝轮生;小穗生2～3朵小花,梗长向下弯;两颖近等长,一般9脉;外稃质地坚硬,下部散生粗毛,芒从稃体中间略向下处伸出,长2～4 cm,膝曲,芒柱棕色扭转。颖果长圆形,被浅棕色柔毛,腹面有纵沟。种子繁殖,9～11月出苗,4～5月开花结实,6月枯死。广布南北各地。

2. 繁缕

石竹科,一年生草本。茎纤细,蔓延地上,由基部多分枝,有一行短列毛。上部叶卵形,常有缘毛,顶端尖,基部圆形,无柄;下部叶卵形或心形,有长柄。花单生叶腋或组成顶生疏散的聚伞花序,花梗纤细;花瓣3～5枚,白色。雄蕊10,花柱3。蒴果长圆形或卵圆形,6瓣裂;种子圆形,黑褐色,密生瘤状突起。花期2～4月,果期5～6月。生于路旁、田间、溪边,广布全国各地。

3. 牛繁缕

石竹科,多年生草本。全株光滑,仅花序上有白色短软毛。茎多分枝,柔软,常伏生地面。叶对生,卵形或宽卵形,顶端渐尖,基部心形,上部叶无柄,下部叶有柄。聚伞花序,顶生;花白色,花瓣5,两深裂几达基部。雄蕊10枚,雌蕊5枚。花期4～5月,果期5～6月。生于荒地、路旁及较阴湿的草地;广布全国。区分要点:繁缕,茎常绿色,具一列倒向柔毛;牛繁缕,茎常紫色,无一列毛。

4. 播娘蒿

十字花科,一年生草本。茎直立,多分枝,花淡黄色,长角窄形,种子卵形褐色,有细网纹。我国华北、西北、华东、四川都有分布。种子含油率达40%,可食用,亦作药用。

5. 藜

藜又名灰菜,藜科,一年生草本,高60～120 cm。茎直立,粗壮,有绿色或紫红色的条纹;枝上升或开展,叶片菱状卵形至披针形,先端急尖或微钝基部宽楔形,边缘常有不整齐的锯齿。花紫色,数个集成团伞花簇,多数花簇排成腋生或顶生的圆锥状花序;雄蕊5;柱头2。种子横生,双凸镜形,光亮,表面有不明显的沟纹及点洼。生于田间、路边、荒地等,分布全国各地。

6. 田旋花

田旋花又名野牵牛,旋花科,多年生草本。根状茎横走,茎平卧或缠绕,有条纹及棱角。叶片戟形或箭形,全缘或3裂,先端近圆形或微尖,有小突尖头;花1～3朵腋生;花冠漏斗形,粉红色,外面有柔毛,褶上无毛,有不明显的5浅裂;柱头2,狭长,蒴果球形或圆锥状,无毛;种子椭圆形,无毛。花期5～8月,果期7～9月。分布于我国东北、华北、西北及山东、河南、江苏、四川、西藏等地区。

7. 雀舌草

石竹科，一年生至二年生草本，全株无毛。茎丛生，多分枝，叶披针形，无柄，先端尖，全缘。聚伞花序，少花，有时花单生叶腋。花瓣白色。蒴果卵圆形。种子多数，花期3～4月。生于山坡路旁、林下和石缝中较为潮湿处。分布于我国内蒙古、甘肃、河南、安徽、江苏、浙江、江西、台湾、福建、湖南、广东、广西、贵州、四川、云南、西藏地区。

8. 猪殃殃

茜草科，一年生或二年生蔓状或攀缘状草本。茎四棱形，茎和叶均有倒生细刺。叶6～8片轮生，线状倒披针形，顶端有刺尖。聚伞花序顶生或腋生；有花3～10朵，花小，花萼细小，花瓣黄绿色，4裂。多于冬前9～10月出苗，亦可在早春出苗；4～5月现蕾开花。

9. 看麦娘

禾本科，一年生草本。秆少数丛生，细瘦，光滑，节处常膝曲。叶鞘光滑，短于节间；叶片扁平。圆锥花序圆柱状，灰绿色；颖膜质，基部互相联合，具3脉，脊上有细纤毛，侧脉下部有短毛；外稃膜质，先端钝，等大或稍长于颖，下部边缘相连和，芒长1.5～3.5 mm，约于稃体下部1/4处伸出，隐藏或外露；花药橙黄色，长0.5～0.8 mm。花、果期4～8月。

10. 日本看麦娘

禾本科，一年生草本植物，与看麦娘相似的有日本看麦娘，其主要的区别在于花药灰白色，长约1 mm；芒长8～12 mm，伸出颖外。分布于陕西、江苏、浙江、广东。生于麦田或潮湿地；部分麦田受害较重。

11. 毛茛

毛茛科，多年生草本，茎高20～60 cm，有伸展的白色柔毛。叶片五角形，深裂。花序具数朵花。花黄色，直径约2 cm；花瓣5，叶有6～8片，少数为重瓣，圆状宽倒卵形，基部蜜腺有鳞片。聚合果近球形，两面突起，边缘不显著，有短喙稍向外曲。花期3～5个月。生于田野、路边、沟边、山坡杂草丛中；东北至华南都有分布。

12. 波斯婆婆纳

玄参科，越年生或一年生杂草。茎自基部分枝成丛，纤细，匍匐或向上斜生。叶对生，具短柄；叶片三角状圆形，边缘有稀钝锯齿。总状花序顶生；花生于苞腋，花梗细长；花萼4片，深裂，花冠蓝色。蒴果近肾形。种子繁殖。9～10月出苗，花期3～5月。分布于中国华东、华中及贵州、云南、西藏东部及新疆。

13. 荠菜

十字花科，一年生或二年生草本，高30～40 cm，主根瘦长白色，直下，分枝。全株被叉状分枝毛和星状毛。基生叶莲座状，茎生叶互生，披针形，边缘齿状分裂至不裂，基部箭形，抱茎。花白色，短角果，三角状心形。种子细小，长椭圆形，淡褐色。

14. 碎米荠

十字花科，一年生或二年生草本。茎直立或斜生，下部有时呈淡紫色。叶为羽状复叶，基生叶有柄，顶生小叶卵圆形，有3～5圆齿，侧生小叶较小，歪斜；茎生小叶2～4对，狭倒卵形至线形。花白色。长角果线形；果瓣开裂，无脉；花期2～4月，果期3～5月。生在山坡后路旁；沿长江流域一带，东至福建、台湾，西南至云南、贵州，北至华北和西北都有分布。

15. 大巢菜

豆科，一二年生。茎柔嫩有条棱，有细软毛或无毛，匍匐向上或半攀缘状。偶数羽状复叶，小叶 6～10 对，叶片呈矩形或倒卵圆形；叶轴长 4～8 cm，顶端有分枝的卷须，缠于他物上。托叶半箭形或戟形，有 1～3 枚披针形裂齿。蝶形花 1～2 朵，腋生，紫红、粉红或白色，花梗极短或无。荚果扁长，成熟时为黄色或褐色；种子扁圆或钝圆。种子色泽有黄、白、灰、黑、淡粉红、青、褐、暗红或有斑纹等各色。花期 3～4 月。

16. 菵草

禾本科，一年生或越年生草本。秆丛生，直立，不分枝，株高 15～90 cm。叶鞘无毛，多长于节间；叶舌透明膜质；叶片扁平，阔条形，两面粗糙；圆锥花序，狭窄，分支稀疏，直立或斜生；小穗两侧压扁，近圆形，灰绿色；种子繁殖；花期 6～9 月。在我国东北、华北、西北、西南等各地区的水边湿地均有分布。

17. 泥胡菜

菊科，二年生草本。直根系，株高 30～90 cm。茎直立，光滑或有白色蛛丝状毛。基生叶莲座状，有柄，叶片倒披针形或倒披针状椭圆形，提琴状羽状分裂，顶裂较大，三角形，有时 3 裂，侧裂片 7～8 对，长椭圆状倒披针形，上面绿色，下面被白色蛛丝状毛，茎中部叶片椭圆形，无柄，羽状分裂，上部叶片条状披针形至条形。头状花序多数，总苞球形，背面顶端下有紫红色鸡冠状附片，花紫红色，全部为管状花。瘦果圆柱形，具 15 条纵肋棱。遍布全国各地。

18. 稻搓菜

菊科，一年生或二年生草本，高 10～30 cm。基生叶丛生，有柄，羽状分裂，顶裂片较大，近卵圆形。茎生叶较小，通常 1～2 片，有短柄或近无柄。头状花序常下垂，排成疏散伞房状圆锥花序，有纤细的梗；小花均为舌状花，两性，结实，花冠黄色。瘦果椭圆状披针形，扁平，淡黄褐色上部收缩，顶端有突出的细刺。花期 4～5 月。生于路旁、田间、荒地和沟边。遍布于中南地区及四川、云南等地区。

19. 球序卷耳

石竹科，二年生草本，全株密生长柔毛。茎簇生、直立，高达 30 cm，下部紫红色，上部绿色。基部叶匙形；上部叶卵形至椭圆形，全缘，顶端钝或微凸，基部圆钝，主脉明显。聚伞花序顶生，基部有叶状苞片；花瓣倒卵形，白色，顶端 2 裂；雄蕊 10 枚，药黄色；花柱 4～5。果圆柱形，10 齿裂；种子近三角形，褐色，密生小瘤状突起。花期 4 月，果期 5 月。生于田野、路旁及山坡草丛中。我国普遍有分布。

（三）玉米田杂草

1. 苣荬菜

二维码 3-1-2
玉米田常见杂草图片

苣荬菜是菊科，苦苣菜属多年生草本植物。根垂直直伸，茎直立，高可达 150 cm，有细条纹，基生叶多数，叶片偏斜半椭圆形、椭圆形、卵形、偏斜卵形、偏斜三角形、半圆形或耳状，顶裂片稍大，长卵形、椭圆形或长卵状椭圆形；头状花序在茎枝顶端排成伞房状花序。总苞钟状，苞片外层披针形，舌状小花多数，黄色。瘦果稍压扁，长椭圆形，冠毛白色，1～9 月开花结果。苣荬菜几遍全球分布。我国陕西、甘肃、宁夏、新疆、福建、湖北、湖南、广西、四川、云南、贵州、西藏有分布。

2. 稗草

见水田杂草 1. 稗草。

3. 狗尾草

禾本科，一年生草本；秆疏丛生，直立或基部膝曲上升，株高 20～60 cm；叶片扁平，狭披针形或线状披针形；圆锥花序紧密，呈圆柱形，刚毛粗糙，通常绿色或褐黄色。种子繁殖。4～5 月出苗，5 月中下旬形成高峰，7～9 月陆续成熟。

4. 马唐

禾本科，一年生草本。秆基开始倾斜，着地后节处易生根，光滑无毛，株高 40～100cm。叶片披针形条状；总状花序 3～10 枚，呈指状排列；小穗一般孪生，一个有柄，另一个近无柄；第一外稃与小穗等长，脉 5～7 条，脉间距不等且无毛，第二外稃覆盖内稃。颖果椭圆形，透明。种子繁殖。

5. 苘麻

锦葵科，一年生亚灌木草本，茎枝被柔毛。叶圆心形，边缘具细圆锯齿，两面均密被星状柔毛；叶柄被星状细柔毛；托叶早落。花单生于叶腋，花梗被柔毛；花萼杯状，裂片卵形；花黄色，花瓣倒卵形。蒴果半球形，种子肾形，褐色，被星状柔毛。花期 7～8 月。

6. 马齿苋

马齿苋科，一年生草本，长可达 35 cm。茎下部匍匐，四散分枝，上部略能直立或斜上，肥厚多汁，绿色或淡紫色，全体光滑无毛。单叶互生或近对生；叶片肉质肥厚，长方形或匙形，或倒卵形，先端圆，稍凹下或平截，基部宽楔形，形似马齿，故名“马齿苋”。夏日开黄色小花，无梗，3～5 朵。蒴果圆锥形，自腰部横裂为帽盖状，内有多数黑色扁圆形细小种子。为秋熟旱作物田的主要杂草。遍布全国。

7. 狗牙根

禾本科，多年生草本。有地下根茎，茎匍匐地面。叶鞘有脊，鞘口常有柔毛，叶舌短，有纤毛；叶片线性，互生，下部因节间短缩似对生。穗状花序，3～6 枚呈指状簇生于秆顶；小穗排列于穗轴一侧，灰绿色或带紫色。

8. 早熟禾

一年生禾本科杂草，高 8～30 cm，在精细的管理下也可越年生长。秆细弱丛生。叶片扁平、柔弱、细长。展开，颖果纺锤形，花期 4～5 月。叶鞘质软，中部以上闭合，短于节间，平滑无毛；叶舌膜质，顶端钝圆；叶片扁平。圆锥花序开展，呈金字塔形，每节具 1～2 分枝，分枝平滑；小穗绿色，具 3～5 小花；颖质薄，顶端钝，具宽膜质边缘；外稃椭圆形，顶端钝，边缘及顶端宽膜质；内稃与外稃近等长或稍短；花药淡黄色；颖果黄褐色。花果期 7～9 月。遍布全国，可供绿化用，鸡很爱食用，故名小鸡草。

9. 芦苇

禾本科，多年生高大草本植物。具粗壮匍匐根状茎，黄白色，节间中空。高 100～300 cm，可分枝，节下通常具有白粉。叶鞘圆筒形，无毛或具细毛，叶舌有毛；叶片扁平，光滑或边缘粗糙。圆锥花序顶生，稠密，棕紫色，微向下垂头，下部枝腋间具白柔毛；小穗通常含 4～7 朵花。颖果椭圆形。4～5 月发芽出苗，8～9 月开花。

10. 龙葵

茄科，一年生草本，高 30～100 cm。茎直立，多分枝。叶卵形，似辣椒叶，顶端尖锐，全缘或有不规则波状粗齿。花序为短蝎尾状或近伞状，侧生或腋外生，有花 4～10，白色，细小；花冠辐状，裂片卵状三角形；雄蕊 5。浆果球形，直径约 8 mm，熟时黑色；种子近卵形，压扁状。

花果期 9～10 月。

11. 苍耳

菊科，一年生草本，高可达 1 m。叶片三角状卵形或心形，叶缘有缺刻及不规则的粗锯齿；叶柄密被细毛。头状花序顶生或腋生，雌雄同株，雄花序在上，球形，花冠筒状；雌花序在下，卵圆形，外面有钩刺和短毛；瘦果纺锤形或椭圆形，表面黄棕色或黄绿色，有钩刺。4～5 月萌发，4～8 月开花，8～9 月为结果期。

12. 藜

见小麦田杂草 5. 藜。

13. 鸭跖草

一年生披散草本。茎匍匐生根，多分枝，长可达 1 m，下部无毛，上部被短毛。叶披针形至卵状披针形，长 3～9 cm，宽 1.5～2 cm。鸭跖草叶形为披针形至卵状披针形，叶序为互生，茎为匍匐茎，花朵为聚花序，顶生或腋生，雌雄同株，花瓣上面两瓣为蓝色，下面一瓣为白色，花苞呈佛焰苞状，绿色，雄蕊有 6 枚。

14. 田旋花

见小麦田杂草 6. 田旋花。

15. 反枝苋

苋科，一年生草本，高 20～80 cm，有时达 1.3 m；茎直立，粗壮，淡绿色，有时具带紫色条纹，稍具钝棱，密生短柔毛。叶片菱状卵形或椭圆状卵形，先端锐尖或尖凹，基部楔形，有柔毛。圆锥花序顶生及腋生，由多数穗状花序形成，顶生花穗较侧生者长；花被片白色，有 1 淡绿色细中脉。胞果扁卵形，环状横裂，包裹在宿存花被片内。种子近球形，棕色或黑色。花期 7～8 月，果期 8～9 月。种子繁殖。

16. 小蓟

小蓟别名刺儿菜，多年生草本，地下部分常大于地上部分，有长根茎。茎直立，幼茎被白色蛛丝状毛，有棱，高 30～80 cm(100～120 cm)，基部直径 3～5 mm。有时可达 1 cm，上部有分枝，花序分枝无毛或有薄绒毛。叶互生，基生叶花时凋落，下部和中部叶椭圆形或椭圆状披针形，长 7～10 cm，宽 1.5～2.2 cm，表面绿色，背面淡绿色，两面有疏密不等的白色蛛丝状毛，顶端短尖或钝，基部狭窄或钝圆，近全缘或有疏锯齿，无叶柄。

（四）棉花田杂草

1. 马唐

见玉米田杂草 4. 马唐。

2. 牛筋草

禾本科。茎秆丛生，斜生或侧卧，有的近直立，株高 15～90 cm。叶片条形；叶鞘扁，鞘口具毛，叶舌短。穗状花序 2～7 枚，呈指状排列在秆端；穗轴稍宽，小穗成双行密生在穗轴的一侧，有小花 3～6 朵；颖和稃无芒，第一颖片较第二颖片短，第一外稃有 3 脉，具脊，脊上粗糙，有小纤毛。颖果卵形，棕色至黑色，具明显的波状皱纹。靠种子繁殖。生命力极为顽强，甚至不怕践踏，难以除净。

3. 千金子

见水田杂草 2. 千金子。

4. 旱稗

禾本科，一年生簇生草本。秆直立，高 40～50 cm。叶片条形，无毛，先端渐尖，叶边缘多变厚，干旱缺水时常向内卷曲；叶鞘光滑无毛，无叶舌。圆锥花序较狭窄，软弱下弯；小穗淡绿色或稍带紫色，脉上不具或稍具疣毛。种子繁殖。由于旱稗的种子与水稻同时成熟，使其常混杂在稻谷中。

5. 狗尾草

见玉米田杂草 3. 狗尾草。

6. 双穗雀稗

禾本科，多年生杂草。匍匐茎实心，常具 30～40 节，水肥充足的土壤中可达 70～80 节。于 4 月初匍匐茎芽萌发，6～8 月生长最快，并产生大量分枝，花枝较粗壮而斜生，节上被毛。叶片条状披针形，叶面略粗糙，背面光滑具脊，叶片基部和叶鞘上部边缘具纤毛，叶舌膜质。总状花序 2 枚，个别 3 枚，指状排列于秆顶。小穗椭圆形成两行排列于穗轴的一侧，含 2 花，其中一花不孕。花果期 6～10 月。

7. 狗牙根

见玉米田杂草 7. 狗牙根。

8. 铁苋菜

大戟科，一年生草本，高 30～60 cm。茎直立，多分枝。叶互生，椭圆状披针形，顶端渐尖，基部楔形；叶柄长，花序腋生；通常雄花序极短，着生在雌花序上部；雌花序生于苞片内。蒴果钝三棱形，淡褐色，有毛。种子黑色。花期 5～7 月，果期 7～11 月。生于山坡、沟边、路旁、田野。分布几乎遍于全国，长江流域尤其多。

（五）大豆田杂草

（1）马唐　见玉米田杂草 4. 马唐。

（2）稗草　见水田杂草 1. 稗草。

（3）藜　见小麦田杂草 5. 藜。

（4）狗尾草　见玉米田杂草 3. 狗尾草。

（5）反枝苋　见玉米田杂草 15. 反枝苋。

（6）铁苋菜　见棉花田杂草 8. 铁苋菜。

（7）苘麻　锦葵科，一年生草本，高 1～2 m，栽培的可达 3～4 m。茎直立，具软毛。叶互生，圆心形，先端尖，基部心形，边缘具圆齿，两面密生柔毛。花单生于叶腋；花瓣 5 枚，黄色，瓣上具明显脉纹。蒴果成熟后裂开；种子肾形、褐色，具微毛。花期 7～8 月。果期 9～10 月。

（8）野燕麦　见小麦田杂草 1. 野燕麦。

（六）油菜田杂草

（1）看麦娘　见小麦田杂草 9. 看麦娘。

（2）早熟禾　见玉米田杂草 8. 早熟禾。

（3）牛繁缕　见小麦田杂草 3. 牛繁缕。

（4）猪殃殃　见小麦田杂草 8. 猪殃殃。

（5）碎米荠　见小麦田杂草 14. 碎米荠。

（6）稻搓菜　见小麦田杂草 18. 稻搓菜。

（7）卷耳　石竹科，多年簇生草本。根状茎细长，茎基部匍匐，上部直立，绿色并常带淡紫红色。花白色，种子肾形略扁，褐色。我国分布于东北、华北地区。

（8）日本看麦娘　见小麦田杂草 10. 日本看麦娘。

（9）棒头草　一年生禾本科草本，成株秆丛生，光滑无毛，株高 15～75cm。叶鞘光滑无毛，大都短于或下部长于节间；叶片扁平，微粗糙或背部光滑。圆锥花序穗状，长圆形或兼卵形，较疏松，具缺刻或有间断；小穗灰绿色或部分带紫色；芒从裂口伸出，细直，微粗糙。颖果椭圆形。

（10）雀舌草　见小麦田杂草 7. 雀舌草。

（七）北方果园行间杂草

1. 马唐

见玉米田杂草 4. 马唐。

2. 狗尾草

见玉米田杂草 3. 狗尾草。

3. 茅草

禾本科，多年生深根性杂草。匍匐根状茎黄白色，细长，横走地下，甜而可食。节上生褐色鳞片和不定根。秆直立，节上有长柔毛。叶片线形或线状披针形，叶背有坚硬而突出的主脉。圆锥花序圆柱状，密生长白色柔毛，将小穗完全隐蔽。小穗披针形或长圆形，淡黄色，每小穗含二花结实。熟后自柄上脱落，随风雨传播。以根茎和种子繁殖。4 月地下茎发芽，5～6 月抽穗开花，7～10 月结实。全国各苹果产区均有分布。

4. 皱叶酸模

皱叶酸模又名羊蹄叶。蓼科，多年生草本植物，株高 40～120 cm。茎圆形，具棱条。根肥大，多肉质，根肉黄色。根叶簇生，茎叶互生，均有长柄，叶片长椭圆形，先端尖，基部心形，边缘有波状皱褶。花序为数个腋生的总状花序合成一狭长的圆锥状花序，小花轮簇生。果实内轮花被片增大，宽卵形，有网状，有瘤状突起，绿色，雄蕊 6 个，柱头 3 个。瘦果椭圆形，有 3 棱，由翼状宿存萼包被。

5. 稗草

见水田杂草 1. 稗草。

6. 大画眉草

大画眉草别名星星草。禾本科，一年生草本。秆粗壮，高 30～90 cm，茎直立丛生，基部常膝曲，具3～5 节。叶鞘疏松裹茎，脉上有腺体，鞘口具长柔毛；叶片线形扁平，伸展，无毛，叶脉上与叶缘均有腺体。小穗墨绿色带淡绿色或黄褐色，长圆形或尖塔形，单生，上举，胞间具柔毛体；颖具 1 脉或第 2 颖具 3 脉，脊上均有腺体；外稃广卵形，朱端钝；颖果近圆形。花、果期 7～10 月。

7. 狗牙根

见玉米田杂草 7. 狗牙根。

8. 小飞蓬

菊科，越年生或一年生草本植物。茎直立，株高 50～100 cm，具粗糙毛和细条纹。叶互生，叶柄短或不明显。叶片窄披针形，全缘或微锯齿，有长睫毛。头状花序有短梗，多形成圆锥状。总苞半球形，总苞片 2～3 层，披针形，边缘膜质；舌状花直立，小，白色至微带紫色，筒状花短于舌状花。瘦果扁长圆形，具毛，冠毛污白色。种子繁殖。

9. 苍耳

见油菜田杂草 8. 苍耳。

10. 鬼针草

菊科，一年生草本，高 40～85 cm。茎直立，下部略带淡紫色，四棱形。中、下部叶对生，2 回羽状深裂，裂片披针形或卵状披针形；上部叶互生，较小，羽状分裂。头状花序，有梗；总苞杯状，苞片线状椭圆形，先端尖或钝，被有细短毛；中央管状花黄色，两性，裂片 5 枚。瘦果长线形，具 3～4 棱，有短毛；顶端冠毛芒状，3～4 枚。花期 8～9 月，果期 9～11 月。全国大部分地区有分布。

11. 播娘蒿

见小麦田杂草 4. 播娘蒿。

12. 莎草

莎草科，多年生草本。匍匐根茎长，先端具肥大纺锤形的块茎，外皮紫褐色，有棕毛或黑褐色的毛状物。茎高 15～95 cm，锐三棱形，基部呈块茎状。叶窄线形，短于秆；叶鞘棕色，常裂成纤维状。长侧枝聚伞花序简单或复出，辐射枝 3～10 个。穗状花序轮廓为陀螺形、小穗 3～10 个，线形，具花 8～28 朵；花柱长，柱头 3 个。小坚果长圆状倒卵形。花果期 5～11 月。

13. 反枝苋

见玉米田杂草 15. 反枝苋。

14. 荠菜

见小麦田杂草 13. 荠菜。

15. 芦苇

见玉米田杂草 9. 芦苇。

16. 牛筋草

见棉花田杂草 2. 牛筋草。

17. 早熟禾

见油菜田杂草 2. 早熟禾。

18. 刺儿菜

菊科，多年生草本，地下部分常大于地上部分，有长根茎。茎直立，幼茎被白色蛛丝状毛，高 20～50 cm。叶互生，基生叶花时凋落，下部和中部叶椭圆形或椭圆状披针形，近全缘或有疏锯齿，无叶柄。头状花序直立，雌雄异株，雌花序较雄花序大；总苞片 6 层，外层甚短，顶端长尖，有刺。雌花花冠紫红色，雄花花药为紫红色。瘦果椭圆形或长卵形，略扁平；冠毛羽状。花期 4～7 月。

19. 藜

见小麦田杂草 5. 藜。

20. 马齿苋

见玉米田杂草 6. 马齿苋。

21. 葎草

桑科，多年生草质藤本，匍匐或缠绕。茎长可达 5 m，茎枝和叶柄上密生倒刺；有分枝，具纵棱。叶对生，具长柄，掌状 3～7 裂，裂片卵形或卵状披针形，基部心形，两面生粗糙刚毛，下面有黄色小油点，叶缘有锯齿。花腋生，雌雄异株，雄花成圆锥状柔荑花序，花黄绿色单一朵，十分细小；雌花为球状的穗状花序，由紫褐色且带点绿色的苞片所包被。花期 5～10 月。瘦果扁球形。

项目二　农田杂草的防除原理及方法

一、除草剂的分类

除草剂又称除莠剂，用来杀灭农田杂草或非耕地里生长的绿色植物的一类农药。就是能够抑制或杀灭杂草的农药。广义上是指防除所有不希望其存在植物的药剂。

除草剂的品种很多，目前常用的除草剂有几百个化合物，为研究和使用上的方便，可根据除草剂的作用方式、施用方式、在植物体内的移动性，除草剂的杀草谱及化学结构 5 个方面分几大类，分别进行阐述。

1. 按作用方式分类

(1) 灭生性除草剂　亦称为非选择性除草剂。指在正常使用剂量下无选择地对作物和杂草全部杀死的除草剂。如草甘膦、草胺膦、百草枯等。非选择性除草剂可通过“时差”和“位差”的选择性以及特殊的施药机械，安全地应用于农田除草。

(2) 选择性除草剂　只能杀死杂草而不伤及作物，甚至只能杀死某一种或某类杂草的除草剂。其中又可细分为禾本科除草剂、阔叶除草剂、莎草科除草剂及广谱除草剂。大多数除草剂均属于选择性除草剂，如莎稗磷、精噁唑禾草灵、吡氟禾草灵、2,4-滴、灭草松等。

2. 按施药方式分类

(1) 土壤处理剂　作物播种前或播后苗前施于土壤表面或混入土壤中的除草剂，这类除草剂主要靠杂草的根、芽鞘或下胚轴等部位吸收并发挥杀草作用。如乙草胺、噁草酮等。

(2) 茎叶处理剂　在作物和杂草出苗之后，直接喷施于杂草叶面及茎秆上，抑制或杀死杂草的除草剂，如精噁唑禾草灵、氰氟草酯等。茎叶处理剂主要是通过杂草的叶片吸收或渗透而起到杀草作用。

(3) 茎叶处理兼土壤处理剂　既可用于作物苗前土壤处理也可于作物苗后进行茎叶处理的除草剂，如异噁草松、2,4-滴等。

3. 按除草剂在植物体内的移动性分类

(1) 触杀性除草剂　施药后通过与杂草的茎叶、幼芽、根系接触即可发挥杀草作用，药剂本身只进行渗透并不向其他部位移动的除草剂。如乳氟禾草灵、敌稗等。

(2) 内吸传导性除草剂　施药后可被植物的根、茎、叶、芽鞘吸收，并在植物体内传导到其他部位而起到杀草作用。这类除草剂中的一些品种可以防除多年生块根或块茎类杂草。如精吡氟禾草灵、草甘膦等。

4. 根据除草剂的杀草谱分类

(1) 禾本科除草剂　主要用于防除禾本科杂草。如“二氯喹啉酸”仅对水稻田稗草及稻稗有效，对其他种类杂草无效或防效差，属于禾本科除草剂。

（2）阔叶除草剂　主要防除双子叶杂草及少数单子叶阔叶类型的杂草，对其他种类杂草无效或防效差。如“乳氟禾草灵”对苣荬菜、大蓟、小蓟及鸭跖草等多种阔叶杂草防效较好，对稗草、狗尾草等禾本科杂草基本无效，属于阔叶除草剂。

（3）莎草科除草剂　主要防除莎草科杂草，但对多种阔叶杂草也有较好的防效，对禾本科杂草则没有防效。通常莎草科除草剂也可作为阔叶除草剂使用，如“灭草松”防除萤蔺、扁秆藨草等多种莎草科杂草效果突出，对苍耳、大蓟、小蓟等多数阔叶杂草也有较好防效。又如“乙氧磺隆”既可防除水稻田阔叶杂草也可防除多种莎草科杂草。所以，往往阔叶除草剂与莎草科除草剂可通用。

（4）广谱除草剂　指对单、双子叶杂草均有良好防效的除草剂。如“丙炔噁草酮”对水稻田禾本科、莎草科及阔叶杂草均可有效防除，灭生性除草剂也属于广谱除草剂的范畴。

5. 按化学结构分类

按化学结构分类通常将除草剂分为两大类：无机除草剂和有机除草剂。由于无机除草剂的选择性差、用量大、环境污染及毒性等问题，目前几乎不再使用；有机除草剂又可分为多种类型，包括 17 大类。分别为苯氧羧酸类、酰胺类、磺酰脲类、二苯醚类、二硝基苯胺类、三嗪类、有机磷类、噁二唑酮类、三唑并嘧啶磺酰胺类、环己烯酮类、芳氧苯氧丙酸酯类、苯甲酸类、咪唑啉酮类、嘧啶氧（硫）苯甲酸酯类、三酮类、硫代氨基甲酸酯类、其他有机杂环类等。

二、除草剂的吸收、传导及作用机制

1. 杂草对除草剂的吸收

（1）茎叶处理剂的吸收　主要通过叶片吸收而进入植株体内。除草剂雾滴从叶表面到达表皮细胞的细胞质中需通过 4 个阶段：第一，渗入角质层；第二，渗入表皮细胞的细胞壁；第三，进入质膜；第四，释放于细胞质中。

（2）杂草对土壤处理剂的吸收　施于土壤中的除草剂通常溶于土壤溶液中以液态或气态通过杂草的根或幼芽组织而被吸收。

（3）根系吸收　杂草根系是吸收土壤处理除草剂的主要部位。根系一般不含角质层，且以相对多的游离间隙形成较大的吸附表面，因此根系对除草剂的吸收比叶片容易。土壤溶液中的除草剂分子或离子接触分生组织区的根毛后，通过扩散作用进入根内。

（4）幼芽吸收　杂草萌芽后出苗前，幼芽组织接触含有除草剂的土壤溶液或气体时，便能吸收除草剂。幼芽是吸收土壤处理除草剂的重要部位，挥发性强的除草剂如硫代氨基甲酸酯类、二硝基苯胺类等更是以幼芽吸收为主。通常禾本科杂草主要通过幼芽的胚芽鞘吸收，而阔叶杂草则以幼芽的下胚轴吸收为主。

2. 除草剂在杂草体内的传导

（1）共质体系传导　叶片吸收的除草剂最先进入细胞壁，然后进入表皮与皮层细胞的原生质中，再通过胞间连丝进入内皮层、中柱及韧皮部。这样除草剂通过共质体途径从一个细胞向另一个细胞移动，而后进入维管组织，沿韧皮部筛管和光合作用形成的有机物向全株传导，并累积在旺盛的生长部位。水溶性除草剂还可通过维管束鞘的伸展，直接穿过叶脉进入维管组织。

（2）质外体系传导　由植物根系吸收的除草剂通过凯氏带依次进入细胞壁、木质部，沿木质部导管内的蒸腾流向地上部传导。因为质外体系的主要构成是细胞壁和木质部,它们是无生命的物质,药剂对其并无毒害,甚至根系被杀死后仍有传导能力,这有利于药效的充分发挥。

(3) 质外-共质体系传导 质外-共质体途径基本与共质体途径相同,但也可通过凯氏带,再进入细胞壁,然后进入木质部。属于光合抑制剂的除草剂被叶片吸收后,运转较短的距离,便可达到其作用靶标。表现为杀草迅速,药害症状出现快。

3. 除草剂的作用机制

(1) 抑制呼吸作用 对植物呼吸作用的各个生化反应过程产生抑制。表现为对 ATP(三磷酸腺苷)合成产生解偶联反应;抑制能量代谢;干扰电子传递或同时破坏偶联反应并抑制电子传递。

(2) 抑制光合作用 对光合作用中二氧化碳的固定,氧的释放,以及光合产物形成产生抑制,造成植物体内糖的缺乏。其结果是植物只靠消耗贮存的养分维持生命,最后饥饿而死。也可抑制叶绿体的形成发育与结构的完整性,使其丧失光合作用能力。

(3) 抑制核酸及蛋白质的合成 通过对氨基酸合成的抑制,造成蛋白质及其他含氮物质的合成受阻,从而干扰核酸代谢及蛋白质的合成,使植物在形态、生长发育及代谢活动等方面发生变化,抑制生长或畸形而死亡。

(4) 干扰激素水平 激素是调节植物营养生长、组织分化、开花和结果不可缺少的物质,在植物的不同组织中都有适当的含量。苯氧羧酸类和苯甲酸类除草剂是典型的激素型除草剂,它们被吸收并在植物体内传导,打破植物体内的激素平衡,造成生长的不均衡性。低浓度时对植物有刺激作用,高浓度时则产生抑制作用。受害植物的组织可以表现刺激与抑制两种症状,导致生长畸形或扭曲,如 2,4-滴对双子叶植物有毒害作用。

(5) 抑制植物体内酶的活性 植物体内一系列生理与生物化学反应均受各种酶的诱导与控制,一旦某种酶的活性受阻,将导致其所催化的生物化学反应停止,造成与此相关联的许多生理和生物化学过程异常,代谢作用紊乱。

除草剂对酶的直接作用是:抑制细胞核的生化过程,使酶分子结构发生变化;与酶活性部位的基质竞争;与酶或其基质形成复合物,影响酶的活性;与酶蛋白质的非蛋白辅因子竞争;改变酶辅因子的状态。对酶的间接作用包括:干扰 ATP 形成而抑制能量供应;影响辅酶和辅基形成所需物质的供应;抑制或改变酶反应过程的条件。

(6) 抑制脂类合成 植物体内脂类是膜的完整性与机能以及一些酶活性所必需的物质,其中包括线粒体、质体与胞质脂类,每种脂类都要通过不同途径进行合成。除草剂对脂类合成的抑制,除了直接抑制酶活性之外,也能干扰脂类合成中的膜系统的质体合成。

(7) 抑制色素合成 抑制色素合成主要是通过对类胡萝卜素生物合成的抑制,造成叶绿素进行光氧化作用,结果产生白化现象。随着色素丧失,叶绿体的超微结构破坏,影响脂类分解并抑制光合作用中电子传递,最终引起膜分解。

三、除草剂的选择性及生产应用

1. 除草剂的选择性

杂草与作物都是同时生长在同一农田的植物,除草剂施用后,不仅杂草接触除草剂,作物同样要接触或吸收除草剂。所以,要求所使用的除草剂必须具备高度的选择性,既能有效地防除杂草,又不能伤害到作物。除草剂的选择性原理主要有 4 种。

(1) 位差和时差选择　利用除草剂在土壤中的部位和植物生育时间的差异,使除草剂只接触杂草而不接触作物,从而安全有效地防除田间杂草。除草剂施入不同深度土壤中或播后苗前施于土表,借助降雨或灌溉将药剂淋溶到一定深度的土壤中发挥杀草作用。

(2) 形态差异选择　利用作物和杂草叶片构造、生长点位置及生育习性等形态上的差异防除杂草,这种选择性有一定的局限性,对作物的安全幅度也较窄。如子叶留土型植物和子叶出土型植物对土壤处理剂的反映差异较大,前者安全性差,而后者安全性明显好于前者。

(3) 生理选择　指植物对除草剂吸收和传导因除草剂的品种特性和植物种类而异所产生的选择性。植物茎叶是通过角质层和气孔来吸收药剂,进入植物体内的药剂沿韧皮部的筛管向其他部位传导,而根部吸收的药剂沿木质部的导管随蒸腾流向地上部传导。

(4) 生物化学选择　指除草剂在植物体内的生物化学反应的差异而产生的选择性。这些反应包括酶促活化作用和钝化作用。该选择性是稳定的,具有这种选择性的除草剂使用安全,效果稳定。

酶促活化作用　2-甲-4-氯丁酸本身对植物并无毒性,但经β-氧化酶的催化作用,便生成毒性强的2-甲-4-氯而杀死杂草。

钝化作用　有些除草剂本身对植物有毒害作用,但受到植物本身解毒物质的作用,使其钝化而失去活性。

2. 除草剂的使用技术

(1) 影响除草剂药效的因素

草相及叶龄　除草剂的药效与杂草的种类、叶龄及株高密切相关。一般不同种类的杂草对除草剂的敏感程度存在差异,所以同一除草剂用于不同杂草群落的地块,表现的除草效果不同;杂草在幼苗阶段,根系少,次生根尚未充分发育,抗性差,对药剂敏感,防效突出;随着植株的发育,叶龄加大,植株增高,耐药力及抗药性增强,因而药效下降。

土壤条件　土壤有机质含量、质地、pH、墒情(土壤湿度情况)、微生物等对除草剂的药效均有明显影响,尤其对土壤处理剂影响更加突出。

气象条件　气象因素(温度、湿度、光照、降雨、风速等)主要通过影响除草剂雾滴的分布,雾滴滞留时间、吸收速度及利用率,而影响除草剂的药效。

施药方法及技术水平　因除草剂的剂型(乳油、水剂、可湿性粉剂、悬浮剂、颗粒剂、可溶性粉剂、水分散粒剂等)不同,要求采用施药的方法不同,如颗粒剂可在水稻田进行直接撒施,而可湿性粉剂等则需用细土或其他载体拌匀后再进行撒施;随着农药合成工业的进步,除草剂已经进入超高效时代,所以使用的有效成分剂量非常低,要求施药技术水平愈来愈高。

(2) 除草剂的使用原则

①对症下药　即选用药剂一定要有针对性。如防除阔叶作物田中多年生禾本科杂草必须采用内吸传导性好的禾本科除草剂,如精吡氟禾草灵。

②适宜的剂量　对于不同种类及叶龄的杂草,应使用不同的剂量;土壤处理剂在不同有机质含量的地块使用剂量差异较大,一般情况下,土壤有机质含量高,除草剂用量则应随之加大。

③适时施药　施药时期应根据作物及杂草的生育阶段,利用除草剂"时差"和"位差"的选择性,选择恰当的施药时期。针对杂草的叶龄适时用药,可明显提高防效。

④均匀用药　在使用触杀型或传导性差的除草剂时均匀施药非常必要,同时均匀用药也是提高防效、避免药害的需要。

⑤合理混用　除草剂的合理混用可扩大杀草谱、提高防效、减少用量、降低成本。

⑥轮换用药　可明显降低杂草产生抗药性的风险，有利于对恶性杂草的科学治理。

⑦安全使用　在运输、贮藏及使用中要注意防护，保护人、畜安全，同时也要防止污染水源及周围环境。

(3) 除草剂的使用方法

①喷雾法　采用农药制剂对水稀释成一定容量或浓度，以满足均匀喷雾或药效发挥的需求。喷雾法是除草剂最常用的施用方法。通常所说的"喷液量"即为"对水量"。

对苗后茎叶喷雾法而言，适宜的施药条件为晴天、气温 27℃以下、空气相对湿度 65%以上、风速小于 4m/s，春天施药在上午 9 时之前，下午 3 时之后进行；夏季施药在上午 8 时之前，下午 6 时之后进行，一般要求施药后 4 个小时无降雨。晚上施药效果好于白天。某些超低用量的药剂或水分散粒剂和悬浮剂等剂型的药剂在对施药之前应先用少许水溶解或稀释成母液，然后再在喷雾器等施药器械中加一定量的水稀释到所需容量或浓度，搅拌均匀后施用。

②甩施法　适用于水稻田的一种施药方法，即将农药制剂直接甩施或用水稀释后甩施于保持有一定深度水层的田块中。用于甩施的除草剂剂型应能在水面或水中自然扩散。

③撒施法　剂型为颗粒剂的农药可直接撒施，其他剂型在必要时可用细土或细沙拌成药土(沙)混合物后进行撒施。

④药土法　很多除草剂在水稻本田施用时，往往需要将除草剂制剂与一定量的载体如细土或细沙混拌后进行均匀撒施(要求田间有水层)，称为药土法。该方法类似于撒施法。

⑤泼浇法　通常采用的一种施药方法，用容器将农药制剂对水成一定容量后均匀泼浇于田间。

⑥甩喷法　北方地区水稻田一种常用的施药方法，将农药制剂采用喷雾器对水稀释成所需要的容量后，在一定的压力条件下，将药液以非雾化状态相对均匀地喷射到保持有一定深度水层田间。该方法比泼浇法更加方便快捷。

⑦喷淋法　用容器将农药制剂对水成一定容量后，在无压力条件下以"雨滴"状态均匀浇于田间。该方法类似泼浇法施药，但要比泼浇法施药更均匀，常用于育苗(秧)田。

⑧涂抹法　利用特制的绳索或海绵塑料携带药剂涂抹于杂草植株之上，主要用于防除高于作物的成株杂草。要求药剂的传导性好，配制药液浓度要高。

模块小结

杂草是指非人们有意识栽培的草本植物。对人们进行农业生产的危害极大，它与作物争夺地面和空间，争夺水分、养分、光照，使作物生长发育不良，降低作物的产量和品质。许多杂草还是作物病虫害的中间寄主，造成病虫害传播蔓延。因此，在作物生产过程中，要及时防除杂草。

杂草种类很多，约有 500 种，其中发生比较普遍的危害较严重的约 150 种。按归类分为旱地杂草和水田杂草。

除草剂被植物吸收后，形成复杂的多种因素，对植物的正常生理化过程起着某种干扰作用。杂草吸收除草剂后，在杂草不断进行物质交换和能量代谢的过程，也就是吸收养分进行同化作用和排除废物进行异化作用的过程。这种新陈代谢的某些重要环节受到阻碍或破坏，生命就会停止或受到抑制。利用除草剂,可使杂草这些重要环节受到阻碍和破坏,生理生化失去平衡,使杂草的生命停止或受到抑制,从而达到防除杂草的目的。

模块巩固

1. 简述除草剂的分类方式。
2. 简述除草剂的杀草原理。
3. 简述除草剂的使用方法。

模块四

主要农作物病害防治

【知识目标】

通过本模块学习，学生了解当地农作物病害的主要种类及分布，理解主要农作物病害的发生发展规律，掌握主要农作物病害的综合防治技术。

【能力目标】

具备识别常见农作物病害的能力，根据全面分析病害发生的原因和规律，能独立完成制定合理的综合防治方案。

项目一　水稻主要病害防治技术

一、水稻苗期病害

烂秧是水稻苗期多种生理性病害和侵染性病害的总称。生理性烂秧常见的有烂种、漂秧、黑根和死苗等。侵染性烂秧有绵腐病、立枯病。

（一）症状

1. 绵腐病

绵腐病发生在水育秧田。稻芽或幼苗受侵染后，最初在稻种颖壳裂口处或幼芽的胚轴部分出现乳白色的胶状物，后逐渐向四周长出白色绵絮状菌丝，呈放射状，常因氧化铁沉淀或藻类、泥土黏附而呈铁锈色、泥土色或绿褐色。受侵染的稻种腐烂不能萌发。病苗常因基部腐烂而枯死。此病初发生时仅零星出现，在持续低温的条件下，可大面积发生。

2. 立枯病

立枯病多发生在湿润育秧田、旱育秧和保护地育秧的地块，一般成片发生。发病早的植株枯萎，潮湿时茎基部软腐，易拔断。发病晚的病株逐渐萎蔫、枯黄，仅心叶残留少许青色而卷曲。初期茎不腐烂，根毛无或稀少，可连根拔起，以后茎基部变褐甚至软腐，易拔断。

(二) 病原

1. 绵腐病

由层出绵霉 *A. prolifera* (Nees)de Bary、稻绵霉 *A. oryzae* Ito et Nagal、鞭绵霉 *A. flagellata* Coder 等真菌引起，属鞭毛菌亚门真菌，绵霉属。菌丝发达呈管状，有分枝，无隔。无性繁殖产生游动孢子囊，孢子囊圆筒形或棒状，萌发形成游动孢子。有性生殖由雄器中的精子和藏卵器中的卵结合发育成卵孢子。

二维码 4-1
水稻主要病害图片

2. 立枯病

由多种镰孢菌 *Fusarium* spp. 、腐霉菌 *Pythium* spp. 和丝核菌 *Rhizoctonia* spp. 等真菌引起。其中腐霉菌致病力最强，其次是镰孢菌，丝核菌最弱。

腐霉菌：属鞭毛菌亚门真菌，腐霉属。菌丝发达，无分隔，呈白色絮状，孢子囊球形或姜瓣状。孢子囊萌发产生肾形、双鞭毛的游动孢子。

镰孢菌：属鞭毛菌亚门真菌，镰刀菌属。大型分生孢子镰刀状，弯曲或稍直、无色、多分隔。小型分生孢子椭圆形或卵圆形、无色、双胞或单胞。厚壁孢子椭圆形、无色、单胞。

丝核菌：属半知菌亚门真菌，丝核菌属。不产生孢子，只有菌丝和菌核。成熟菌丝褐色，分枝与母枝成直角，分枝处有缢缩。离分枝不远处有一分隔。菌核褐色、形状不规则。

(三) 发病规律

烂秧病的种类不同，其病菌的越冬方式和传播途径也不同。上述病原菌都是弱寄生菌，主要在土壤中营腐生生活。

1. 腐霉菌

以菌丝、卵孢子在土壤中越冬，菌丝或卵孢子产生游动孢子囊，孢子囊成熟后萌发产生游动孢子，游动孢子靠水传播和侵染。低温削弱了生活力的秧苗就会引起发病。

2. 镰刀菌

以菌丝、厚壁孢子的形式在多种寄主病残体上及土壤中越冬，条件适宜时能产生分生孢子借气流传播进行初侵染，在病苗上产生的分生孢子进行再侵染。

3. 丝核菌

菌丝、菌核在病残体上和土壤中越冬。菌丝蔓延传播，菌核随流水传播。

(四) 防治措施

防治烂秧病应以提高育秧技术，改善栽培条件和增强水稻抗病力为重点，并结合适时药剂防治。

1. 农业防治

精选种子，避免用有伤口的种子播种，要适期播期。做好种子处理，培育壮苗，提高播种和育苗技术。秧田水层过深，播种后发生“浮秧”“翻根”“倒苗”等造成烂秧的，要立即排水，促进扎根。搞好肥水管理，避免用冷水直接灌溉，在 3 叶期前早施断奶肥，切实掌握“前控后促”和“低氮高磷钾”的原则。

2. 药剂防治

①防治立枯病　可选用 5.5%浸种灵Ⅱ号 5 000 倍液浸种，对水稻立针期的立枯病有显著

防治效果。还可选用恶霉灵、甲霜灵等土壤杀菌剂防治水稻立枯病。播种覆土后，选用敌克松 1∶(120～200)倍液或用5.5%浸种灵Ⅱ号3 000～5 000倍液2～3 kg/m^{2}药液喷洒。也可选用30%土菌消水剂3～4 mL/m^{2}加水3 kg，在播前浇透水后喷雾。水稻一叶一心期，浇洒70%敌克松可湿性粉剂1 000倍液2～3 kg/m^2，防治水稻3叶期前后的立枯病。

②防治绵腐病　除喷施敌克松外，在发病初期及时喷洒0.2%硫酸铜液1 500 kg/hm^2，喷药时应保持浅水层，如绵腐病严重时可将秧田换水冲洗2～3次后再施药，或在进水口处用纱布袋装硫酸铜100～200 g，随着水的流动溶入秧田。

二、水稻稻瘟病

稻瘟病是水稻重要病害之一，在我国发生严重。流行年份，一般发病地块减产10%～30%，严重时可达40%～50%，如不及时防治，特别严重的地块将颗粒无收(图4-1)。

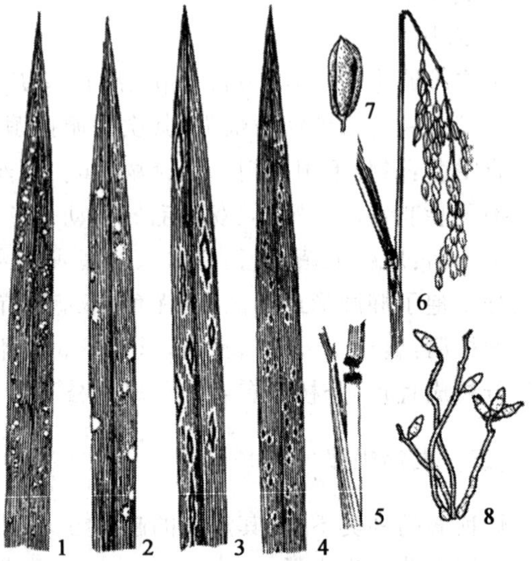

图4-1　稻瘟病

1. 白点型　2. 急性型　3. 慢性型　4. 褐点型　5. 节瘟　6. 穗颈瘟　7. 谷粒瘟　8. 分生孢子梗及分生孢子

(一) 症状

稻瘟病在整个水稻生育期都能发生，根据水稻受害时期和部位的不同，可分为苗瘟、叶瘟、叶枕瘟、节瘟、穗瘟、穗颈瘟、枝梗瘟和谷粒瘟。

1. 苗瘟

发生在3叶期以前。不形成明显的病斑，初期在芽鞘上出现水渍状斑点，随后病苗基部变黑褐色，上部淡红色或黄褐色，严重时病苗枯死。潮湿时，病部可长出灰绿色霉层。

2. 叶瘟

发生在3叶期以后。因水稻品种抗病性和气候条件不同，病斑分为白点型、急性型、慢性型和褐点型4种症状。①白点型：在感病品种的幼嫩叶片上发生，遇适宜温、湿度条件能迅速转变为急性型病斑，病斑白色或灰白色，多为圆形，不产生分生孢子。②急性型：多在感病品种上发生，在温、湿度适宜及存在大量感病品种的条件下，易引起病害流行，病斑暗绿，多数近圆形或不规则形，针头至绿豆大小，后逐渐发展为纺锤形，在叶片正、反两面密生灰绿色霉层，遇干燥天气或经药剂防治后，急性病斑转化为慢性型病斑。③慢性型：是典型的稻瘟病病斑，病斑呈梭形或纺锤形，病斑两端有向外延伸的褐色坏死线，病斑中央灰白色称为崩溃部，边缘褐色称为坏死部，病斑外常有淡黄色晕圈称为中毒部，湿度大时病斑背面产生灰绿色霉层。④褐点型：在抗病品种或稻株下部老叶上发生，病斑为褐色小点，多局限于叶脉间，不产生分生孢子。

3. 叶枕瘟

初为污绿色病斑，不规则地向叶环、叶舌、叶鞘及叶片扩展，最后病斑呈灰白色。叶耳感病，潮湿时可以产生灰绿色霉层，病叶早期枯死，容易引起穗颈瘟。

4. 节瘟

稻节初生褐色小点，以后扩大至整个节部，病节缢缩凹陷，变黑褐色，潮湿时节上产生灰绿色霉，易折断，常因水分和养料的输送受阻造成白穗。

5. 穗颈瘟和枝梗瘟

发生在穗颈、穗轴和枝梗上，病斑初呈浅褐色小点，逐渐围绕穗颈、穗轴和枝梗并向上下扩展呈灰黑色病斑，穗颈瘟发病早的形成白穗，潮湿时产生灰绿色霉状物。穗颈瘟发病晚的谷粒不充实。

6. 谷粒瘟

发生在稻壳和护颖上，以乳熟期症状最明显，发病早的病斑大而呈椭圆形，中部灰白色，后可蔓延整个谷粒，使稻谷呈暗灰色或灰白色的秕粒。发病晚的病斑为椭圆形或不规则形的褐色斑点，严重时，谷粒不饱满，米粒变黑。

诊断要点："三部一线"是稻瘟病的典型病斑的识别要点。

（二）病原

有性态为灰色大角间座壳 *Magnaporthe grise*（Hebert）Barrnov，属子囊菌亚门真菌，大角间座壳属。无性态稻梨孢 *Pyricularia oryzae* Cav. 属半知菌亚门真菌，梨孢霉属。

病原菌从病部气孔中产生3～5根分生孢子梗，不分枝，有2～8个隔膜，基部膨大呈淡褐色，顶部渐尖，色淡呈屈曲状，屈曲处有孢痕，其顶端可产生分生孢子1～6个，多的可达9～20多个。分生孢子梨形、无色透明，有两横隔，顶端细胞立锥形，基部细胞钝圆，有脚胞。

菌丝生长发育适宜温度26～28℃，分生孢子形成适宜温度25～28℃，温度过高或过低影响产胞。病菌侵入适宜温度24～30℃，在适宜温度条件下，孢子附着在植株表面16～20h便可完成侵入。相对湿度93%以上才能形成孢子，孢子形成数量随相对湿度上升而增加。分生孢子须在水滴（膜）中6 h以上才能萌发。

（三）发病规律

病菌以分生孢子、菌丝体在病籽粒、病稻草上越冬，病籽粒和病稻草是次年稻瘟病的初侵染源。散落在地上的病稻草和未腐熟的粪肥也可成为初侵染源。

干燥情况下，分生孢子可存活半年至一年以上；潮湿情况下，能存活2～3个月。病菌的传播与气温、育秧方式和育秧的时期有关。

带病稻种播种后容易发生苗瘟，第二年气温回升，降雨后带病的稻草可产生大量分生孢子，附着在秧苗上或随风雨传播到秧田或本田，形成叶瘟的中心病株，病叶上的病斑再产生大量的分生孢子，由气流传播、进行多次再侵染。分生孢子与稻株接触后，如果遇到适宜的温、湿度条件（15～32℃，有结水条件），就能萌发产生附着胞和侵入丝，直接侵入，病菌侵入4～6天便出现新病斑，条件适宜时，短时间内病害即可流行成灾。

（四）防治措施

1. 农业防治

①种植抗病品种：因地制宜选用抗病新品种，淘汰高感品种，轮换种植抗病品种。②减少菌源：不播种带病种子，及时处理病稻草，收获时病田的稻草和谷物分别堆放，播种前要处理完

病稻草，不用病稻草盖房、盖窝棚、垫水口、捆秧等，清除田间及田边的病稻草。③种子消毒：可选50%多菌灵可湿性粉剂350倍液，室温下浸种24～36 h，每日搅动数次，然后用清水浸种催芽。也可选80% 402抗菌剂8 000倍液浸种，早稻、中籼稻浸种2～3天，粳稻浸种3～4天。还可选10% 401抗菌剂1 000倍液浸种48 h。④合理施肥：不偏施和过多施用氮肥，注意氮、磷、钾配比，施足基肥，早追肥，中后期看苗、看天、看田酌情施肥。⑤合理排灌：以水调肥，促控结合，掌握水稻黄黑变化规律，插秧后根据土质排水晒田，肥田、黏重田可重晒，沙性田、瘦田轻晒或不晒；水稻分蘖期应浅灌，合理浅灌可促进水稻生长健壮，提高抗病力，减少无效分蘖，控制田间小气候，使水稻植株体内可溶性氮化物减少，促进根系纵深生长。

2. 药剂防治

防治叶瘟在发病初期用药，注意消灭中心病株，防治穗颈瘟在始穗期和齐穗期各喷药一次。防治苗瘟可用药液处理秧苗根部，将洗净的秧苗根部浸泡在药液中10 min，取出沥干后再插秧，可预防早期叶瘟发生。在叶瘟初期或始穗期叶面喷雾。可选75%三环唑可湿性粉剂375～450 g/hm^{2}加水900 kg喷雾。也可选富士一号（稻瘟灵），或13%三环唑，或春雷霉素，或28%复方多菌灵（多井悬浮剂），或40%克瘟散，或50%异稻瘟净等。

三、水稻纹枯病

水稻纹枯病是水稻重要病害之一，随着矮秆品种和杂交稻的推广，该病发生日趋严重，特别是高产稻区受害较重。发病后叶片枯死，结实率下降，千粒重减少，秕谷增多，一般减产10%～20%，严重减产30%以上。

（一）症状

从苗期至穗期都可以发生，主要侵染叶鞘和叶片，以抽穗前后发病受害最重（图4-2）。

1. 叶鞘发病

先在叶鞘近水面处出现水渍状、暗绿色、边缘不清楚的小病斑，后逐渐扩大成椭圆形或云纹状病斑，病斑边缘暗绿色，中央灰绿色，天气干燥的条件下，病斑边缘褐色，中央草黄色至灰白色，经常几个病斑相互愈合成为云纹状大斑块。重病叶鞘上的叶片常发黄或枯死。

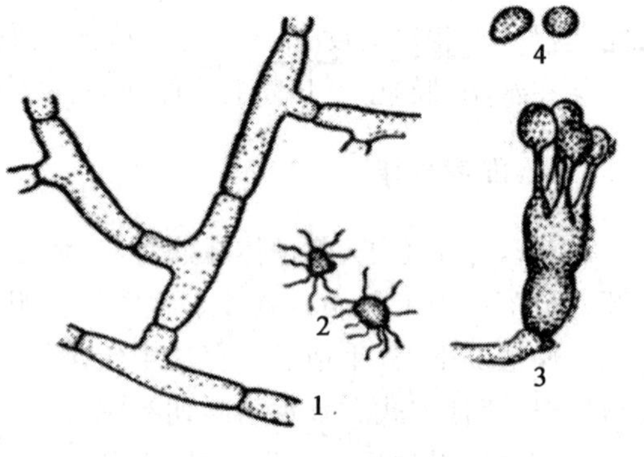

图4-2　水稻纹枯病

1. 菌丝　2. 菌核　3. 担子及担孢子　4. 担孢子

2. 叶片发病

叶片上的病斑与叶鞘相似，但形状不规则，病斑外围褪绿或变黄，病情发展迅速时，病部暗绿色似开水烫过，叶片很快呈青枯或腐烂状，病害常从植株下部叶片向上部叶片蔓延。

3. 穗部发病

发病轻的穗呈灰褐色，结实不良；重的不能抽穗，造成“胎里死”或全穗枯死。

在多雨多湿的条件下，病部产生白色或灰白色蛛丝状菌丝体，形成白色绒球状菌丝团，最后变成褐色坚硬菌核。在潮湿条件下，病组织表面有时常产生一层白色粉末状子实层（担子和担孢子）。

诊断要点：病斑云纹状，后期生鼠粪状菌核。

（二）病原

有性态为佐佐木薄膜革菌 *Pellicularia sasakii*（Shirai）Ito，属担子菌亚门真菌，薄膜革菌属；无性态为立枯丝核菌 *Rhizoctonia solani* Kühn。属半知菌亚门真菌，丝核菌属。

菌丝体初期无色，老熟时淡褐色，分枝与主枝成直角，分枝处缢缩，距分枝不远处有分隔。菌核由菌丝体交织纠结而成，初为白色，后变为暗褐色，单个菌核呈扁球形似萝卜籽状，多个连在一起呈不规则形，菌核表面粗糙，有少量菌丝与寄主相连，菌核有圆形萌发孔，萌发时菌丝从萌发孔伸出。菌核可分为浮核（浮于水面）和沉核（沉入水中），一般浮核多于沉核，在一定条件下，浮核和沉核可以相互转化。

病组织上形成的灰白色粉状子实层，是有性态产生的担子及担孢子。担子倒棍棒状、无色、顶端生有2～4个小梗，每个小梗上各生1个担孢子。担孢子单胞、无色、卵圆形。

菌丝生长的适宜温度为28～32℃，在适温条件下，如有水分，病菌经18～24 h即可完成侵入。菌核在30～32℃条件下形成最多，菌核萌发需要有96%以上的相对湿度，低于85%则受到抑制。在土表、土下及水中越冬的菌核成活率均较高。主要侵染水稻、玉米，豆类、花生、大麦、小麦、高粱、甘蔗和甘薯等作物。

（三）发病规律

病菌主要以菌核在土壤中越冬，也能以菌核和菌丝在病稻草、田边杂草和其他寄主上越冬。水稻收割时大量菌核落入田间的土壤中，成为第二年或下季水稻的主要初侵染源。病稻田存留的菌核可达到75万～150万粒/hm^2，发病严重的稻田可达900万～1 200万粒/hm^2。

稻田翻耙、灌水后，越冬菌核漂浮在水面上，栽秧后随水漂流附着在稻株基部叶鞘上，在高湿、适温条件下，菌核萌发长出菌丝，从叶鞘缝隙处形成附着胞，通过气孔或直接穿透表皮侵入。潜育期1～5天，向外长出气生菌丝，蔓延到附近叶鞘、叶片或邻近的水稻植株进行再侵染。一般在分蘖盛期至孕穗初期，如果条件适宜，在植株间不断地水平扩展，以孕穗期发展最快，导致病株率增加。并由植株下部叶鞘向上部叶鞘垂直扩展，病部形成的菌核脱落到水中，随水流漂附在稻株基部，萌发侵入引起再侵染。在稻田，灌溉水是菌核传播的动力，密植的稻丛是菌丝体进行再侵染的必要条件。

（四）防治措施

1. 农业防治

①种植抗病品种。②合理排灌：改变水稻生长中高湿的环境条件，水稻生长前期浅水灌溉，中期（分蘖末期至拔节前）适当晒田，后期干湿交替灌溉，即避免长期深灌，也要防止过度晒田。③合理施肥：注意氮、磷、钾肥合理施用，做到长效肥与速效肥相结合，农家肥与化肥相结合，以农家肥为主，氮肥应早施，切忌偏施氮肥和中后期大量施用氮肥。④清除菌源：在秧田或本田翻耕灌水耙平时，用网筛等工具打捞菌核。不用病稻草和未腐熟的病稻草还田，铲除田边杂草，可减少菌源，减轻前期发病。

2. 药剂防治

水稻分蘖末期丛发病率达到15%或拔节至孕穗期发病率达到20%的地块，要采取防治措施。分蘖末期施药杀死气生菌丝，控制病害的水平扩展。孕穗期至抽穗期施药，抑制菌核的形成控制病害的垂直扩展，保护水稻上部叶片不受侵染。在病害盛发初期，可选用井冈霉素，用药 67.5～75.0 g/hm² 常规喷雾，针对稻株中、下部对水喷雾或泼浇施药 1～3 次，间隔 10～15 天。在分蘖盛期至圆秆期，也可选用有效成分 900 g/hm² 甲基硫菌灵加水喷雾 2～3 次，或选用 50%多菌灵可湿性粉剂、或 30%菌核净可湿性粉剂。在水稻始穗期和齐穗期各施药 1 次，可选用 28%复方多菌灵(多·井悬浮剂)，10～15 天再喷一次。在分蘖盛期至拔节期可选用 5%安福(己唑醇)，用药量 60～75 g/hm² 喷雾，可保持药效 4 周以上。

此外，在水稻纹枯病发病初期可选用芽孢生防菌株 B908，用量 7.5 kg/hm² 常规喷雾，可以取得明显的效果。

四、水稻稻曲病

稻曲病在我国各稻区都有不同程度的发生。一般病穗率为 4%～5%，严重的地块可达 50%以上，病粒率为 0.2%～0.4%，最高可达 5%以上，局部地块减产可达 20%～30%。使秕谷率、青米率增加，当稻谷中含有 0.5%病粒时能引起人畜中毒。

(一) 症状

该病在水稻开花后到乳熟期的穗部发生，主要发生在稻穗中下部。病菌侵入稻粒后，在颖壳内形成菌丝块，破坏籽粒组织，菌丝块逐渐增大，颖壳合缝处略张开，露出淡黄色块状的孢子座。孢子座逐渐膨大，最后包裹颖壳，使病粒比健粒大 3～4 倍。厚垣孢子黄绿或墨绿色，表面发生龟裂。一般稻穗中仅形成部分病粒，病粒中心为菌丝组织密集构成的白色肉质块，其外围因产生厚垣孢子的菌丝成熟度不同，可分为 3 层：第一层先成熟，呈墨绿色或橄榄色、第二层为橙黄色、第三层为黄色(图 4-3)。

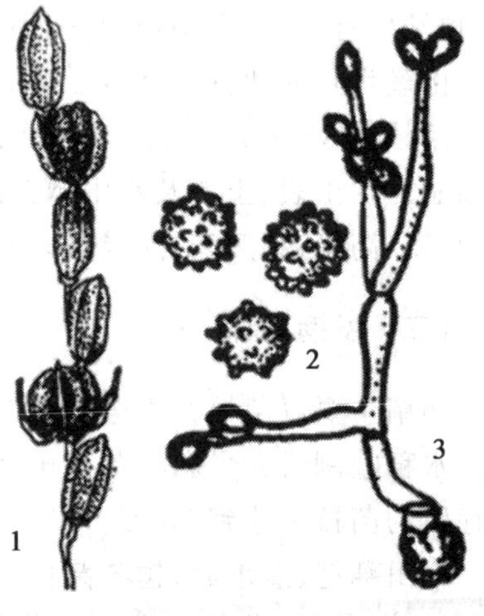

图 4-3 稻曲病

1. 病粒 2. 厚垣孢子 3. 厚垣孢子萌发

诊断要点：一穗中只有部分籽粒颖壳变成稻曲病粒，比健粒大 3～4 倍，黄绿色或墨绿色。

(二) 病原

有性态为 *Claviceps oryzae-sativae* Hashioka，属子囊菌亚门真菌，麦角菌属。无性态为 *Ustilaginoidea virens*(Cooke) Takahashi，属半知菌亚门真菌，绿核菌属。厚垣孢子墨绿色，球形或椭圆形，表面有疣状突起。菌丝短小上细下粗、单生或有分枝、有分隔，其端部产生几个椭圆形或倒鸭梨形的分生孢子，分生孢子梗粗。菌核扁平、长椭圆形，初为白色，老熟后变黑色，通常一病粒内生菌核 2～4 粒，以 2 粒着生于病谷两侧包住谷颖为最常见，成熟时容易脱落。第二年落在土中的菌核产生肉质的子座数个，子囊壳球形，埋生于子座顶部表层，孔口外露，使子座顶部表面呈疣状突起。子囊为长筒形、无色，内并列着生 8 个无色丝状的子囊孢子。

(三) 发病规律

此病以菌核在地表越冬,第二年 7～8 月间开始产生子座,在子座上产生子囊壳,在子囊壳中产生大量的子囊孢子。厚垣孢子可在被害的稻粒内及无病稻谷颖壳上越冬,厚垣孢子随时可萌发产生分生孢子且可维持 6 个月的发芽力。厚垣孢子萌发后能直接侵染水稻幼芽、幼根,引起系统性发病。子囊孢子和分生孢子都可借气流传播,侵染花器和幼颖。北方水稻栽培区一年只发生一次;南方水稻栽培区以早稻上的厚垣孢子为再侵染源,早抽穗水稻上的厚垣孢子可能成为迟抽穗水稻的侵染源。

不同水稻品种间的抗性存在明显差异。抗病性表现为一般早熟＞中熟＞晚熟,糯稻＞籼稻＞粳稻。

(四) 防治措施

防治策略以抗病育种为主,化学防治为辅,注意适期用药,合理调整农业栽培措施。

1. 农业防治

①因地制宜选用抗病良种。②建立无病留种田:注意晒田,发病的地块收割后要及时耕翻,选用不带病种子。③播种前及时清除病残体。④合理密植,适时移栽,浅灌勤灌。⑤合理施用氮、磷、钾肥,施足基肥、巧施穗肥、适时适量施硅肥。

2. 药剂防治

①种子处理:可选用 40％多菌灵胶悬剂浸种 48h 以上,以减少部分侵染源。还可选用 50％苯菌灵可湿性粉剂 500～800 倍液浸种,早稻浸 72h,晚稻浸 48h,浸种后可直接播种。上述处理可兼防稻恶苗病和绵腐病、稻瘟病。②喷雾防治:可选用井冈霉素、或 50％稻后安(氧化亚铜＋三唑酮)、或 18％纹曲清(井冈霉素＋烯唑醇),或可杀得等,在抽穗前 5～7 天喷雾,但应注意在穗期用药对稻穗的安全性。

五、水稻细菌性条斑病

水稻细菌性条斑病是水稻生产中的一个重要病害,在我国属于检疫性植物病害。主要分布在华南稻区,近年来在长江流域杂交晚稻上常大面积发生。20 世纪 90 年代以来,已上升为华南、中南稻区上的主要细菌病害,水稻发病后,造成叶枯,为害程度已超过水稻白叶枯病,一般减产 15％～25％,严重时可达 40％～60％。

(一) 症状

主要侵染水稻叶片,在秧苗期可出现典型的条斑型症状。初期病斑为深绿色水渍状半透明小点,后沿叶脉扩展形成黄褐色纤细条斑,长约 1 cm。感病品种上的病斑纵向扩展快,长达 4～6 cm,其上有细小的露珠状深蜜黄色菌脓,呈鱼籽状,干燥后不易脱落。严重时多个病斑可相互连成枯斑,以后病斑不断扩展,整叶变为红褐色枯死,外观与白叶枯病相似,如果对光检视,可见由许多半透明的小条斑融合而成。发病严重的地块,水稻矮缩,叶片卷曲。抗病品种的病斑长度不足 1 cm,且病斑少、菌脓也少。

诊断要点:沿叶脉扩展形成淡黄色狭条斑,形成鱼籽状菌脓(图 4-4)。

（二）病原

病原为稻生黄单胞杆菌 *Xanthomonas oryzae* pv. *oryzicola*（Fang）Swings et al.，属于薄壁菌门，黄单胞杆菌科，黄单胞杆菌属。菌体杆状，单生，偶成对，但不成链状，不形成芽孢和荚膜，单极鞭毛。革兰氏染色反应呈阴性。最适生长温度25～28℃，主要侵染水稻、陆稻、野生稻，也可侵染李氏禾等禾本科植物。病原菌有明显的致病力分化，存在不同的小种。

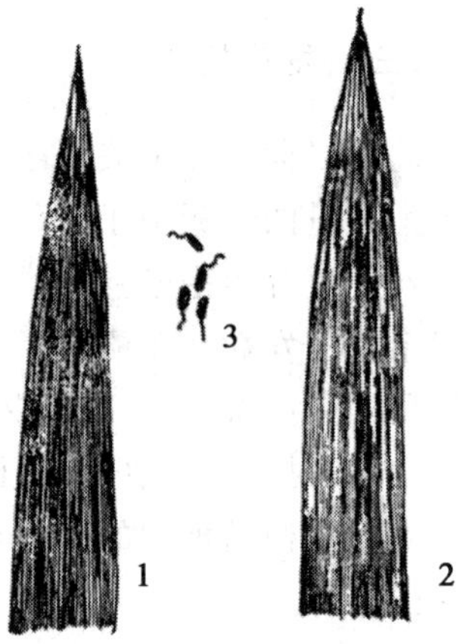

图 4-4 水稻细菌性条斑病

1. 病叶片 2. 对光检视可见半透明的小条斑 3. 稻生黄单胞杆菌菌体

（三）发病规律

病原菌主要在病稻谷和病稻草上越冬，成为次年的初侵染源。带菌种子的调运是远距离传播的主要途径。在田间，病菌主要通过灌溉水、雨水传播给秧苗，从气孔或伤口侵入，侵入后在气孔下繁殖，扩展到薄壁组织细胞间隙并纵向扩展，叶脉对病菌扩展有阻挡作用，故形成条斑。病斑溢出的菌脓，主要通过风雨、露滴和水的流动进行再侵染，引起病害扩展蔓延。农事操作也传播病害。

该病发生流行要求高温、高湿条件，发病适温为30℃，相对湿度接近饱和时最适合发病。暴风雨，尤其是夏季台风的侵袭，造成叶片大量伤口，有利于病菌的侵入和传播，易引起病害流行。一般深灌或串灌水、偏施或迟施氮肥，均有利于此病的发生与为害。

（四）防治措施

防治细菌性条斑病必须采用加强检疫，培育无病壮秧，选用抗病品种，加强肥水管理等农业防治措施，及时进行药剂防治。

1. 农业防治

①严格实行检疫：不要到病区调运稻种和繁殖良种，以防传入病害。引种时必须实行严格的检疫，病区种子和稻草不要外运。②选用抗病品种：此方法是控制和防治水稻细菌性条斑病最经济有效的措施。病害发生区应因地制宜选育和种植抗（耐）病品种。③培育无病壮秧：加强肥水管理，促进植株健壮生长。

2. 药剂防治

应抓好种子消毒、秧田保护和药剂防治环节。①种子消毒：对带菌或可能带菌的种子在播种前结合浸种催芽进行种子处理，可选用0.1%盐酸水溶液浸种，也可先将种子用清水预浸12h，然后用85%强氯精300倍液浸24h，用清水充分清洗后催芽。②秧田和本田的药剂防治：秧苗在水稻3叶期统一用药，保护苗期不受侵染，大田孕穗期喷药1～2次。可选用20%叶青双，或10%叶枯净，或中生菌素，或农用链霉素，或可杀得2000倍液等喷雾，有较好的防治效果。

六、水稻恶苗病

水稻恶苗病又称徒长病，全国各稻区均有发生，近年来随着粳稻面积的扩大和旱育秧技术的推广，病害在很多稻区又有回升，甚至发生严重。

(一)症状

从苗期至抽穗期均可发生。病株徒长，细弱，叶片、叶鞘狭长，淡黄绿色；节间显著伸长，节部外露，在基部数节上长出倒生的不定根，病株分蘖少或不分蘖，轻病株能提早抽穗，但穗形小而不实，谷粒也可受害，严重的变为褐色，颖壳夹缝处生有淡红色霉。剥开病株叶鞘，茎秆上呈现暗褐色条斑，剖开病茎可见白色蛛丝状菌丝。湿度大时，近地表病部或枯死病株表面产生淡红色或白色粉状物(即病菌的分生孢子梗和分生孢子)，后期产生蓝黑色针头状小颗粒(为病菌的子囊壳)。

(二)病原

病菌无性态为半知菌亚门镰刀菌属的串珠镰孢菌(*Fusarium moniliforme* Sheldon)，有性态为子囊菌亚门赤霉菌属的藤仓赤霉菌[*Gibberella fujikurio* (Saw.) Wr.]。分生孢子有大小两型。大型分生孢子多为镰刀形，细长，顶端渐尖，具3～5个隔膜，聚集时呈淡红色，干燥时呈粉红色或白色；小型分生孢子卵形或扁椭圆形，无色单胞，链状着生。子囊壳球形，蓝黑色，表面粗糙。子囊长椭圆形，基部细而上部圆，内生子囊孢子4～8个，排成1～2行；子囊孢子双胞，无色，长椭圆形，分隔处稍缢缩。

在水稻恶苗病的死株上，刮取少量淡红色粉状物，制片镜检，观察病菌大、小孢子的形态。

(三)发病规律

病菌以菌丝体和分生孢子在种子和病稻草上越夏、越冬。浸种时带菌种子上的分生孢子污染无病种子而传染，播带菌种子或催芽时用病稻草覆盖，在谷种发芽后，病菌即可从芽鞘、根部或伤口侵入，导致幼苗发病，病重时引起苗枯。病株和枯死株表面产生的分生孢子成为再侵染源，分生孢子借风雨、昆虫传播，侵入茎部伤口。在健株抽穗开花时，则从花器侵入，造成秕谷或畸形，脱粒时与病种子混收。病菌也可以黏附在健康谷粒上成为带菌种子。一般籼稻较粳稻发病重，糯稻发病轻，晚播发病重于早稻。土温30～50℃时易发病，高温干旱促进发病，伤口有利于病菌侵入；旱育秧较水育秧发病重；增施氮肥刺激病害发展，施用未腐熟有机肥发病重。

(四)防治技术

恶苗病以种子带菌为主要初侵染源，因此建立无病留种田和进行种子处理是防病的关键措施。

(1) 选种　建立无病留种田，选用无病种子。

(2) 种子处理　可选用10%抗菌剂401醋酸溶液1 000倍液，或80%抗菌剂402乳油8 000倍液浸种2～3天后直接催芽。也可选用35%恶苗灵200倍液，或45%三唑酮福美双可湿性粉剂300～600倍液，或25%施保克乳油200～300倍液，或强氯精500～1 000倍液，浸种24

h(晚稻)～48 h(早稻),水洗后催芽播种。

(3) 减少初侵染源　不用病稻草作为催芽时的覆盖物,也不用病稻草捆秧把。

(4) 加强栽培管理　催芽不能太长,以免下种时受伤,拔秧要尽量避免秧根损伤过重,肥床旱育秧要尽量缩短苗床盖膜时间,发现病株应及时拔除等。

项目二　玉米主要病害防治技术

一、玉米大斑病

二维码 4-2
玉米主要病害图片

玉米大斑病是玉米重要叶部病害。我国以东北、西北和南方山区、华北北部的冷凉玉米产区发病较重。一般减产 15%～20%,大发生年减产 50%以上。

(一) 症状

在整个玉米生育期均可感染大斑病。往往从植株下部叶片开始发病,逐渐向上扩展。苗期很少发病,抽雄后发病逐渐加重。

病菌主要侵染叶片,严重时也可侵染叶鞘、苞叶和籽粒。叶片发病后,先出现水渍状或灰绿色的小斑点,随后沿叶脉方向迅速扩大,形成黄褐色或灰褐色梭形大斑,病斑中间颜色较浅,边缘较深。病斑长 5～10cm,宽 1～2cm,最长可达 20cm 以上,宽达 3cm。严重发病时,多个病斑相互连成片,使植株过早枯死。田间湿度较大,大雨过后或露水较重时,病斑表面常密生一层灰黑色的霉状物(病菌的分生孢子梗和分生孢子)。侵染叶鞘、苞叶和籽粒,病斑多呈梭形,灰褐色或黄褐色。枯死株根部腐烂,果穗松软而倒挂,籽粒干瘪细小。

诊断要点:叶片上是否出现梭形大斑,病部有无灰黑色的霉状物(图 4-5)。

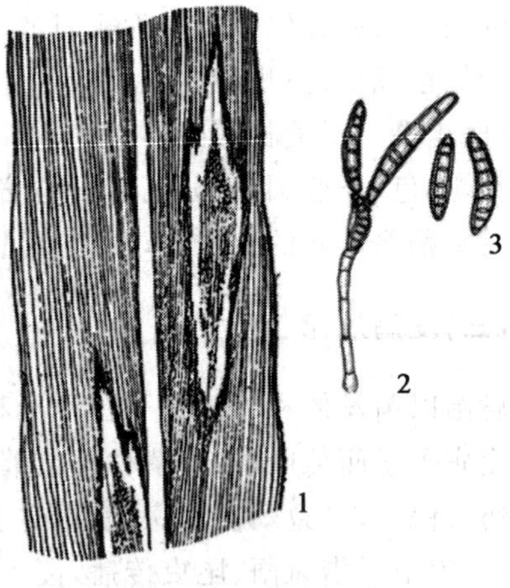

图 4-5　玉米大斑病

1. 病叶　2. 分生孢子梗及分生孢子　3. 分生孢子

(二) 病原

有性态为大斑刚毛座腔菌 *Setosphaeria turcica*(Luttrell)Leonard et Suggs,属子囊菌亚门真菌,毛球腔菌属。无性态为玉米大斑凸脐蠕孢菌 *Exserohilum turcicum*(Pass.)Leonard & Suggs,属半知菌亚门真菌,凸脐蠕孢属。

分生孢子梗多单生或 2～6 根丛生,从气孔中伸出,橄榄色,一般不分枝,直立或上部膝状弯曲,有 2～8 个隔膜。多数分生孢子有 4～7 个隔膜,着生在分生孢子梗顶端或弯曲处。分生孢子有直的或弯的,灰橄榄色,两端渐细,中间宽,呈梭形。基部细胞尖锥形,顶端细胞钝圆形或呈长椭圆形;脐点明显且突出于基细胞之外。萌发时由分生孢子两端产生芽管,越冬前形成厚壁孢子。

菌丝生长最适温度 28℃;最适 pH8.7;分生孢子形成的最适温度 23～25℃;分生孢子萌发

的较适温度 26～32℃。分生孢子形成和萌发都需要较高的湿度，但分生孢子形成后抗干燥的能力很强，在玉米种子上可存活 1 年以上。

（三）发病规律

病菌主要以菌丝体或分生孢子在病残体中越冬；种子上和堆肥中尚未腐烂的病菌也能越冬，成为次年初侵染来源。越冬期间的分生孢子，因原生质浓缩，细胞壁加厚而成为厚壁孢子。一个分生孢子可以形成 2～3 个厚壁孢子，厚壁孢子抗逆性较强。

病菌越冬后产生的分生孢子，主要借风雨和气流传播，温湿度条件适宜，2 h 即可萌发。芽管大多从分生孢子顶端细胞长出，也可从基部细胞甚至中间细胞长出。

分生孢子萌发产生的芽管顶端膨大产生附着胞，再产生侵入丝，从玉米表皮细胞或表皮细胞间直接侵入，少数也可从气孔侵入，病菌从侵入到发病需要 7～10 天，但不同的品种潜育期不同。

病菌侵入 10～14 天以后，在潮湿的条件下，产生大量的分生孢子梗，并产生大量分生孢子，又可随风雨传播进行再侵染，在玉米整个生长期内可进行多次再侵染。特别是在春玉米和夏玉米混作区，由于前者为后者提供了大量菌源，再侵染频繁。

种植感病品种是病害大流行的主要原因，不同玉米品种抗病性有明显差异。

在有足够菌量和种植一定面积的感病品种时，大斑病的发病程度主要取决于温度和降水。发病适宜温度为 20～25℃，超过 28℃有抑制作用；适宜发病的相对湿度在 90％以上，对孢子的形成、萌发和侵入都有利，如果 7～8 月温度偏低，多雨高湿，日照不足，均有利于大斑病的发生和流行。北方各玉米产区，6～8 月气温大多适于发病，降雨就成为大斑病发病轻重的决定因素。

无论春玉米还是夏玉米，晚播都比早播的发病重，原因是玉米生长后期抗病性降低，又逢雨季，利于发病。此外，栽培密度大的玉米地块发病重；靠近村边或玉米秸秆的玉米地块发病重；地势低洼的地块发病重；玉米单作地块发病重；间套作地块发病轻；连作地块发病重，轮作地块发病轻。

（四）防治措施

防治策略以农业防治为主，田间发病时根据发病程度进行必要的药剂防治。

1. 农业防治

种植抗病品种是防治玉米大斑病经济有效的措施。合理密植，降低田间湿度，根据品种特性和栽培条件确定适宜的密度。施足基肥，适期追氮、磷、钾肥，合理配施。适期早播，由于该病存在阶段抗病性问题，可适期早播以避免病害的发生和流行。清除菌源，及时处理带病秸秆。

2. 药剂防治

可选用 10％世高，或 70％代森锰锌，或 77％可杀得，或 50％扑海因，或 50％菌核净等。

二、玉米小斑病

玉米小斑病是温暖潮湿玉米栽培产区的重要叶部病害。随着抗病品种的推广，小斑病的发生为害基本得到控制，但由于大面积植抗单一种病品，在一些玉米产区小斑病仍时有严重发生。

（一）症状

玉米小斑病从苗期到成株期均可发生，苗期发病较轻，玉米抽雄后发病逐渐加重。病菌主要侵染叶片，严重时也可侵染叶鞘、苞叶、果穗和籽粒。常从植株下部叶片发病，逐渐向上部蔓延。病部初为水渍状斑点，后变为黄褐色。有三种类型：一是病斑为坏死小斑点，黄褐色，且有黄褐色的晕圈，病圆斑一般不扩展；二是病斑长椭圆形或椭圆形，边缘颜色较深，黄褐色，病斑的扩展受叶脉限制；三是病斑椭圆形或纺锤形，黄色或灰色，无明显边缘，病斑扩展不受叶脉限制。前一种为抗病型病斑。后两种为感病型病斑，感病品种病斑常相互联合使整个叶片发生萎蔫，严重的植株会提早枯死。天气潮湿或多雨季节，病斑上出现大量灰黑色霉层。

诊断要点：叶片上是否有颜色或深或浅黄色的长椭圆形或椭圆形的小病斑，病部有无灰黑色的霉层(图 4-6)。

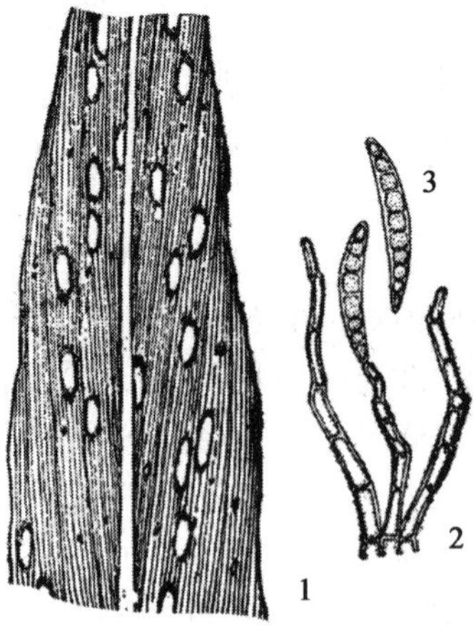

图 4-6 玉米小斑病

1. 病叶片 2. 分生孢子梗及分生孢子 3. 分生孢子

(二) 病原

有性态为异旋孢腔菌 *Cochliobolus heterostrophus* Drechsl.，属子囊菌亚门真菌，旋孢腔菌属。无性态为玉蜀黍平脐蠕孢 *Bipolaris maydis* (Nisikado et Miyake) Shoem.，属半知菌亚门真菌，平脐蠕孢属。

病菌的分生孢子梗 2～3 根，从叶片气孔中伸出，束生，褐色，直立或曲膝状弯曲，具 3～15 个隔膜，不分枝，上端有明显孢痕，基部细胞稍膨大。在分生孢子梗顶端或侧方长出分生孢子，长椭圆形，褐色，多向一端弯曲，中间粗两端细而钝圆，具 3～13 个隔膜，脐点凹陷于基细胞之内。子囊壳球形，黑色，喙部明显，常埋在寄主病组织中，内部着生近圆筒状的子囊。子囊顶端钝圆，基部具柄。子囊内有 4 个线状无色透明的子囊孢子，具 5～9 个隔膜，子囊孢子在子囊内相互缠绕成螺旋状。

菌丝发育最适温度为 28～30℃、最适 pH8.7。分生孢子形成的最适温度为 23～25℃，萌发的最适温度为 26～32℃。分生孢子的形成和萌发均需要高湿条件，但分生孢子的抗干燥能力很强，在玉米种子上可存活 1 年。子囊壳形成的最适温度为 26～33℃，低于 17℃不能形成子囊壳。玉米小斑菌有明显的生理分化现象。

(三) 发病规律

此病主要以菌丝体在病残体内越冬，分生孢子也可越冬，但存活率很低。因此小斑病菌的初侵染来源主要是上年玉米收获后遗留在田间、地头和玉米秸垛中尚未腐熟的病残体。越冬病菌的存活数量与越冬环境有关，地面上的病菌至少能存活 1 年以上，埋在土壤中的病残体一旦腐烂病菌即可死亡，种子中的病菌一般对病害的传播不起作用。

在病残体中越冬的病菌，第二年玉米生长季节遇到适宜的温湿度条件便可产生分生孢子。分生孢子通过气流传播到玉米植株上，有水膜时可萌发产生芽管，从叶片上气孔或表皮细胞直接侵入。在适宜温度条件下，5～7 天可形成病斑。

玉米小斑病病斑一旦遇到潮湿条件就能产生大量分生孢子，分生孢子又借助气流传播进行再侵染。如果条件适宜，在一个生长季节中小斑病可以进行多次再侵染。在春玉米和夏玉米混播区，春玉米收获后遗留在田间的病残体上的分生孢子向夏玉米田传播。小斑病发病的特点是在植株下部的叶片先发病，随后向四周水平扩展，再向植株上部垂直扩展。

不同品种间对玉米小斑病的抗病性存在着明显差异，大面积推广和种植感病杂交种是导致部分地区该病大发生和流行的主要原因。

玉米在同一植株的不同生育期或不同叶位对小斑病的抗病性也存在差异。存在着阶段抗病性。一般新叶生长旺盛，抗病性强，老叶和苞叶抗病性差。玉米在拔节前期，发病多局限于下部叶片，当抽雄后营养生长停止，叶片老化，抗病性衰退，病情迅速扩展，常导致病害流行。

大面积种植感病品种和有足够菌源存在的情况下，限制小斑病发生和流行的关键因素是温湿度和降雨量。特别是在7～8月，如果月平均温度在25℃以上、雨日雨量多、露水大的年份和地区，小斑病发生重。6月的雨量和气温影响菌源数量的积累。

凡是田间湿度大、植株生长不良的各种栽培措施都有利于小斑病的发生。小斑病菌对氮肥敏感，如果玉米拔节期肥力不足发病重。地势低洼、湿度大通风透光差的地块发病重。植株生长不良，发病早的病重。施磷、钾肥，适时追肥可提高植株的抗病能力。此外，由于菌量的逐渐积累，一般夏玉米比春播玉米发病重。轮作和适期早播都会减轻病害的发生。

（四）防治措施

防治策略应以农业防治为基础，适时进行药剂防治的综合防治措施。

1. 农业防治

①利用抗病、优质和高产的玉米杂交种是保证玉米稳产增收的重要措施。②适期早播。合理间作套作，玉米与大豆、花生、小麦、棉花间作效果较好。③合理施肥，在施足基肥的基础上，及时追肥，氮、磷、钾合理配合施用，尤其是要避免拔节和抽穗期脱肥，促进植株生长健壮，提高抗病力。④增强土壤通透性，注意低洼地及时排水，降低田间湿度。⑤减少菌源，玉米收获后要及时翻地，将田间病残体翻入土中使其加速腐烂分解，秸秆不宜做篱笆，不要堆放在田间地头，秸秆做堆肥时要充分进行高温发酵。严重发生小斑病的地块要及时打除植株下部2～3片病叶。大面积实行1～2年轮作可有效减少菌源数量。

2. 药剂防治

药剂防治玉米小斑病是该病大流行年份的补救措施，在发病初期适时喷雾，每隔7～10天喷1次，连续2～3次。可选用50%多菌灵可湿性粉剂500倍液，或50%硫菌灵胶悬剂600～700倍液，或25%三唑酮可湿性粉剂1 000倍液，还可选用10%世高，或50%扑海因，或75%粉锈宁，或50%敌菌灵，或50%菌核净，或77%可杀得，或50%硫菌灵胶悬剂，或70%代森锰锌或大生等。

三、玉米丝黑穗病

玉米丝黑穗病是玉米产区的重要病害，尤其以华北、西北、东北和南方冷凉山区的连作玉米地块发病较重，发病率2%～8%，严重地块可达60%～70%，造成严重减产。目前，丝黑穗病由次要病害上升为主要病害。

（一）症状

玉米丝黑穗病是系统性侵染病害。有些杂交种或自交系在6～7叶期开始出现症状，如病苗矮化，叶片密集，叶色浓绿，节间缩短，株型弯曲，第5片叶以上开始出现与叶脉平行的黄条斑等。但大多数杂交种或自交系苗期症状不明显，到穗期才出现典型症状，除苞叶外整个果穗变成一个大黑粉苞，基部膨大而顶端小，不吐花丝，苞叶通常不易破裂，黑粉不外漏，不易飞散，常黏结成块，内部夹杂丝状的寄主维管束组织。因丝状物在黑粉飞散后才显露，所以称为丝黑穗病。雄穗受害花器变形，颖片长、大而多，呈多叶状，不能形成雄蕊。仅个别小穗变成黑粉苞，多数仍保持原来的穗形，也有以主梗为基础膨大形成黑粉苞，外面包被白膜，当膜破裂后，才露出黑粉，黑粉也常黏结成块，不易分散(图 4-7)。

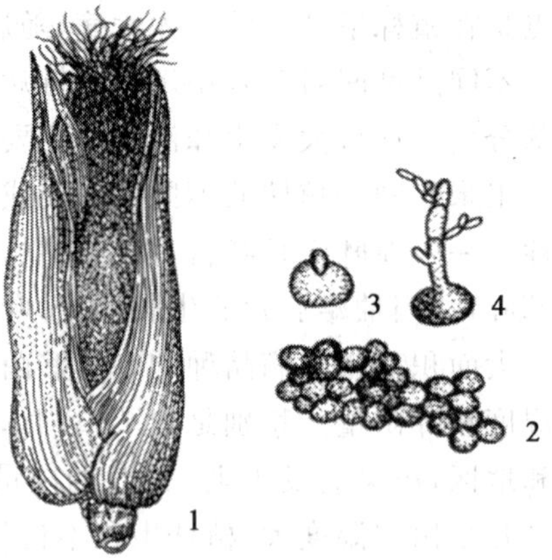

图 4-7 玉米丝黑穗病

1. 病果穗 2. 冬孢子堆 3. 冬孢子萌发 4. 冬孢子萌发产生的担子及担孢子

(二) 病原

病原为孢堆黑粉菌 *Sporisorium reilianum*(Kuhm) Langdon et Full，属担子菌亚门真菌，孢堆黑粉菌属。散出的黑粉为冬孢子，冬孢子球形或近球形，表面有细刺。冬孢子间混杂有球形或近球形的不育细胞，表面光滑近无色。在成熟前冬孢子常集合成孢子球，外面由菌丝组成的薄膜包围着，成熟的冬孢子分散后遇适宜条件萌发产生有隔的担子(先菌丝)，侧生担孢子。担孢子单胞，无色，椭圆形。担孢子以芽殖方式反复产生次生担孢子。

冬孢子萌发适温在 25℃左右，缺氧时不易萌发。病菌发育适温 28℃。冬孢子萌发最适 pH4.0～6.0，偏酸性或中性环境利于冬孢子萌发，但偏碱能抑制萌发。丝黑粉菌有明显的生理分化现象。

(三) 发生规律

病原菌以冬孢子散落在土中、或混入粪肥中、或黏附于种子表面越冬，成为次年的初侵染来源，其中以土壤带菌为主。冬孢子在土壤中能存活 2～3 年，结块的冬孢子比分散的冬孢子存活时间更长，冬孢子通过牲畜消化道后仍能保持活力，施用病株残体未经腐熟的粪肥可引起田间发病。带菌种子是远距离传播的重要途径，但由于种子自然带菌量小，传病作用明显低于粪肥和带菌土壤。

土壤、粪肥中或种子上越冬的冬孢子经过性结合后产生侵染丝，从玉米幼苗的芽鞘、胚轴或幼根侵入。玉米 3 叶期前是病菌的主要侵染时期，7 叶期后病菌不再侵染，侵入后的病菌很快蔓延到达玉米的生长锥，玉米雌雄穗分化时，病原菌进入花芽和原始穗造成系统性侵染。菌丝在雌、雄穗内形成大量的黑粉(冬孢子)，玉米收获时大量黑粉落入土壤中越冬。

发病程度主要取决于菌源数量、品种抗病性及土壤环境。玉米不同品种对丝黑穗病菌的抗病性有明显差异，相同环境条件下，抗病品种很少发病。连作地发病重，轮作地发病轻，连作时土壤中病原菌数量增加。使用未腐熟的厩肥，种子带菌未经消毒，病株残体未被妥善处理等都会使土壤菌量增加，导致该病的严重发生。播种过深、种子生活力过弱时发病重。玉米播种至出苗期间的土壤温湿度与发病关系密切，病菌侵入寄主的土壤适温 25℃，土壤湿度过高或过低都不利于病菌侵入，在土壤含水量 20%条件下发病率最高。

（四）防治措施

防治策略应以种子处理为主，及时消灭菌源、采用种植抗病品种等农业措施相结合的综合防治措施。

1. 种子处理

在选择抗病良种的前提下，播前要晒种，选籽粒饱满、发芽势强、发芽率高的种子，再用药剂拌种处理。可选50%多菌灵，或50%萎锈灵，每100 kg种子用药量为250～350 g；也可选用5.5%浸种灵Ⅱ号，每100 kg种子用药量为1 g。

2. 农业防治

①杜绝和减少初侵菌源：不从病区调运种子；育苗移栽的要选不带菌的地块或经土壤处理后再育苗，最好在玉米苗3～4片叶以后再移栽定植大田，可有效避免丝黑穗病菌的侵染；及时拔除田间病株能有效地减少土壤中越冬菌源；进行高温堆肥，厩肥充分发酵，杀死病原菌后再施用；切忌将病株散放或喂养牲畜、垫圈等；一般实行1～3年的合理轮作，可有效地控制丝黑穗病的发生和危害。②利用抗病品种是防治丝黑穗病的根本措施，由于丝黑穗病与大斑病的发生和流行区一致，要选用兼抗这两种病害的品。③调整播期，要求播种时气温稳定在12℃以上，地膜覆盖也可提早播种，但也不可盲目地早播；整地保墒，提高播种质量，一切有利于种子快发芽、快出土、快生长的因素都能减少病菌侵染的机会。

四、玉米黑粉病

玉米黑粉病又称瘤黑粉病，是玉米重要病害。一般山区比平原、北方比南方发生普遍而且严重。产量损失程度与发病的时期、发病的部位及病瘤的大小有关，发生早，病瘤大，在果穗上及植株中部发病对产量影响大，减产高达15%以上。

（一）症状

玉米黑粉病为局部侵染病害，在玉米的整个生育期均可发病形成病瘤，地上部具有分生能力的幼嫩组织均可受害（图4-8）。

①苗期发病较少，抽雄后迅速增加。病苗小，茎叶扭曲畸形，在茎基部产生小病瘤，病苗株高在33 cm左右时明显，严重时枯死。

②叶片或叶鞘上的病瘤，拔节前后，在叶片上，先形成褪绿斑，病斑日渐皱缩，然后形成病瘤，叶片上的病瘤较小，常成串密生，多如豆粒或花生米粒大小，内部很少形成黑粉。

③茎或气生根上的病瘤大小不等，一般如拳头大小。

④雄花大部分或个别小花形成角状或长囊状的病瘤。

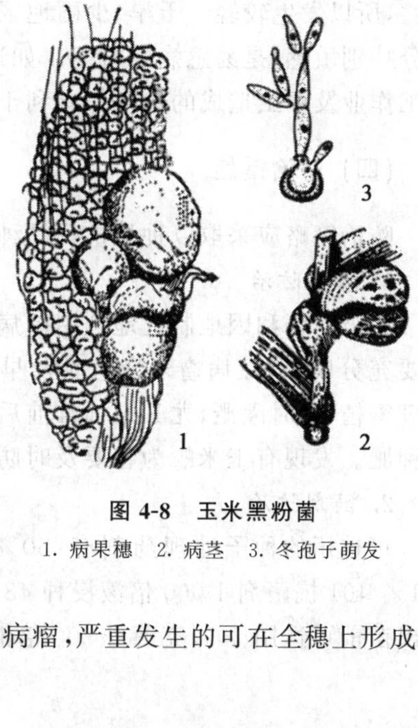

图4-8　玉米黑粉菌

1. 病果穗　2. 病茎　3. 冬孢子萌发

⑤雌穗被侵染后，多在果穗上半部或个别籽粒上形成病瘤，严重发生的可在全穗上形成大

的畸形病瘤。病瘤成熟后，外膜破裂，散出大量黑粉(冬孢子)。

(二) 病原

病原为玉米瘤黑粉菌 *Ustilago maydis*(DC.)Corda，属担子菌亚门真菌，黑粉菌属。冬孢子椭圆形或球形，壁厚，暗褐色，表面有细刺状突起。冬孢子萌发时，产生 4 个细胞的担子(先菌丝)，担子顶端或分隔处侧生 4 个无色、棱形的担孢子，担孢子还能以芽殖的方式产生次生担孢子。担孢子无休眠期，在水中或相对湿度 98%以上条件下可萌发，在干燥条件下经过 4 年仍有 24%的萌发率。冬孢子萌发的适温 26～30℃。自然条件下，集结成块的冬孢子在地表或土壤中存活期长，但分散的冬孢子不能长期存活。担孢子和次生担孢子都能萌发，萌发适温 26～35℃。担孢子和次生担孢子对不良环境忍耐力很强，干燥条件下能存活 5 周，对病害的传播和再侵染起着重要的作用。玉米黑粉菌有生理分化现象，除玉米外还能侵染两种大刍草。

(三) 发病规律

玉米黑粉病菌主要以冬孢子在土壤和病残体中越冬，也可黏附于种子表面或混在粪肥中越冬。越冬的冬孢子萌发产生担孢子和次生担孢子，随风雨传播，从寄主表皮或伤口直接侵入节部、腋芽和雌雄穗等幼嫩的分生组织。冬孢子也可以直接萌发产生侵染丝侵入玉米组织，特别是在水分和湿度不够时，常以这种侵染方式侵染玉米。侵入的菌丝只能在侵染点附近扩展，形成病瘤。在病瘤内产生大量的黑粉状冬孢子，随风雨传播后，进行再侵染。玉米抽穗前后为发病盛期。春玉米病株可为夏玉米提供更多的病菌，所以夏玉米发病重于春玉米。病菌菌丝在叶片和茎秆组织内可以蔓延一定距离，因此，在叶片上可形成成串的病瘤。

连作或玉米收获后不能及时将秸秆运出田外处理的，田间会积累大量菌源而发病重。干旱少雨的地区，在缺乏有机质的沙性土壤中，残留在田间的冬孢子易于保存其生活力，次年的初侵染源数量大，发病重。玉米品种间抗病性存在很大差异，自交系间的差异更为显著。高温、潮湿、多雨的地区，尤其是在富含有机质的土壤中，冬孢子易萌发或易受其他微生物作用而死亡，所以发生较轻。干旱、少雨地区，土壤中的冬孢子存活率高，发病严重。玉米抽雄前后对水分特别敏感，是易感病的时期。如遇干旱，抗病力下降，极易感染瘤黑粉病。暴风雨、冰雹、人工作业及螟虫造成的伤口都有利于病害发生。

(四) 防治措施

防治策略应采取以种植抗病品种、减少菌源为主的综合防治措施。

1. 农业防治

积极培育和因地制宜地利用抗病品种。秋季翻地，彻底清除田间病残体，玉米秸秆用堆肥时要充分腐熟，在病瘤未变色时及早割除，并带出田外深埋处理。重病田实行 2～3 年轮作。合理密植，及时灌溉，尤其是抽雄前后要保证水分供应充足。避免偏施、过量施氮肥，适时增施磷钾肥。发现有玉米螟为害要及时防虫治病。尽量减少耕作造成的机械损伤。

2. 药剂防治

可选用的种子处理药剂有：50%福美双可湿性粉剂按种子重量 0.5%的比例拌种，或 0.1% 401 抗菌剂 1 000 倍液浸种 48 h；也可选用 35%菲醌粉剂，或粉锈宁可湿性粉剂等。玉米出苗前可选用 50%克菌丹 200 倍液，或 25%三唑酮 750～1 000 倍液 1 500 kg/hm^2 进行土表喷雾，消灭初侵染源。在病瘤未出现前喷洒药剂可选用的有 12.5%烯唑醇，或 15%三唑酮等。

项目三 大豆主要病害防治技术

一、大豆花叶病

大豆花叶病是一种世界性的病害，也是我国大豆产区最重要的病害，在全国各地都有发生。

1. 症状识别

大豆花叶病的症状受品种、病毒株系和环境的影响比较大，主要表现在花叶、黄斑花叶、曲叶、卷叶、畸形叶、皱缩、矮化和顶枯。典型症状为植株矮化，叶片呈黄绿相间的花叶并皱缩，叶缘向下卷或叶片扭曲，叶脉变褐，沿叶脉两侧有许多疱状突起。轻病株叶片外形基本正常，仅叶脉颜色较深，重病株则叶片皱缩，向下卷，出现浓绿、淡绿相间，起伏成波状，甚而变窄狭呈柳叶状。接近成熟时叶变成革质，粗糙而脆。

二维码 4-3
大豆主要病害图片

播种带病种子，病苗真叶展开后呈现花叶斑驳，以后在成株上也表现典型花叶症状，有时先发生明脉现象，老叶症状不明显，但到后期病株上发现老叶黄化或叶脉变黄现象。

在感病品种上，受害病叶 6～14 天后出现明脉现象，后逐渐发展为各种花叶斑驳，叶肉隆起，形成疱斑，叶片皱缩。严重时，植株显著矮化，花荚数减少，结实率降低。在抗病力强的品种上症状不明显。

2. 病原

大豆花叶是一种病毒病，由大豆花叶病毒（SMV）引起，SMV 可由汁液摩擦传染，在田间主要由蚜虫传染。能传毒的蚜虫很多，如大豆蚜、豆蚜、棉黑蚜、桃蚜及玉米缢管蚜等。自然情况下该病毒可由种子传带。

3. 发病规律

大豆花叶病的初次侵染源主要是带毒的种子。种子带毒也是远距离传播的主要方式。在田间病毒主要通过蚜虫传播。

一般高温干旱的年份，有利于蚜虫的迁飞活动，花叶病发病较重。花叶病的发病适温为 20～30℃。在蚜虫迁飞期若遇持续的降雨、低温，不利于其迁飞，一般发病较轻。

大豆品种间对花叶病的抗性有明显差异，感病品种发病早，病情重。其抗病品种发病晚，病情轻。

一般春播大豆病重，而复播（夏播）大豆几乎不发病。与高秆作物间作的大豆，一般发病也比较轻。

4. 防治技术

大豆花叶病的防治应采用无毒或低毒种子，选育抗耐病良种，淘汰种传病苗和药剂治蚜等综合措施。

（1）农业防治　选用无毒种子，建立无病田，提倡用无病田留种。播种前严格筛选，清除褐斑粒。大豆生长期间彻底拔除病株。种子田应与周围毒源(大豆及其他寄主作物)隔离100 m以上,以防外源传播。避免晚播,大豆易感期避开蚜虫高峰期。选育抗病品种。改善栽培措施,重病区可适当增加复播面积,也可采取与玉米间作的方式,可减轻病情。

(2) 生物防治　银灰色或乳白色反光塑料薄膜拒蚜防病。

(3) 药剂防治　由于大豆花叶病可由蚜虫传播,在生产中可以通过消灭蚜虫来防治。防治蚜虫可选用40%乐果乳油1 000倍液,或25%亚胺硫磷乳油,或50%灭蚜净,或2.5%溴氰菊酯乳油,也可选用10%吡虫啉可湿性粉剂,或3%啶虫脒乳油。

二、大豆霜霉病

大豆霜霉病在全国大豆产区均有发生,以大豆生育期冷凉多雨的地区发病重。受害叶片过早枯黄脱落。在多雨年份造成的损失较大。种子受害后,百粒重下降4%～16%,发芽率也降低。

1. 症状识别

霜霉病可为害大豆幼苗、叶片、豆荚和豆粒。

幼苗发病,子叶不显症状。当第一片真叶展开后,不论单叶还是复叶,均从叶柄基部中肋沿叶脉两侧出现褪绿色斑,扩大后叶片全部变黄,病叶背面出现灰色霉层。气候潮湿,病斑扩展迅速,霉层厚,病叶由外缘向内干枯,叶片脱落,重病苗生长停止,植株矮化,可早期死亡。

成株期叶片上的病斑散生,呈圆形或不规则形的黄绿色斑,周围深褐色,与健部分界明显,背面密生灰色霉层。发病严重的,病斑可汇合成更大斑块,病叶干枯,叶片薄而脆,呈黄褐色,引起叶片大量脱落。病荚表面常无明显症状,剥开后可见不定形的块状灰色霉层。病粒的全部或大部均黏附有块状灰色霉层(图4-9)。

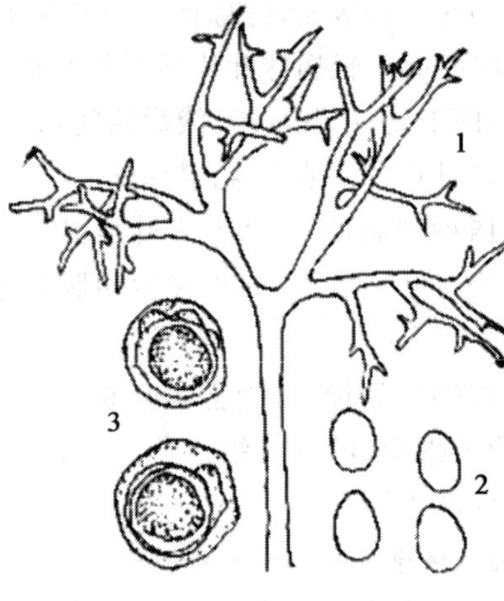

图4-9　大豆霜霉病

1. 孢囊梗　2. 孢子囊　3. 卵孢子

2. 病原

大豆霜霉病的病原为东北霜霉菌[*Peronospora manshurica* (Naum)syd],属鞭毛菌亚门霜霉属。该菌除侵染大豆外,还侵染野大豆。卵孢子球状、黄褐色、厚壁,表面光滑或有突起物。孢囊梗二叉状分枝、末端尖锐,顶生一个孢子囊、无色,椭圆形或卵形。最适发病温度为20～22℃,10℃以下或30℃以上不能形成孢子囊,15～20℃为卵孢子形成的最适温度。湿度也是重要的发病条件,7～8月多雨高湿易引发病害,干旱、低湿、少露则不利病害发生。

3. 发病规律

病菌以附着在病粒上和病组织上越冬,以在种子上的卵孢子为主。病粒上黏着的卵孢子越冬后萌发产生游动孢子,侵染大豆幼苗的胚茎,菌丝随大豆的生长点上升,而后蔓延到真叶及腋芽,形成系统侵染。病苗上产生的孢子囊借风雨传播进行扩大再侵染。结荚后,病株内的菌丝通过茎和果柄的髓侵入到荚内造成种子发病。

大豆霜霉病的发生、发展和气候条件、品种抗病性以及菌源量的多少有很大关系。在有一定菌源的条件下,如感病品种面积大,气候条件适宜,易流行成灾。大豆幼苗期感病,随着幼苗龄期增长，抗性提高。成株期叶片发病最严重的时期是在大豆开花后，此期多雨最易引起病害流行。连作发病重。多雨潮湿，温度高低交替时有利于病害的发生。

4. 防治技术

(1) 选育和推广抗病品种。

(2) 选种和种子处理　严格选种，清除病粒。药剂拌种可选用50%福美双，用量为种子量的0.5%，或70%敌克松，或90%乙膦铝，或35%甲霜灵（瑞毒霉）粉剂拌种，用量为种子量的0.3%。

(3) 轮作　针对该菌卵孢子可在病茎、叶上残留并在土壤中越冬，提倡实行轮作，减少初侵染源。

(4) 加强田间管理　锄地时注意铲除系统侵染的病苗，减少田间侵染源。

(5) 药剂防治　发病初期可选用40%百菌清悬浮剂600倍液，或25%甲霜灵可湿性粉剂800倍液，或58%甲霜灵·锰锌可湿性粉剂600倍液、或64%杀毒矾可湿性粉剂500倍液，或72%杜邦克露或克霜氰可湿性粉剂700～800倍液等喷雾。对上述杀菌剂产生抗药性的地区，还可选用69%安克锰锌可湿性粉剂900～1 000倍液喷雾。

三、大豆胞囊线虫病

1. 症状识别

大豆胞囊线虫病又称萎黄线虫病，俗称“火龙秧子”。苗期染病病株子叶和真叶变黄、生育停滞枯萎。被害植株矮小、花芽簇生、节间短缩，开花期延迟，不能结荚或结荚少，叶片黄化。重病株花及嫩荚枯萎、整株叶由下向上枯黄似火烧状。如根系染病，被寄生主根一侧鼓包或破裂，露出白色亮晶微如面粉粒的胞囊，被害根根瘤很少或不结瘤，由于胞囊撑破根皮，根液外渗，致使次生土传根病加重或造成根腐（图4-10）。

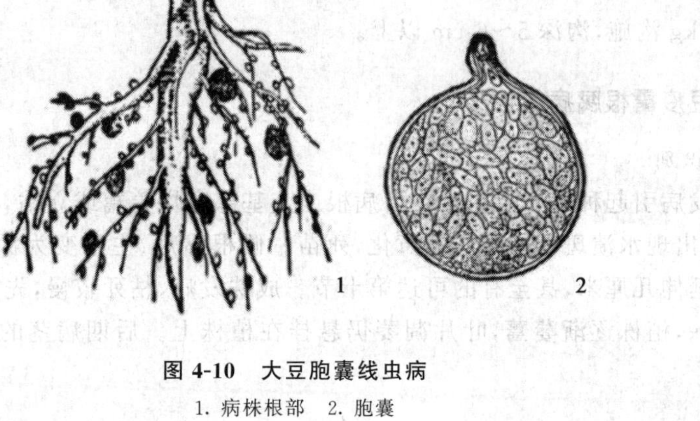

图4-10　大豆胞囊线虫病

1. 病株根部　2. 胞囊

2. 病原

病原为大豆胞囊线虫（*Heterodera glycines* Ichinoche），属异皮科异皮线虫属（又称胞囊线虫属）。卵呈蚕茧状，向一侧微弯，在雌虫体内形成，贮存于胞囊中。幼虫分4龄，蜕皮3次后变为成虫。线虫的1龄幼虫在卵内发育;2龄幼虫破壳而出,1、2龄雌雄线虫均为线状;3龄幼虫雌雄可辨,雌虫腹部膨大成囊状,雄虫仍为线状;4龄幼虫形态与成虫相似。雄成虫线状,雌成虫梨形。

3. 发生规律

大豆胞囊线虫在东北地区1年发生3~4代,上海地区发生10代左右。大豆胞囊线虫主要以在土壤中越冬的胞囊,或混杂在种子中土块内的胞囊作为初侵染源。种子的远距离调运是该病传播到新区的主要途径,田间传播主要通过田间作业的人、畜和农机具携带胞囊,或含有线虫的土壤,其次为灌水、排水和施用未充分腐熟的粪肥。胞囊中的卵在春季气温转暖时,1龄幼虫在卵壳内孵化,2龄幼虫破卵壳进入土壤中,雌性幼虫从根冠侵入寄主根部,经皮层进入中柱,其唾液使原生木质部或附近组织形成愈合细胞,堵塞导管。线虫则以吻针插入愈合细胞吸收营养。4龄后的幼虫就发育为成虫,即大豆根上所见的白色或黄白色的球状物。雌成虫重新进入土壤中自由生活,性成熟后与雄虫交尾。雌虫体随着卵的形成而膨大呈柠檬状,后期雌虫体壁加厚,形成越冬的褐色胞囊。

连作地发病重,与禾本科作物轮作,土壤中线虫数量急剧下降,这是因为禾谷类作物的根能分泌刺激线虫卵孵化的物质,使幼虫从胞囊中孵化后找不到寄主而死亡(称这类作物为"诱捕作物")。通气良好的沙壤土、沙土或干旱瘠薄的土壤有利于线虫生长发育。线虫适宜在碱性土壤中生活。

4. 防治技术

(1) 选用抗病品种。

(2) 合理轮作　避免连作、重茬,病田种玉米或水稻后,胞囊量下降30%以上。

(3) 药剂防治　胞囊线虫长期栖居在土壤中,药剂防治应采取土壤施药。防治胞囊线虫的药剂主要有甲基异柳磷、呋喃丹、涕灭威等。提倡施用甲基异柳磷水溶性颗粒剂,每(1亩≈667m^2)有效成分300~400 g,于播种时撒在沟内,湿土效果好于干土,中性土比碱性土效果好,要求用器械施不可用手施,更不准溶于水后手沾药施。此外也可用3%克线磷5kg拌土后穴施,效果明显。虫量较大地块用3%呋喃丹(克百威)颗粒剂,每施2~4 kg或10%涕灭威颗粒剂2.5~5 kg沟施,沟深5~6 cm以上。

四、大豆疫霉根腐病

1. 症状识别

出苗前发病引起种子腐烂。出苗后病根或茎基部腐烂萎蔫或立枯,根变褐,软化。真叶期发病,茎上可出现水渍斑,叶片萎蔫、黄化,死苗。侧根腐烂、主根变为深褐色(咖啡色)。并可沿主茎向上延伸几厘米,甚至有的可达第十节。成株发病,枯死较慢,先是下部叶片脉间变黄,上部叶片褪绿,植株逐渐萎蔫,叶片凋萎仍悬挂在植株上。后期病茎的皮层及维管束组织均变褐。

2. 病原

大豆疫霉根腐病病原为大豆疫霉(*Phytophthora sojae* M. J. Kaufman &j. W. Gerdemann.),属鞭毛菌亚门疫霉属。

3. 发生规律

土壤中病残体上的卵孢子是主要初侵染来源。当土壤中有自由水时,卵孢子萌发产生大量游动孢子，随水传播，遇上大豆根以后，先形成休止孢，后萌发侵入寄主根部引起发病。带菌土壤飞溅引起叶部侵染。在大豆生长期内可进行多次再侵染。湿度高或多雨天气发病重，重茬地、地势低洼、黏土、排水不良地块发病重。在病区土壤温度达 15～20℃后，遇大雨田间积水，此病严重发生。

4. 防治技术

防治上采取种植抗、耐病品种，加强田间管理，做好种子及土壤药剂处理等综合措施。雨后及时排除积水防止湿气滞留。播种时沟施甲霜灵颗粒剂，播种前选用 35%甲霜灵粉剂按种子重量 0.3%进行拌种。或利用瑞毒霉进行种子处理控制早期发病，但对后期无效。必要时喷洒或浇灌 25%甲霜灵可湿性粉剂 800 倍液或 58%甲霜灵・锰锌可湿性粉剂 600 倍液。因病菌可随种子远距离传播，还应做好种子调运的检疫工作。

五、大豆菌核病

大豆菌核病又称白腐病，全国各大豆产区均有发生，是一种毁灭性的茎部病害。黑龙江、内蒙古为害较重。由于向日葵、油菜、麻类、小杂豆等的种植面积不断扩大，使菌核病在大豆田的发生逐年加重趋势。

（一）症状特点

苗期至成株均可发病，主要为害地上部分，花期、结荚后受害重，产生苗枯、叶腐、茎腐、荚腐等症状。共同特征是病部初为深绿色湿腐状，潮湿时可产生白色棉絮状菌丝体，并逐渐使病部变白，最后在受害部内外产生黑色鼠粪状菌核。

苗期受害，茎基部褐变，呈水渍状，湿度大时长出白色棉絮状菌丝，后病部干缩呈黄褐色，幼苗倒伏枯死，表皮撕裂状。叶片受害，从植株下部开始，初叶面产生暗绿色水浸状斑，后扩展为圆形至不规则形，病斑中心灰褐色，四周暗褐色，有黄色晕圈，湿度大时产生白色菌丝，叶片腐烂脱落。茎秆染病多从主茎中下部分杈处开始，病部水浸状，后褪为浅褐色至近白色，病斑形状不规则，常环绕茎部向上下扩展，致病部以上枯死或倒折。湿度大时在菌丝处形成黑色菌核。病茎髓部变空，菌核充塞其中。干燥时，茎皮纵向撕裂，维管束外露呈乱麻状，严重时全株枯死，颗粒不收。豆荚受害，病斑水渍状不规则形，荚内、外均可形成较茎内菌核稍小的菌核，多不能结实，结实的种子粒小或腐败干缩。

症状识别要点：病株茎秆腐烂，苍白色，内部中空，易折断，有黑色鼠粪状菌核。

（二）病原

病菌为核盘菌 *Sclerotinia sclerotiorum*（Lib.）de Bary，属子囊菌亚门，核盘菌属。菌核圆柱状或鼠粪状，内部白色，外部黑色。子囊盘盘状，褐色，棒状子囊排列成栅状。子囊孢子椭圆形，单胞，无色。侧丝丝状，无色，夹生在子囊间。

菌丝生长适温 20～25℃，菌核萌发适温 20℃。菌核萌发不需光照，子囊盘形成需散射光。病菌寄主范围广泛，除禾本科不受侵染外，可侵染大豆、向日葵、油菜等十字花科蔬菜及小豆、绿豆、菜豆等豆科植物和胡萝卜等 41 科 383 种植物。

（三）发病规律

病菌主要以菌核在土壤中、病残体内或混杂在种子中越冬。第二年条件适宜时，越冬菌核萌发产生子囊盘，并弹射出子囊孢子，子囊孢子借气流传播蔓延进行初侵染。病健部通过菌丝接触传播蔓延，形成再侵染，但再侵染机会少。菌核在田间土壤深度 3 cm 以上能正常萌发，3 cm 以下不能萌发，在 1～3 cm 深度范围内，随深度的增加菌核萌发的数量递减。菌核从萌发到弹射子囊孢子需要较高的土壤温度和空气相对湿度。但土壤持水量过大（过饱和状态），则不利于菌核萌发，会加快菌核腐烂。

病害发生流行的适温为 15～30℃、相对湿度 85%以上。当旬降雨量低于 40 mm，相对湿度小于 80%，病害流行明显减缓。旬降雨量低于 20 mm，相对湿度小于 80%，子囊盘干萎，菌丝停止增殖，病斑干枯，流行终止。一般菌源数量大的连作地或栽植过密、通风透光不良的地块发病重。

（四）防治方法

1. 减少菌源

减少菌源是防病的最主要措施。精选种子，去除混杂在种子中的菌核，可避免大豆菌核病的远距离传播。秋季深翻，将田间菌核埋入土壤深层，抑制菌核的萌发，减少初侵染菌源数量。

2. 合理轮作与邻作

与禾本科作物实行 3 年以上轮作，是防治此病的关键措施。避免在豆田周围或邻近种植向日葵、油菜等，以防交互感染。

3. 加强栽培管理

选用株型紧凑、尖叶或叶片上举、通风透光性能好的耐病品种。如合丰 26、内豆 1 号、黑河 7 号、九丰 3 号等。及时排除田间积水，降低田间湿度，适量少施氮肥可减轻发病。菌核萌发期及时铲趟，能破坏子囊盘，减轻发病。收获后及时清除病残体。

4. 药剂防治

最好在发病前 10～15 天用药，已发病的地块用药效果不佳。发病初期可选用 40%菌核净可湿性粉剂 800～1 200 倍液、50%速克灵（腐霉利）可湿性粉剂 2 000 倍液、2%菌克毒克（宁南霉素）水剂 200～250 倍液、40%多·硫悬浮剂 600～700 倍液、70%甲基硫菌灵可湿性粉剂 500～600 倍液、80%多菌灵可湿性粉剂 600～700 倍液、50%扑海因（异菌脲）可湿性粉剂 1 000～1 500 倍液、50%复方菌核净 1 000 倍液等喷雾防治。隔 7～10 天喷一次，连喷 2～3 次。

项目四　小麦主要病害防治技术

一、小麦锈病

小麦锈病分为条锈病、秆锈病、叶锈病 3 种，是小麦重要病害，在我国小麦产区普遍发生，流行年份减产可达 20%～30%，严重田块甚至绝收。3 种锈病以秆锈病对产量影响最大，条锈病次之，叶锈病较小。

1. 症状识别

3 种锈病前期均产生铁锈色的“夏孢子堆”，后期产生黑色的“冬孢子堆”，但孢子堆的大小、形状、颜色、排列方式等方面有一定差异，其区别常被概括为“条锈成行、叶锈乱、秆锈是个大红斑”。

(1) 叶锈病　主要发生在叶片上，叶鞘、茎秆上很少。夏孢子堆橘红色，圆形至长椭圆形，不规则散生，四周表皮开裂。后期在叶片背面和叶鞘上，散生圆形至长椭圆形的黑色冬孢子堆，表皮不破裂。

(2) 秆锈病　主要发生在茎秆和叶鞘上。夏孢子堆较大，长椭圆形、深褐色，排列不规则，常数个愈合成大斑，周围可见破裂翻卷的表皮。小麦成熟前，夏孢子堆及其附近出现椭圆至长条形的黑色冬孢子堆，后期表皮破裂。

(3) 条锈病　主要为害叶片，也为害叶鞘、茎秆和穗。夏孢子堆鲜黄色，较秆锈病和叶锈病的小，成株期排列成行，与叶脉平行，幼苗期不成行，表皮开裂不明显。小麦近成熟时，病部产生短线状黑色冬孢子堆，表皮不破裂。

观察小麦3种锈病症状，注意比较夏孢子堆和冬孢子堆的大小、形状、颜色、排列方式、表皮破裂程度等方面的差异(图4-11)。

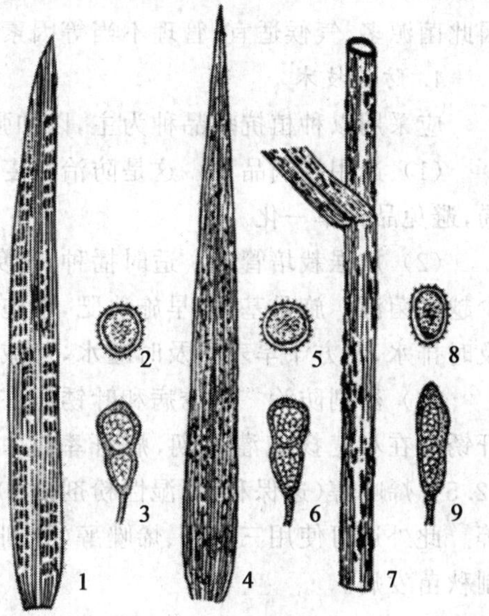

图4-11　小麦锈病

1～3. 条锈病症状、夏孢子、冬孢子
4～6. 叶锈病症状、夏孢子、冬孢子
7～9. 秆锈病症状、夏孢子、冬孢子

2. *病原*

3种锈病的病原均属于担子菌亚门柄锈菌属。

小麦条锈病病菌为条形柄锈菌(*Puccinia striiformis* West. f. sp. *tritici* Erikss et Henn.)，夏孢子单胞，球形，表面有细刺，鲜黄色；冬孢子双胞，褐色，棍棒形，顶部扁平或斜切，柄短，有色。

小麦叶锈病病菌为隐匿柄锈菌(*Puccinia recondita* Rob. ex Desm. f. sp. *tritici* Erikss et Henn.)，夏孢子单胞，黄褐色，球形至近球形，表面具细刺。冬孢子双胞，暗褐色，棍棒状，顶平，柄短无色。

小麦秆锈病病菌为禾柄锈菌(*Puccinia graminis* Pers. f. sp. *tritici* Erikss et Henn.)，夏孢子单胞，暗黄色，长椭圆形，表面有细刺；冬孢子双胞，黑褐色，棍棒形或椭圆形，顶端壁厚，圆形或略尖，柄很长，上端黄褐色，下端无色。

用挑针从病组织上挑取少量锈粉制片或取已制好的病原玻片标本，在显微镜下观察小麦3种锈病的夏孢子和冬孢子形态，注意其区别。

3. *发病规律*

3种锈菌均属活体营养生物，靠夏孢子传播为害。其病害循环包括越夏、秋苗感染、越冬和春季流行4个环节。条锈菌喜凉不耐热，麦收后夏孢子随气流远程传播到甘肃、青海等高寒地区的小麦上越夏，初秋再传到平原冬麦区为害早播秋苗，以潜伏菌丝越冬或在冬季气温较高地区以不间断侵染方式越冬，早春再长出孢子进行再侵染。叶锈菌对温度的适应性较强，因而其越冬和越夏的地区也都比较广。在我国大部分麦区，小麦收获后病菌转移到自生麦苗上越夏，冬小麦秋播出土后，病菌又从自生麦苗上转移到秋苗上为害、越冬，其越冬方式与条锈菌相似，越冬后继续扩大为害。秆锈菌对高温、低温都比较敏感，夏孢子主要在福建、广东等南方冬麦区越冬，春、夏季越冬区的夏孢子由南向北、向西逐步传播，经由长江流域、华北平原到东北、西北及内蒙古等地的春麦区，造成全国大范围的春、夏季流行。麦收后又传至西北、西南等高寒地区越夏。3 种锈病都是典型的气传病害，传播范围广，并可形成多次再侵染。3 种锈菌都需要饱和湿度，小麦叶片及孢子表面必须有持续 4～6 h 的水膜存在，病菌才能侵入寄主植物。因此菌源多、气候适宜、管理不当等因素会加重小麦锈病的发生。

4. 防治技术

应采用以种植抗病品种为主，以加强栽培管理和适时药剂防治为辅的综合防治措施。

(1) 选用抗病品种　这是防治小麦锈病最经济有效的措施，但应注意抗病品种的合理布局，避免品种单一化。

(2) 加强栽培管理　适时播种，避免冬小麦播种过早，减轻秋苗发病。消除自生麦苗，减少越夏菌源。施足基肥，早施追肥，增施磷钾肥，提高小麦抗病性。锈病发生时，南方多雨麦区及时排水，北方干旱麦区及时灌水，可减轻损失。

(3) 药剂防治　条锈病和叶锈病在小麦拔节至抽穗期，病叶率达 2%～5%时开始喷药；秆锈病在小麦扬花灌浆期，病秆率达 1%～5%时开始喷药。可用药剂：20%三唑酮乳油、12.5%烯唑醇(速保利)可湿性粉剂 1 000～2 000 倍液、25%敌力脱(丙环唑)乳油 2 000 倍液等。此外还可使用三唑酮、烯唑醇(分别用种子重量 0.03%、0.01%有效成分)等药剂拌种，控制秋苗发病。

二、小麦白粉病

小麦白粉病是一种世界性病害，各小麦产区均有发生，严重时减产 20%～30%，个别地块高达 50%以上。

1. 症状识别

幼苗至抽穗均可发病，主要侵染叶片，严重时叶鞘、茎秆和穗也可受害。初在叶片上产生黄色小点，而后扩大成圆形或椭圆形病斑，叶片表面生有白色粉状霉层(菌丝体和分生孢子)，以后霉层逐渐变为灰白色至淡褐色，上面生有许多黑色小点(闭囊壳)。通常植株下部叶片较上部叶片多，叶片背面较正面多。病斑多时常愈合成片，病叶变褐枯死，严重影响小麦产量。

观察小麦白粉病症状，注意叶片表面是否存在白色粉末状霉层，霉层中有无黑色小点(图 4-12)。

2. 病原

病菌有性态为禾本科布氏白粉菌[*Blumeria graminis* (DC.) Speer. f. sp. *tritici* Marchal]，为子囊菌亚门布氏白粉菌属真菌。无性态为串珠状粉孢菌[*Oidium monilioides* (Nees)link]，为半知菌亚门粉孢属真菌。该菌为表面寄生菌，菌丝生于寄主体表，无色，仅以吸器伸入寄主细胞。菌丝向上垂直着生分生孢子梗，基部膨大成球形，梗上生有成串的分生孢子，一般可有 6～7

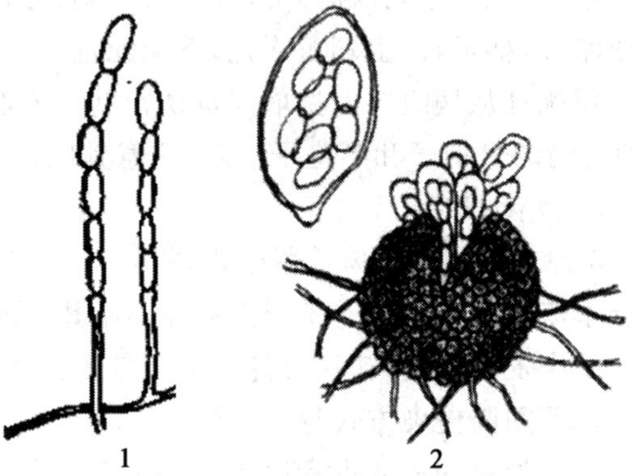

图 4-12　小麦白粉病菌

1. 分生孢子及分生孢子梗　2. 闭囊壳及子囊

个乃至10多个。分生孢子单胞、无色、卵圆形。闭囊壳黑色、球形，外有发育不全的丝状附属丝，内含子囊9～30个。子囊长椭圆形，内含子囊孢子8个或4个。子囊孢子椭圆形、无色、单胞。

用挑针从病组织上挑取少量白粉制片或取已制好的病原玻片标本，在显微镜下观察白粉病菌的分生孢子梗和分生孢子形态。挑取黑色小点制片镜检，观察闭囊壳特征。

3. 发病规律

在我国小麦白粉病菌的越夏有两种方式：一种是以分生孢子在夏季气温较低地区（最热一旬的平均气温在23.5℃以下）的自生麦苗上越夏；另一种是以混杂在小麦种子内或病残体上的闭囊壳在低温干燥的条件下越夏。病菌越夏后侵染秋苗，导致秋苗发病，并以菌丝体或分生孢子在秋苗上越冬。翌年春季病菌恢复活动，产生大量分生孢子，气流传播，多次再侵染。通常感病品种在适温（15～20℃）、高湿（相对湿度70%以上）条件下发病重。早播、密植、氮肥施用过多或地势低洼、排水不良等因素加重发病发生。缺水、过分干旱，小麦抗病性降低，发病也重。

4. 防治技术

采取以农业防治为主，化学防治为辅的综合防治措施。

(1) 农业防治　种植抗、耐病品种；越夏区麦收后及时耕翻灭茬，铲除自生麦苗，妥善处理带病麦秸。合理密植，控制适当株数。适量增施磷、钾肥，不偏施氮肥，提高植株抗病能力。雨季及时排水，降低田间湿度。

(2) 药剂防治

①药剂拌种　秋苗发病重的地区用三唑酮（按种子重量的0.03%）或烯唑醇（按种子重量的0.02%）拌种，可兼治苗期小麦锈病及根部病害。

②春季喷药　发病初期（病叶率达到10%时）应及时喷药。可选用20%三唑酮乳油450～600 mL/hm^2、25%三唑酮可湿性粉剂360～480 g/hm^2、25%丙环唑胶悬剂、25%戊唑醇可湿性粉剂150～225 g/hm^2或33%纹霉清可湿性粉剂750 g/hm^2，加水750 kg/hm^2喷雾。一般喷雾1次即可基本控制白粉病为害。此外，甲氧基丙烯酸酯类的阿米西达、翠贝等药剂对白粉病防效好，可与三唑类杀菌剂交替使用。

三、小麦赤霉病

小麦赤霉病是麦类作物的主要病害之一，全国各麦区均有分布。小麦受害后一般减产10%～40%，严重的可达80%～90%，甚至绝收。感病麦粒中含有毒素，食后能使人、畜产生呕吐、头晕、腹痛等急性中毒症状。

1. 症状识别

自幼苗至抽穗均可发生，引起苗枯、基腐、秆腐和穗腐，其中以穗腐危害最重，苗枯及基腐较少见。穗腐一般先从个别小穗颖壳尖端出现水渍状褐色斑点，后逐渐扩展使整个小穗枯黄。湿度大时，病部产生粉红色胶质霉层（分生孢子座及分生孢子）。后期穗部出现蓝黑色小颗粒（子囊壳）。受害籽粒皱缩、变小，表面有白色至粉红色霉层。苗枯则是幼苗的芽鞘和根鞘变褐腐烂，出土前后多死亡，病残苗上有粉红色霉层。茎基腐烂主要表现为幼苗或成株基部变褐腐烂，最后整株枯萎死亡，病部产生粉红色霉层。秆腐包括鞘腐、节腐和穗颈腐，先在剑叶的叶鞘上产生褪绿斑点，后扩大变褐，严重时蔓延至茎秆和节部，遇风易折断。穗颈部受害，初现水渍状褪绿斑,后扩大为青灰色至褐色,最后呈草黄色的枯穗或半枯穗(图 4-13)。

2. 病原

有性态为玉蜀黍赤霉[*Gibberella zeae* (Schw.)Petch.],为子囊菌亚门赤霉属真菌;无性态主要为禾谷镰刀菌(*Fusarium graminearum* Schw.),为半知菌亚门镰孢属真菌。分生孢子多为镰刀状,有 3～7 个隔膜,稍弯曲,顶端钝,基部有明显足胞,单个孢子无色,聚集时粉红色,通常不产生小型分生孢子和厚垣孢子。子囊壳散生或聚生于感病组织表面,圆形或卵圆形,深蓝至紫黑色,表面光滑,顶部略突起,有孔口。子囊棍棒状,无色,内生 8 个子囊孢子。子囊孢子纺锤形,多胞(3 个居多),无色。

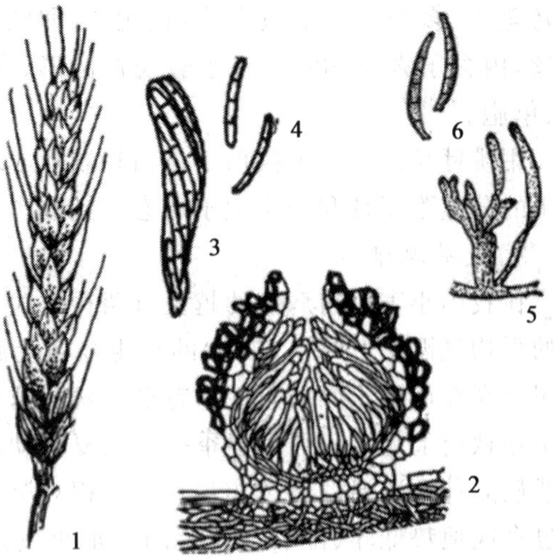

图 4-13　小麦赤霉病

1. 病穗　2. 子囊壳　3. 子囊　4. 子囊孢子　5. 分生孢子梗及分生孢子　6. 分生孢子

3. 发病规律

小麦赤霉病病菌腐生能力强,可在多种植物残体上越夏、越冬。带菌种子和病残体上的子囊壳、分生孢子是下一个小麦生长季节的主要初侵染来源。种子带菌引起苗枯,土壤中的病菌多引起茎基腐烂。小麦抽穗前后病菌产生大量子囊孢子,借风雨传播,从花药侵入或直接从颖片内侧壁侵入,导致穗腐。潮湿条件下,病部产生分生孢子,还可引起再侵染。小麦赤霉病的发生和流行与气象条件、菌源数量、寄主抗病性及生育期、栽培条件等因素有密切关系。该病发生的最适温度为 24～28℃,最适相对湿度为 80%～100%。小麦扬花期最易感病,抽穗期次之,乳熟期病菌侵染明显降低。小麦抽穗扬花期,如遇阴雨连绵,潮湿多雾,天气闷热,极易造成赤霉病的发生和流行。此外,偏施氮肥,植株贪青徒长,田间郁蔽,种子混杂等皆有利于病害的发生流行。

4. 防治技术

应采取以农业防治为基础,适时进行化学防治为保证的综合防治措施。

(1) 农业防治　选用抗耐病品种,提高种子纯度,避免混杂。清除病残体,减少菌源。合理密植,避免田间过于郁蔽。加强肥水管理,增强植株抗病性,尤其在小麦扬花期不能大水漫灌,多雨地区应及时排水。收割后要及时脱粒、晒干,减少霉垛造成的损失。

(2) 药剂防治

①种子处理　每 100 kg 种子用 50%多菌灵可湿性粉剂 100～200 g 湿拌能有效防治芽腐和苗枯。

②喷药保穗　小麦齐穗期至盛花期是药剂防治的关键时期,通常首次施药在扬花初期(扬花率 10%左右)。可选用 25%施保克(咪鲜胺)乳油 800～1 000 mL/hm²、40%多菌灵胶悬剂 1 500 g/hm²、12.5%治萎灵(水杨酸多菌灵)3 000 g/hm²、70%甲基硫菌灵可湿性粉剂 750～1 200 g/hm² 或 50%多菌灵、福美双合剂 1 500～1 875 g/hm²,兑水 750 kg/hm² 常量喷,或兑水 150～225 kg/hm² 低容量喷雾,施药时要对准小麦穗部。

四、麦类黑穗病

麦类黑穗病常见的有小麦腥黑穗病、小麦散黑穗病、大麦散黑穗病、大麦坚黑穗病、燕麦散黑穗病和燕麦坚黑穗病等。小麦腥黑穗病又称乌麦、臭麦、臭黑疸，一般发病不重，我国东北春麦区较重。小麦腥黑穗病病菌孢子含有毒物质及腥臭的三甲胺等，使面粉不能食用。将混有大量病粒的小麦作饲料，还会引起禽、畜中毒。小麦散黑穗病又称赤包、黑疸，我国主要有光腥黑穗病和网腥黑穗病，矮腥黑穗病和印度腥黑穗病是我国对外植物检疫对象。东北麦区主要是网腥黑穗病。麦类黑穗病不仅使小麦减产，而且降低麦粒及面粉的品质。

1. 症状识别

（1）小麦散黑穗病　小麦整穗变成黑色粉状物，初期病穗外包一层灰白色薄膜，膜破裂后散出黑粉，只留下一个空穗轴。有的病穗可能保留少数结实小穗，个别情况下，叶及叶鞘上产生小疱状、疣状或条纹状的孢子堆。

（2）小麦腥黑穗病　病株一般较矮，分蘖多，病穗较短且直立，开始为灰绿色，后渐变为灰白色，麦穗松散，颖壳外张，病粒微露。病粒短而肥，外包一层灰褐色膜，内充满黑粉，其膜不易破裂，有鱼腥味。

对比观察小麦散黑穗病和小麦腥黑穗病症状，注意为害部位、病穗特点、籽粒特征等方面的区别（图 4-14，图 4-15）。

2. 病原

（1）小麦散黑穗病菌　有性态为散黑粉菌 *Ustilago nuda*（Jons）Rostr，属担子菌亚门，黑粉菌属。冬孢子球形或近球形，一半较暗一半较亮，浅黄色至茶褐色，表面有微细突起。冬孢子萌发后产生先菌丝，先菌丝四个细胞可分别长出单核分枝，但不产生担孢子。

新鲜的冬孢子贮存 24h 后即可萌发，孢子萌发最适温度为 20～25℃，菌丝生长最适温度为 24～30℃。

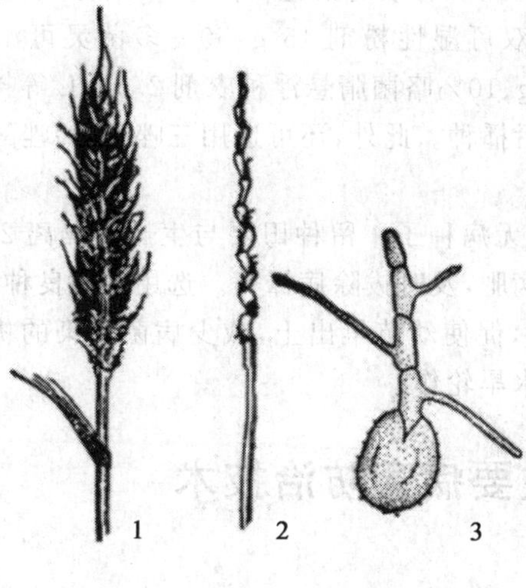

图 4-14　小麦散黑穗病

1. 病穗　2. 病穗轴　3. 冬孢子萌发

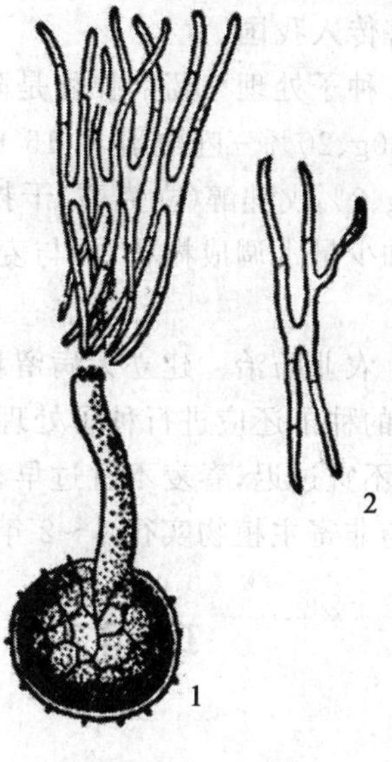

图 4-15　小麦腥黑穗病

1. 冬孢子萌发　2. 担孢子萌发

(2) 小麦腥黑穗病菌　主要有网腥黑粉菌 *Tilletia caries* (DC) Tul 和光腥黑粉菌 *Tilletia foetida* (Wallr.) Liro 两种。均属担子菌亚门，腥黑粉菌属。孢子堆生于子房内，外包果皮与种子同大。网腥黑粉菌的冬孢子球形或近球形，表面有网纹，褐色至深褐色。光腥黑粉菌的冬孢子圆形、椭圆形或卵圆形，表面光滑无网纹，淡褐色至青褐色。冬孢子萌发时，先产生不分隔的管状担子，担子顶端产生 4～12 个成束的长柱形、单核的担孢子，不同性别的担孢子在担子上常结合成"H"形，萌发产生双核侵染丝。

3. 发病规律

(1) 小麦散黑穗病　为花器侵入的单循环系统侵染病害，带菌种子是唯一的侵染源。小麦扬花期病穗散出冬孢子，借气流传至健穗并侵入花器，蔓延到胚的生长点并潜伏其中。籽粒成熟时，病菌以厚壁休眠菌丝状态潜伏于种胚越冬。病种子播种后，胚里的菌丝随之生长，并达生长点，形成系统侵染。孕穗期病菌到达穗部，形成冬孢子，随风传到健穗继续侵染。

小麦扬花期间阴雨多雾，有利于冬孢子萌发侵入，微风有利于孢子传播。扬花期高湿，小麦颖片开张角度大，植物易感病。若开花期恰逢暴风雨，冬孢子被淋于地下则发病较轻。

(2) 小麦腥黑穗病　初侵染源有种子带菌、粪肥带菌和土壤带菌 3 个方面，但以种子带菌为主，这也是该病病菌远距离传播的主要途径。小麦脱粒时，病粒破裂，孢子粘于种表越夏或越冬。小麦播种后，孢子萌发，由叶鞘侵入至生长点，病菌随着小麦的生长而生长，最后到达穗部，破坏穗部的正常发育。抽穗时，子房内的菌丝形成黑色的冬孢子，充满整个麦粒。小麦腥黑穗病为单循环系统侵染病害，温度低不利于种子萌芽和幼苗生长，延长了幼苗出土时间，增加了病菌侵染的机会。土壤含水量过低或过高皆不利于冬孢子萌发，通常土壤含水量低于 40%，有利于冬孢子萌发和病菌侵染。此外，播种过深影响麦苗出土，增加染病机会，导致病害加重。

4. 防治技术

麦类黑穗病的防治应采取以加强植物检疫和种子处理为主，农业防治为辅的综合防治措施。

(1) 加强检疫　小麦矮腥黑穗病和印度腥黑穗病是我国对外检疫对象，应加强检疫工作，防止病害传入我国。

(2) 种子处理　药剂拌种是防治麦类黑穗病经济有效的措施，每 10 kg 种子可选用 75% 萎锈灵 30g、20%三唑酮乳油 15 mL、40%拌种双可湿性粉剂 15 g、50%多菌灵可湿性粉剂 10～20 g、2%戊唑醇(立克秀)干拌种剂 10～15 g、10%咯菌腈悬浮种衣剂 2.5 mL 等拌种。先将药剂加少量水调成糊状，再与麦种混匀，晾干后播种。此外，还可选用三唑醇、烯唑醇等药剂拌种。

(3) 农业防治　建立无病留种田，繁育使用无病种子。留种田要与生产田隔离 200 m 以上，精选的种子还应进行种子处理，注意施用无病肥，及时拔除病株等。选用抗病良种，适时播种，冬麦不宜过迟，春麦不宜过早，播种不宜过深，促使幼苗早出土，减少病菌侵染的机会。也可采用与非寄主植物实行 1～2 年轮作，或 1 年水旱轮作。

项目五　马铃薯主要病害防治技术

一、马铃薯病毒病

马铃薯病毒病又称马铃薯退化病。在全国各地普遍发生，危害严重，尤其在气候温暖或病源复杂条件上发病重、扩展快。感染病毒的马铃薯通过块茎的无性繁殖积累,世代传递,导致植株矮小,畸形,块茎种性变劣,产量逐年降低,甚至失去利用价值,不能留种。

二维码 4-5
马铃薯主要病害图片

(一) 症状特点

马铃薯病毒病是由多种病毒单独或复合侵染的一类病害。不同病毒单独或复合侵染在不同品种上引起的症状不同,造成的产量损失也不同。常见的有:

(1)普通花叶病　植株生长正常,叶片平展,脉间轻花叶,病薯块无症状。有些品种高温和低温下均可隐症。

(2)重花叶病　叶片两面有明显的黑色坏死斑,并由叶脉蔓延到叶柄、主茎,形成褐色条斑,使叶片坏死干枯,植株枯萎,薯块变小。带毒种薯长出的植株严重矮化、皱缩或呈条纹花叶状。

(3)皱缩花叶　病株矮化,叶片小,严重皱缩,叶上出现明显深浅不均匀的花叶症状,叶尖向下弯曲,叶脉、叶柄及茎上有黑褐色坏死斑,严重时叶片自上而下坏死。病株的薯块小,也有坏死斑。

(4)卷叶病　初期顶部嫩叶褪绿,继而叶缘沿中脉向上卷呈瓢形,重时成筒状,并扩展到老叶。叶小而色淡,叶片厚而脆,叶脉硬,叶柄竖起,叶背呈红色或紫红色。病株不同程度矮化,韧皮部被破坏,茎横切面有黑点。块茎的导管区有网状坏死斑。病株的块茎变小,薯块簇生于种薯附近。切开块茎可见导管区的网状坏死斑纹。

症状识别要点:叶上出现明显深浅不均匀的斑驳、皱缩,或叶脉、叶柄及茎上有黑褐色坏死斑,或叶片边缘向上卷曲呈瓢形或圆筒状。植株矮化,薯块变小。有块茎切开后可见导管区的网状坏死斑纹。

(二) 病原

马铃薯病毒病由多种病毒侵染引起,据报道有 20 多种病毒能侵染马铃薯,并普遍存在病毒复合侵染的现象。在我国马铃薯病毒病的毒源主要有以下几种:

1. 马铃薯 X 病毒 Potato virus X (PVX)

病毒粒休呈线条状,为单链 RNA 病毒,汁液传染,昆虫不传染。除为害马铃薯外,还可侵染番茄、茄子、烟草、醋栗、曼陀萝、龙葵等植物。PVX 单独侵染马铃薯表现为轻微花叶,叶片大小与健株无明显差异(亦称普通花叶病)。

2. 马铃薯 Y 病毒 Potato virus Y (PVY)

病毒颗粒呈弯曲长线状,由汁液和蚜虫传染。除马铃薯外,还侵染番茄、茄子、烟草、龙葵等。PVY 单独侵染马铃薯,植株先表现严重花叶,以后形成黑色坏死斑或坏死条斑(亦称条斑花叶病)。PVX 和 PVY 复合侵染引起马铃薯皱缩花叶病,是导致我国马铃薯发生退化的主要原因。

3. 马铃薯卷叶病毒 Potato leaf roll virus(PLRV)

该病毒主要寄主是茄科植物,在马铃薯上引起卷叶病,病毒颗粒呈小球形,无包膜,为单链 RNA 病毒。

此外,还有马铃薯 M 病毒 Potato virus M (PVM)、马铃薯 S 病毒 Potato virus S (PVS)、马铃薯皱缩花叶病毒(PVM)、马铃薯 A 病毒(PVA)、马铃薯古巴花叶病毒(PAMV)、马铃薯黄矮病毒(PYDV)等。PVS引起马铃薯轻度皱缩花叶或不显症,PVA引起马铃薯轻花叶或不显症,PYDV是我国对外检疫对象。

(三) 发病规律

马铃薯病毒病的主要初侵染来源是种薯带毒。马铃薯X病毒可以通过汁液接触传染,在自然条件下,病毒可通过切刀、农具、衣物、动物等传播。但蚜虫无传毒作用,有些咀嚼式口器昆虫如蝗虫,可通过口器带毒接触传播。马铃薯Y病毒可以通过蚜虫和汁液接触传染,传毒蚜虫有十几种,其中以桃蚜为主。马铃薯卷叶病毒(PLRV)由蚜虫传染,有翅桃蚜是田间传染最主要的介体。

病害发生与温度、传毒昆虫、品种关系密切。马铃薯被病毒侵染后,发病轻重取决于温度条件。高温有利于病毒增殖,发病重;气温低对病毒有抑制作用,植株体内虽然含有病毒,但症状较轻,甚至隐症。马铃薯生长期间蚜虫发生重,病毒病发生也重。低温、湿度大或多风多雨不利于蚜虫繁殖,发病轻。高温干旱有利于蚜虫繁殖、生长,发病重。马铃薯不同品种抗病性有差异。

(四) 防治措施

1. 采用无毒种薯

由于初侵染来源主要是带毒种薯,在高温情况下,病株的病毒浓度逐年增高,病害逐年加重。因此,采用无毒或低毒种薯是防治马铃薯病毒病的根本措施和主要手段。建立无病留种基地,原种田最好设在病毒繁殖较慢的高纬度或高海拔地带,或在南方采用二季作留种;北方实行夏播留种,即把马铃薯播种期推迟到夏季,使结薯期避开高温。也可采用实生苗留种或小整薯播种。种子田应与生产田及传毒蚜虫的其他寄主作物田远离40 m以上,种子田要早期拔除病株和药剂防治蚜虫。

2. 选用抗病品种

目前生产上常用的品种:抗马铃薯Y病毒的有克新1号(高抗)、克新2号、克新3号、东农303(高抗)、东农304;抗卷叶病毒的有东农303和304、克新1号、克新2号、克新3号、克新4号、乌盟601、呼薯1号;抗X病毒的有克新2号、3号,中薯2号、3号;抗皱缩花叶的有克新4号(不感染)、丰收白(不感染)。

3. 农业防治

高畦深沟栽培,合理灌溉,实行浅灌,及时培土,及时拔除病株,清除杂草,增施肥料或配方施肥等,均可增强抗病性,减轻发病。

4. 治蚜防病

种子田于出苗前后及时喷药防治蚜虫。

二、马铃薯晚疫病

(一) 症状特点

晚疫病主要危害叶、叶柄、茎和块茎。田间一般下部叶片发病最早。叶部病斑多从叶尖或叶缘开始发生,病斑圆形或半圆形,暗绿或暗褐色,边缘不明显。湿度大时,病斑迅速扩大,可扩展至叶的大半甚至全叶，并可沿叶脉侵入叶柄及茎部，形成褐色条斑，使叶片萎蔫下垂，最后整个植株变为焦黑、湿腐状。潮湿时病斑边缘产生一圈稀疏的白色霉状物（孢囊梗和孢子囊）；干燥时病斑干枯变褐，不产生霉层。薯块感病，表面稍微下陷，病斑淡褐色或灰紫色不规则形，病斑下面的薯肉变成褐色，潮湿时也长出白霉。病薯易被其他腐生菌侵染而软腐。

症状识别要点：从叶尖或叶缘开始发生，扩大后病斑呈圆形或半圆形、暗绿至暗褐色。潮湿时，病斑边缘有一圈稀疏的白色霉状物（图 4-16）。

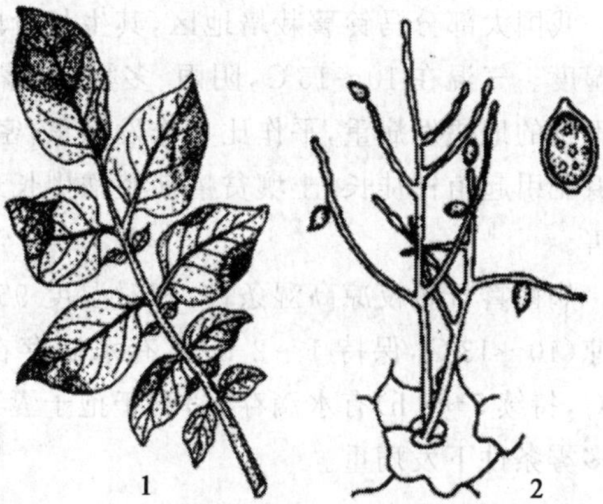

图 4-16　马铃薯晚疫病

1. 病叶　2. 孢子囊梗和孢子囊

（二）病原

病原为致病疫霉 *Phytophthora infestans* (Mont.) de Bary，鞭毛菌亚门，疫霉属。菌丝无色，无隔膜，在寄主细胞间隙生长。孢囊梗从寄主的气孔伸出，2～3 根丛生，无色纤细，有 1～4 个分枝，分枝顶端或侧面膨大产生孢子囊，孢子囊脱落后又可继续生长，使分枝呈节状。孢子囊单胞，卵圆形，无色，顶部有乳状突起，基部有明显的脚胞。自然条件下大多数地区不产生有性态，只有在原产地墨西哥，病叶上产生大量卵孢子。

病菌寄生性较强，寄主范围比较窄，在栽培植物中主要侵染马铃薯和番茄，其病原菌有交叉侵染的能力。孢子囊在相对湿度达到 95%～97%时才能大量形成，孢子囊和游动孢子需要在水中才能萌发，孢子囊形成的温度为 7～25℃，孢子囊产生游动孢子的温度为 10～13℃。病菌孢囊梗的形成要求空气相对湿度不低于 85%，孢子囊形成要求相对湿度在 90%以上，而以饱和湿度最合适。病菌有明显的生理分化现象。

（三）发病规律

病菌主要以菌丝体在带菌种薯中越冬。播种病薯后，多数病芽失去发芽能力或在出土前腐烂。出土的幼苗中，有的因病菌侵害生长点或环绕整个幼茎而死亡，有的幼茎病斑愈合快而使病斑干枯，病菌也随之死亡，因而不能形成中心病株。只有当幼茎受侵染后，病部缓慢形成条斑，温湿度适宜时才在病部产生孢子囊，形成田间的中心病株。中心病株病部产生的孢子囊借风雨传播，在适宜条件下，能迅速繁殖，进行多次再侵染，引起病害流行。病斑上产生的孢子囊部分落到地面上，随雨水或灌溉水渗入土壤后，萌发侵入薯块，导致薯块发病，在贮藏期间可继续为害。菌丝体在轻病薯内越冬，成为第二年的初侵染来源。

不同品种对晚疫病的抵抗力有很大差异。一般株型直立、叶片小而多茸毛、叶肉厚、叶色深绿的品种较抗病，单位叶面积上气孔数目少的品种较抗病。马铃薯一般在芽期感病，出苗后抗病力逐渐增加，到现蕾期抗病力又下降，开花期最感病。因此，田间病害流行多从开花期开始。

在种植感病品种的地区，气候条件是病害流行的决定性因素。马铃薯晚疫病是一种典型的流行性病害，当气候条件适宜时，病害迅速爆发，从开始发病到全田枯死，最快的不到半个月。我国大部分马铃薯栽培地区，其生长阶段的温度均适于该病发生，病害发生轻重主要取决于湿度。气温在10～15℃，阴雨、多雾、多露最有利于病害的发生和流行。一般地势低洼、排水不良的地块发病重，平作比垄作发病重，密度大或植株高大可使田间湿度增加且发病重。偏施氮肥引起植株徒长，土壤贫瘠使植株生长衰弱，均有利于病害发生。此外，增施钾肥可减轻病害。

病菌喜日暖夜凉高湿条件，相对湿度95%以上、18～22℃条件下，有利于孢子囊的形成，冷凉（10～13℃，保持1～2 h）又有水滴存在，有利于孢子囊萌发产生游动孢子。温暖（24～25℃，持续5～8 h）有水滴存在，利于孢子囊直接萌发产生芽管。因此多雨年份，空气潮湿或温暖多雾条件下发病重。

（四）病害测报

在大田选择低洼潮湿、马铃薯生长旺盛、早熟的感病品种田3块，从植株现蕾期开始，每3 d一次，采用按行踏查方法，踏查面积667 m^2，若未发现有中心病株，可扩大踏查面积。田间发现中心病株，且种植感病品种，植株又处于开花阶段，只要出现白天22℃左右，相对湿度高于95%持续8h以上，夜间10～13℃，叶上有水滴持续11～14 h的高湿条件，本病即可发生。

（五）防治措施

1. 选用无病种薯

带菌种薯是此病主要的初侵染来源，因此选用无病种薯是防病的基础。有条件的地区要建立无病留种地。此外，在秋收入窖、冬藏查窖、出窖、切块、春化等过程中，每次都要严格剔除病薯。

2. 选用和推广抗病品种

目前生产上常用的抗病品种有克新4号、克新14号、克新15号、克新18号、克新19号、陇薯3号、俄8、东农306等。

3. 加强栽培管理，改进栽培技术

播种前精选种薯，淘汰病薯，可减少田间中心病株的数量，减轻发病。选择地势较高、排水良好、土质疏松的沙壤土种植马铃薯，并适期早播，促进植株健壮生长，增强抗病力。合理灌溉有利于生长发育，可提高植株抗病能力。马铃薯生长后期，培土可减少游动孢子侵染薯块的机会。流行年份，收获前两周割秧，可避免薯块与病株接触，降低薯块带菌率。

4. 药剂防治

发现中心病株后立即进行药剂防治，可选用25%阿米西达（嘧菌酯）悬浮剂400～600 g/hm^2，或72%克露（霜脲锰锌，霜脲氰＋代森锰锌）可湿性粉剂700倍液，或69%安克·锰锌（烯酰马啉锰锌）可湿性粉剂900～1 000倍液，或68%金雷（金雷多米尔，精甲霜灵＋代森锰锌）水分散粒剂1 500～1 800 g/hm^2，或90%三乙膦酸铝可湿性粉剂400倍液，或58%甲霜灵·锰锌可湿性粉剂500倍液，或64%杀毒矾（噁霜灵＋代森锰锌）可湿性粉剂500倍液，或80%大生（代森锰锌）2 500～3 750 g/hm^2，或30%碱式硫酸铜1 800 mL/hm^2，或60%琥·乙膦铝可湿性粉剂500倍液，或72.2%普力克（霜霉威）水剂800倍液，或硫酸铜、生石灰、水为1∶1∶200倍的波尔多液喷雾防治，隔7～10天喷1次，连续防治2～3次。

三、马铃薯早疫病

早疫病也称轮纹病，是由半知菌亚门茄链格孢引起的真菌性病害，马铃薯生产中比较常见的一种病害，在我国和世界各马铃薯产区分布较为普遍。主要导致叶片干枯，严重时全株枯死。还可导致块茎发生枯斑，甚至腐烂。该病菌可以侵染植株的各个部位，初次侵染一般发生在中下部老叶片上。坏死斑点逐渐扩大，近圆形并有明显的同心轮纹。

病斑周围和病斑之间叶部组织褪绿，随着老斑扩展和新斑的发生，整个叶片褪绿、坏死，但不落叶。块茎上的病斑呈黑色，凹陷，周围有一圈凸起的边界，紫色至金属色。病斑之下的组织变褐，呈木栓化干腐。进一步腐烂的组织呈水浸状，黄至黄绿色。贮藏期间随病斑的扩大块茎发生皱缩。如果在生长后期发病，对产量影响不大；如在开花期受害，引起叶片提前干枯，就会降低产量，严重者甚至个别地块全田无收。

（一）病原

Alternaria solani Sorauer 称茄链格孢，属真菌界半知菌类（无性孢子类）。异名 *Alternaria solani*（Ell. et Mart.）Jones et Grout。菌丝丝状，有隔膜。分生孢子梗自气孔伸出，束生，每束 1～5 根，梗圆筒形或短杆状，暗褐色，具隔膜 1～4 个，大小(30.6～104) μm×(4.3～9.19) μm，直或较直，梗顶端着生分生孢子。分生孢子长卵形或倒棒形，淡黄色，大小(85.6～146.5) μm×(11.7～22) μm，纵隔 1～9 个，横隔 7～13 个，顶端长有较长的喙，无色，多数具 1～3 个横隔，大小(6.3～74) μm×(3～7.4) μm。

（二）传播途径和发病条件

（1）以分生孢子或菌丝在病残体或带病薯块上越冬，翌年种薯发芽病菌即开始侵染。

（2）病苗出土后，其上产生的分生孢子借风、雨传播，进行多次再侵染使病害蔓延扩大。

（3）病菌易侵染老叶片，遇有小到中雨或连续阴雨或湿度高于 70%，该病易发生和流行。

（4）分生孢子萌发适温 26～28℃，当叶上有结露或水滴，温度适宜，分生孢子经 35～45 min即萌发，从叶面气孔或穿透表皮侵入，潜育期 2～3 天。瘠薄地块及肥力不足发病重。

（三）防治方法

（1）选用早熟耐病品种，适当提早收获。

（2）选择土壤肥沃的高燥田块种植，增施有机肥，推行配方施肥，提高寄主抗病力。

（3）发病前开始喷洒 25%嘧菌酯悬浮剂 1 000 倍液或 50%醚菌酯干悬浮剂 3 000 倍液、75%百菌清可湿性粉剂 600 倍液、80%代森锰锌可湿性粉剂 600 倍液、50%异菌脲可湿性粉剂 1 000 倍液、77%氧化亚铜 500 倍液、50%多菌灵可湿性粉剂 500～1 000 倍液，隔 7～10 天 1 次，连续防治 2～3 次。

四、马铃薯环腐病

马铃薯环腐病又称轮腐病，俗称转圈烂、黄眼圈，是一种世界性的、由细菌引起的维管束病害。在我国最早发现于黑龙江省，由于种薯调运，病区逐年扩大，现已遍及各马铃薯产区，成为马铃薯生产上的主要病害之一。马铃薯发病后，常造成死苗，严重影响产量和品质。

（一）症状特点

马铃薯环腐病是一种细菌性维管束病害，主要引起植株地上部分萎蔫和地下块茎沿块茎维管束发生环状腐烂。

植株地上部发病一般在开花后，多从下部叶片逐渐向上部叶片扩展，最后至全株。初期叶片脉间失绿，后叶缘或全叶黄枯上卷。因品种抗病性和环境条件不同，症状有差异，分枯斑型和萎蔫型两种。

枯斑型多在植株基部复叶的顶上先发病，叶尖、叶缘、叶脉呈绿色，叶肉为黄绿或灰绿色，具明显斑驳，且叶尖干枯或向内纵卷，病情向上扩展，甚至全株枯死，病茎维管束变成褐色。

萎蔫型的典型症状是叶片自上向下萎蔫枯死，叶缘向叶面纵卷，似缺水状。病株茎基部的维管束变成黑褐色。

薯块发病，薯块外部症状不明显，切开后可见维管束变为乳黄色或黑褐色，皮层内现环形或弧形坏死部，故称环腐，严重时甚至皮层与髓部可以脱离。病株的根、茎部维管束常变褐，病蔓有时溢出白色菌脓。

切开新鲜病薯，用手挤压，从维管束溢出乳白色或黄色菌脓。重病薯病部变成黑褐色环状空洞，用手挤压薯皮与薯心易分离。经越冬贮藏的病薯芽眼干枯变黑，甚至有的外表开裂。如果有其他细菌或镰刀菌的进一步侵染，维管束亦可变黑并腐烂。轻病薯出苗后形成病株，重病薯播种后，有的不出芽，有的出芽不久便死亡。

症状识别要点：植株地上部萎蔫或叶片明显斑驳，叶尖渐枯干并向叶面纵卷。病株茎基部的切面上可见维管束变为黑褐色。地下块茎维管束发生环状腐烂，呈黑褐色。

（二）病原

病菌为密执安棒形杆菌环腐亚种 *Clavibacter michiganense* subsp. *sepedonicum*（Spieckermann & Kotthoff）Davis et al.，属厚壁菌门，棒状杆菌属。菌体短杆状，有的近圆球形或棒状，无鞭毛，革兰氏染色阳性，无荚膜，不形成芽孢。菌落白色，薄而透明，有光泽。

病菌生长适温 20～23℃，最适 pH7～8.4。病菌对寄主的专化性较强，在自然条件下只为害马铃薯。

（三）发病规律

病原细菌主要在带菌种薯中越冬。当病薯混杂在种薯中，用刀切过带菌的薯块，再切健薯，就可以通过切刀传病。据试验，切一刀病薯可传染 24～28 个健薯。病菌只能从伤口侵入，并且只有接触到维管束部分才能感染。因此，采用切块播种时，切刀传病是扩大传染的主要途径。环腐病菌在土壤中不能长期存活，但在土壤中残留的病薯或病残体内可存活很长时间，甚至可以越冬，但第二年在病害扩大再侵染方面作用不大。病菌也可在盛放种薯的容器上长期存活，成为薯块感染的一个来源。带菌的切块或病薯发芽时，种薯内的细菌随养分和水分的流动沿维管束向上进入新芽，以后再进入茎、叶柄和叶内。当匍匐茎长出时，病菌又从茎基沿匍匐茎的维管束进入新生的地下块茎（薯块）中，越冬后成为下一年的初侵染来源。种子内不存在病菌。环腐病是一种维管束病害，病菌在维管束内破坏输导组织，引起地上部发病。由于病菌在维管束中分布不均匀，会出现部分茎叶、枝、匍匐茎或新薯发病，而其他部位生长正常的现象。

病株所结薯块的病薯率在不同品种间差异很大，抗病品种的病薯率低。病害发生最适土温为19～23℃，16℃以下症状出现推迟，当土温超过31℃时，细菌生长受到抑制，病害发生轻。在北方，贮藏期的温度也影响发病，在20℃以上高温条件下贮藏发病率高，在1～3℃低温条件下贮藏发病率低。

（四）防治措施

（1）选用抗病品种。如东农303、克新1号等。

（2）选用健薯，汰除病薯。播前晒种催芽，淘汰病薯。切块时，用酒精或来苏儿（5%）浸泡切刀消毒。

（3）进行药剂拌种，72%农用硫酸链霉素6 g＋滑石粉5 kg拌100 kg马铃薯切块。

（4）加强田间管理，注意通风透光和降低田间湿度，避免大水漫灌。

（5）及时拔除病株，并用石灰消毒减少田间初侵染和再侵染源。

（6）发现病株即用药液浇灌病株及其周围健株。选用药剂：72%农用链霉素可溶性粉剂3 000倍，或53.8%氢氧化铜干悬浮剂1 000倍，或20%噻菌铜可湿性粉剂600倍，或5%菌毒清水剂300倍，或47%春雷·王铜可湿性粉剂800倍等。

（7）选用抗病品种，如克新1号、克新4号、郑薯2号等。

项目六　蔬菜主要病害防治技术

一、蔬菜苗期病害

蔬菜苗期病害是育苗期间经常发生的一大类病害。主要发生在黄瓜、辣椒、茄子、番茄、甘蓝等幼苗上，严重时造成幼苗成片死亡，延误农时。主要有猝倒病、立枯病、炭疽病、沤根、灰霉病等。

1. 症状识别

（1）猝倒病　该病在出苗前后均可发病，在幼苗出土前发病时会导致胚根和子叶腐烂，使幼苗不能正常出土。若在幼苗出土后发病，幼苗的基部会出现水浸状的病斑，随后病斑变黄褐色，干缩变细，幼苗随之倒伏在地。

（2）立枯病　该病多发生在幼苗生长的中后期。发病时幼苗茎基部产生椭圆形的暗褐色病斑，病苗初期往往白天萎蔫，夜间尚能恢复正常，随着病情的不断发展，病斑环绕茎基一周时，开始向内凹陷、干缩，最终导致整株幼苗死亡。

（3）炭疽病　幼苗发病时，多在子叶边缘出现半圆形的褐色病斑，发病组织最终枯死破裂，严重时病部腐烂扩大，造成落叶。病苗茎基部接近地面处，起初出现红色纵条裂痕，后来扩大成褐色长条状皱缩的病斑，略凹陷。若遇阴雨连绵时，病苗根茎部分和根变黑腐烂而死。

（4）沤根　苗期常见的生理病害，幼苗出土后长期不发新根和不定根，根外皮是锈褐色，逐渐腐烂，地上部萎蔫，容易拔起，叶缘枯焦，严重时成片干枯似缺素症。沤根主要是由于低温（地温低于12℃）、高湿、阴雨天光照不足、肥料过多或者沤肥未腐熟造成。

（5）灰霉病　该病主要在开花结果期发病严重，但在蔬菜出苗后如遇低温高湿的条件也极易发病。先在近地面的叶片开始发病，起初在叶片或幼茎上出现水浸状绿斑，在湿度大时，病斑上可出现灰色霉状物，进一步发展可造成叶片或幼茎腐烂，致使幼苗死亡。

2. 病原

（1）猝倒病　该病由多种腐霉菌（*Pythium* spp.）引起，属于鞭毛菌亚门的真菌。较常见的是瓜果腐霉菌和德巴利腐霉菌。病菌的菌丝体丝状，无分隔，菌丝上产生不规则形、瓣状或卵圆形的孢子囊。孢子囊萌发产生有双鞭毛的游动孢子。病菌的有性繁殖产生圆球形、厚壁的卵孢子。

（2）立枯病　病原菌是立枯丝核菌（*Rhizoctonia solani* Kühn），属于半知菌亚门的真菌。病菌一般没有有性世代，它的无性世代不产生孢子，有发达的菌丝，具分隔，淡褐色，菌丝近直角形分枝，分枝处稍缢缩。老熟菌丝常集结成质地较松散的浅褐色菌核。

3. 发病规律

（1）猝倒病　孢子囊中产生的游动孢子萌芽后侵染寄主组织，病菌能营寄生生活，也能营腐生生活。条件不良时，以卵孢子在土壤中越冬。同时也能以菌丝体随病残组织在土中营腐生生活。在田间借降雨水流传播蔓延。孢子囊成熟后萌发产生游动孢子，游动孢子靠水传播和侵染。低温时秧苗的生活力减弱，容易发病。

（2）立枯病　主要以菌丝体或菌核残存在土壤和病残体上越冬。越冬的菌体在土壤中可存活 2～3 年。病菌能营寄生生活，也能营腐生生活。条件适宜时，直接侵染造成病害。

苗期病害的发病条件是：育苗期遇到寒流低温或阴雨天日照不足时，幼苗生长不良，易受病害侵染，尤其多年连作的菜地因病原菌积累较多，常造成苗期发病严重。一般管理粗放，苗床保温差，不通风易导致幼苗长势弱发病重。

4. 防治技术

（1）苗床选择　应选择未种植过蔬菜作物的地块做苗床，最好不要选用旧苗床的床土育苗，否则土壤中积累的病菌多，极易诱发各种病害。所选的苗床要地势高燥，土壤疏松、通气、透水、保水保肥能力强。

（2）床土消毒　选用 50%的多菌灵可湿性粉剂，每平方米用 10 g，将药剂与少量的过筛细土搅拌均匀，将 1/3 的药土均匀撒在苗床上，播种后将剩下的药土撒盖在上面。这样整个育苗床的上下都有药土，杀菌效果可达 90%以上。

（3）种子处理　播前进行温水浸种或药剂拌（浸）种，可杀死种子表面的病菌，预防和减轻苗期病害的发生。浸种温度和时间以蔬菜种类不同而不同。一般黄瓜种子用 50℃温水浸 20 min，番茄种子用 52℃温水浸 30 min，茄子种子用 53～55℃温水浸 15 min 或 50℃温水浸 30 min，辣椒种子用 55℃温水浸 10 min。也可用 50%多菌灵可湿性粉剂加 3～5 倍细土混匀拌种，或 50%多菌灵可湿性粉剂 500 倍液浸种 10 min，浸种后，要将种子用清水洗净，才可播种。

（4）苗床管理　建造高质量的苗床，使苗床既能保温又能降温排湿，防止冷风侵入。当遇到阴雨连绵的天气时，要及时挖沟排水，防止苗床积水。连阴天转晴后，应加强苗床通风换气。

（5）药剂防治　当发现苗床上有少数病株后，应及时拔除。可在苗床上喷洒 75%的百菌清可湿性粉剂 800 倍液，每隔 7～10 天喷 1 次，连续用药 2～3 次。也可在苗床上撒干的草木灰，不仅可以降低苗床内的湿度，还可以吸热增温、提高土壤中的含钾量，有利于幼苗健壮生长，提高抗病能力。

二、白菜软腐病

1. 症状识别

大白菜软腐病症状因受病部位和环境条件的不同而稍有差异，常见症状类型有 3 种：

二维码 4-6
蔬菜主要病害图片

(1) 基腐型　植株基部腐烂，外叶萎垂贴地，包球暴露，稍触动即全株倒地，北方菜农称之为“脱大挂”。

(2) 心腐型　植株从顶部向下或从基部向上腐烂，北方菜农俗称之“烂疙瘩”或“烂葫芦”。

(3) 叶焦型　植株外叶叶缘焦枯，病叶迅速失水干枯呈薄纸状，北方菜农俗称之“烧边”。该病在田间多始见于包心期，在采收后贮藏期可继续扩展而造成“烂窖”，病部初呈水渍状半透明，后转呈灰白色，表皮稍下陷，其上渗出污白色细菌黏液(菌脓)，内部组织除维管束外则完全腐烂，并散发恶臭味。

2. 病原

病原为细菌，称胡萝卜欧氏杆状细菌胡萝卜软腐致病型[*Erwinia carotovora* ssp. *carotovora*(Jones)Bergey]

3. 发病规律

病原细菌主要随病残组织在土中越冬，营腐生生活。其侵染来源广泛，其中病土、病肥、窖内的病残组织(在北方地区)、田间感病寄主、带菌的昆虫(如甘蓝蝇等)，甚至粘有病菌的运输工具和农具，都可成为该病的初侵染来源。病菌借风雨、灌溉水及昆虫(跳甲、小菜蛾、菜青虫等)活动而传播，从伤口侵入导致白菜发病。病菌发育适温为 25～30℃，要求高湿度，不耐干燥和日晒。连作地、低洼排水不良地、漫灌地、施用未腐熟堆肥地易发病。品种间抗病性与植株生育期、株型、色泽、组织愈伤能力等有密切关系。一般疏心直筒型(外叶直立，垄间通风良好)，抗病性强；青帮比白帮抗病。近年在国内推广种植的近 60 个大白菜品种中，对软腐病表现高抗的有绿宝、北京 106(北京)；豫白 1 号、豫白 4 号(河南)；秦白 3 号(陕西)等。一般抗病毒病和抗霜霉病的品种也抗软腐病。

4. 防治技术

(1) 因地制宜选育和选用抗病品种。

(2) 做好防虫治病　生长前期应以防地下害虫(50%辛硫磷 1 000 倍液淋施)和防黄条跳甲、菜青虫、小菜蛾等害虫(喷施 2.5%功夫、敌杀死 4 000～5 000 倍液)为中心，减少害虫对病菌的传播。

(3) 栽培防治　减少连作。整地翻晒或盖地膜。高畦栽培，降低湿度。配方施肥，勿施未充分腐熟肥料。增施石灰，调节土壤酸碱度。因地制宜适期播种，推行带状合理密植。

(4) 播前种子处理　播前用“丰灵”50～100 g 拌种子 150 g，或按种子量 1%～1.5%农抗 751 拌种。苗期及定植成活后淋施“丰灵”300～500 倍液 1～2 次。

(5) 及时施药　在植株进入包心期加强检查，一旦发现病株，立即拔除初发病株，淋喷氯霉素，或链霉素或新植霉素 200 U，或“丰灵”300～500 倍液，或 401 抗生素 500 倍液，或 77%

可杀得悬浮剂800倍液，或50%代森铵800倍液，或14%络氨铜水剂350倍液，或敌克松700倍液，3～4次，隔7～10天喷1次，交替施用，喷足淋透。

三、番茄病毒病

番茄病毒病是发生比较普遍的一种病害，引起该病的病原很多，由于不同年份和不同季节其症状表现有所不同。

1. 症状识别

该病症状主要有3种表现：

（1）花叶型　叶片上出现黄绿相间或深浅相间斑驳，叶脉透明，叶略有皱缩，植株略矮。

（2）蕨叶型　植株不同程度矮化，由上部叶片开始全部或部分变成线状，中、下部叶片向上微卷，花冠变为巨花。

（3）条斑型　可发生在叶、茎、果上，在叶片上为茶褐色的斑点或云纹，在茎蔓上为黑褐色条形斑块，斑块不深入茎、果内部。此外，有时还可见到巨芽、卷叶和黄顶型症状。

2. 病原

引致番茄病毒病的毒原有20多种，主要有烟草花叶病毒（TMV）、黄瓜花叶病毒（CMV）、烟草卷叶病毒（TLCV）、苜蓿花叶病毒（AMV）等。

烟草花叶病毒（TMV）主要引起番茄花叶症状。在高温强光照下，或与马铃薯X病毒混合侵染时，产生条斑症症状。病毒粒体杆状，约280 nm×15 nm，失毒温度90～93℃，处理10 min，稀释限点1 000 000倍，体外保毒期72～96 h，在无菌条件下致病力达数年，在干燥病组织内存活30年以上。该病毒在田间存有不同株系，因其致病力的差异及与其他病毒的复合侵染，形成症状的多样性。

黄瓜花叶病毒（CMV）主要引起番茄蕨叶症状病毒粒体球状，直径约35 nm。失毒温度65～70℃，10 min，稀释限点1 000～10 000倍，体外保毒期3～4天，不耐干燥。与其他病毒混合侵染也会出现条斑或花叶的症状，表现出多种症状。

巨芽病其病原是一种类菌原体，存在于番茄的韧皮部、筛管及伴胞内，近圆形或椭圆形，哑铃形或不规则形，(147～195) nm×(240～390) nm，单位膜厚度约11 nm。

卷叶型病株是由烟草卷叶病毒（TLCV）侵染引起，其寄主范围较窄，主要侵染茄科、菊科。病毒粒体双球形，大小(25～30) nm×(15～29) nm。靠粉虱传毒，汁液接触不传播，主要发生在气温高的南方或北方的高温季节。

苜蓿花叶病毒（AMV）粒体杆菌状，直径18 nm，长58.3 nm。该病毒寄主范围广，除侵染豆科外，还侵染茄科、葫芦科、藜科等47科植物。病汁液稀释限点1 000～100 000倍，钝化温度55～60℃，体外保毒期3～4天。

3. 发病规律

烟草花叶病毒可在多种植物上越冬，也可附着在番茄种子上、土壤中的病残体上越冬。田间病残体是该病的主要初侵染源。主要通过汁液接触传染，只要寄主有伤口，即可侵入。黄瓜花叶病毒主要由蚜虫传染，此外用汁液摩擦接种也可传染。冬季病毒多在宿根杂草上越冬，春季蚜虫迁飞传毒，引致发病。番茄病毒病的发生与环境条件关系密切，一般高温干旱天气利于病害发生。此外，施用过量的氮肥，植株组织生长柔嫩或土壤瘠薄、板结、黏重以及排水不良发病重。番茄病毒的毒源种类在一年里往往有周期性的变化，春夏两季烟草花叶病毒比例较大，而秋季黄瓜花叶病毒为主。因此，生产上防治时应针对病毒的来源，采取相应的措施，才能收到较满意的效果。

4. 防治技术

防治番茄病毒病，采用以农业防治为主的综合防治措施。

(1) 选用抗病品种　生产当中栽种抗病品种是有效的防治手段。近年来国内育成的抗烟草花叶病毒的丰产品种有：佳粉 15、佳粉 17、中杂 9 号、早丰(秦菜 1 号)、兰优早红、中丰、542 粉红番茄、苏抗 5 号、苏抗 7 号、东农 702、东农 703、东农 704、河南 3 号、新番 1 号、皖红 1 号、西粉 3 号、晋红 1 号等，可根据各地的消费习惯选用。耐黄瓜花叶病毒品种有毛粉 802、542 粉红番茄、中蔬 5 号等。

(2) 种子消毒　播种前用清水浸种 3～4 h，再放入 10%磷酸三钠溶液中浸 30～50 min，捞出后用清水冲净再催芽播种。或用 0.1%高锰酸钾溶液浸种 30 min。

(3) 实行轮作　定植田要进行两年以上轮作，有条件的结合深翻，施用石灰，促使土壤中病毒钝化。

(4) 采用配方施肥等多项栽培技术，增强寄主抗病力。其中包括适期播种、适时早定植、早中耕锄草、及时培土促进发根、晚打杈、及时浇水等。

(5) 发病初期喷洒 1.5%植病灵乳剂 1 000 倍液，或 20%病毒 A 可湿性粉剂 500 倍液，或抗毒丰(抗毒剂 1 号)200～300 倍液，"NS-83"增抗剂 100 倍液，或高锰酸钾 1 000 倍液。

(6) 早期治蚜，尤其是高温干旱年份要注意及时喷药治蚜，预防 TMV 侵染。可选用 20%菊马乳油 2 000 倍液、10%吡虫啉乳油 2 000 倍液、50%抗蚜威可湿性粉剂 3 000～3 500 倍液进行治蚜，防止传播病毒。

四、番茄灰霉病

灰霉病在我国北方菜区是一种为害性很大的病害。塑料大棚、温室、小拱棚等保护设施栽培的番茄、辣椒、黄瓜、菜豆等蔬菜常发生灰霉病的流行，严重时减产达 20%以上。我国南方菜区，过去较少发生此病，但近年来由于保护设施栽培的发展，灰霉病也开始发生并有逐年加重的趋势。

1. 症状识别

番茄灰霉病主要为害果实，也可以侵害叶片和茎等部位。果实受害一般先从残留的花瓣、花托等处开始，出现湿润状，灰褐色不定形的病斑，逐渐发展成湿腐，从萼片部向四周发展，可使 1/3 以上的果实腐烂，病部长出一层鼠灰色茸毛状的霉层，此为病菌的分生孢子梗和分生孢子。一般幼果发病较多，但即将转熟的大果也可受害，且常见整穗果实都发病受害。叶片染病多从叶尖或叶缘开始，发生不定形的湿润状、灰褐色病斑，可造成叶片湿腐凋萎。茎部染病发生长椭圆形或不定形的长条状、灰褐色病斑，潮湿时亦长出灰色霉层，严重时可引致病斑以上的茎、叶枯死。

2. 病原

番茄灰霉病的病原是灰葡萄孢菌(*Botrytis cinerea* Pers.)，属于半知菌亚门真菌。分生孢子梗细长，有分隔和分枝，灰色至灰褐色，成丛从寄主表皮长出。分生孢子近球形或卵形，单细胞、淡色。病菌还可产生黑褐色、不规则形的菌核。病菌寄主范围较广，除侵染茄科蔬菜外，还可侵染瓜类、甘蓝、菜豆、莴苣、洋葱、苹果等作物，引起灰霉病。

3. 发病规律

病菌主要以菌丝体或微菌核随病残体在土壤中越冬，成为下一个生长季初侵染的菌源。在我国南方的病菌也可以在保护栽培设施内终年存活。病菌的分生孢子可通过风雨、昆虫，甚至农事操作而传播，遇到适宜环境条件时萌发，多从伤口或衰老、坏死组织侵入。初侵染发病后又长出大量新的分生孢子，通过传播可不断进行再侵染。

保护设施内环境潮湿，通风透光条件差，温度 20～24℃有利于此病发生和流行。近年来发展的棚架或小拱棚覆盖栽培，因通风换气条件不好，连阴雨天气易诱发灰霉病的流行。

4. 防治技术

防治番茄灰霉病最主要的措施首先是要搞好棚内的通风、透光、降湿，但同时还要保持温度不要太低。其次要加强肥水管理，使植株长势强壮，防止早衰及各种因素引起的伤口。发现病株、病果应及时清除销毁。收获后彻底清园，翻晒土壤，可减少病菌来源。田间初发现病株、病果应随即摘除。药剂防治可选用 50％速克灵可湿性粉剂 1 500～2 000 倍液、40％多硫悬浮剂 400 倍液、50％扑海因可湿性粉剂 1 000～1 500 倍液、70％甲基托布津 800～1 000 倍液等。隔 7～10 天喷一次，连续喷 3～4 次。注意轮换交替使用上述药剂。

五、茄子褐纹病

茄子褐纹病又称褐腐病、干腐病，是茄子常见病害之一。主要为害茄子，也可侵染辣椒和番茄，常造成较大损失。

1. 症状识别

该病发生在茄子的叶、茎、果实上，苗期、成株期均可发病。

(1) 幼苗受害　茎基部出现凹陷病斑，上生黑色小粒点，条件适宜时，病斑迅速扩展，茎基部缢缩变细，造成幼苗猝倒或立枯。

(2) 叶片受害　先在下部叶片上出现苍白色圆形斑点，发展扩大后病斑呈近圆形或不规则形，边缘变褐色，中间浅褐色或灰白色，其上轮生许多小黑粒点，后期病斑扩大连片，常造成干裂、穿孔、脱落。

(3) 茎枝发病　病斑梭形，边缘深紫褐色，中间灰白色凹陷，上生许多黑色小粒点，病斑发展后病组织干腐，皮层脱落，露出木质部，容易折断。病斑多时，可连结成大的坏死区域。

(4) 果实受害　初期表现为浅褐色椭圆形凹陷斑，上生许多黑色小粒点，病斑不断扩大，可达半个果实，后期病斑发展为灰白色。发病严重的，果实上可布满病斑。

2. 病原

病原物为茄褐纹拟茎点霉[*Phomopsis vexans*(Sacc. et Syd.)Harter]，属半知菌亚门拟茎点霉属。分生孢子器扁球形，壁厚，黑褐色，具孔口，可产生两种不同形状的无色、单胞的分生孢子，一种为椭圆形，另一种为丝状并一端弯曲为钩形，椭圆形孢子较常见，两端各有一油球，可萌发；丝状孢子少见，不能萌发。有性态自然条件下少见，偶发于枝条或果实的老病斑上。

3. 发病规律

病菌以菌丝体和分生孢子器在土表病残体上或以菌丝体潜伏在种皮内、以分生孢子附着在种子表面越冬，一般病菌在种子上可存活 2 年，在土表病残体上可存活 2 年以上。成为来年的初侵染源。播种带病种子能引起幼苗直接发病，土壤带菌能引起茎基部溃疡。植株感病，病斑上产生分生孢子，通过风雨、昆虫及农事操作进行传播和重复侵染。种子是远距离传播的主要途径之一。

病菌发育最适温度为28～30℃，相对湿度高于80%，连续阴雨条件下，病害容易流行。植株生长衰弱，多年连作，地势低洼，土壤黏重，排水不良，偏施氮肥病害常偏重发生。在山东7～8月为为害高峰期。

4. 防治技术

(1) 选用抗病品种　长茄较圆茄抗病，白皮茄、绿皮茄较紫皮茄抗病。

(2) 种子消毒　用55℃温水浸种15 min，捞出后置30℃以下水中浸种6～8 h，然后催芽播种，可消除种子上携带的病原菌。

(3) 苗床消毒　每平方米苗床用50%多菌灵可湿性粉剂10 g，或50%福美双可湿性粉剂8 g，与细干土10～20 kg充分拌匀，用1/3药土铺底，播种后将剩余药土覆在种子上。

(4) 加强苗期管理　育苗床选2年以上未种过茄子的地作苗床。有条件的可进行无土育苗。尽可能早播种、早定植，使茄子生育期提前，减少茄子生长后期与褐纹病发生适期重叠的时间。苗期或定植前喷50%多菌灵可湿性粉剂500倍液1～2次。

(5) 加强栽培管理　要多施腐熟优质有机肥，一般要求每亩施腐熟圈粪5 000kg以上，配合腐熟大粪干或鸡粪1 000 kg，过磷酸钙50 kg，硫酸钾25 kg一起混合发酵后施入田间深翻耙平作基肥，还要及时追肥，提高植株抗性。夏季高温干旱，适宜傍晚浇水，降低地温。雨季及时排水，防止地面积水，以保护根系。适时采收，发现病果及时摘除。

(6) 药剂防治　结果期开始喷洒70%代森锰锌可湿性粉剂500倍液，或50%苯菌灵可湿性粉剂800倍液，或75%百菌清可湿性粉剂600倍液，或50%甲霜铜可湿性粉剂500倍液，或58%甲霜·灵锰锌可湿性粉剂400倍液，或64%杀毒矾可湿性粉剂500倍液，隔7～10天喷1次，连喷2～3次。

六、茄子黄萎病

茄子黄萎病俗称半边疯、黑心病，是茄子生产中的主要病害之一。日本、美国都曾经暴发茄子黄萎病，对生产造成巨大损失，我国20世纪50年代该病仅局限在北方局部地区，80年代中期以后该病发病范围不断南扩，现我国大部分茄子生产区都有该病发生，一般发病后产量损失20%～30%，严重时损失达60%以上，有的地块近于绝收。

1. 症状识别

茄子各个生长期均可发生茄子黄萎病，一般5～6叶开始发病，门茄坐果后出现症状，进入盛果期病株急剧增加，下部叶片叶脉间或叶缘产生淡黄色斑点，并逐渐发展到半边叶或整叶变黄。初期病叶在天气干旱或中午表现萎蔫，早晚恢复。后期病叶萎蔫不再恢复，颜色由黄变褐，叶缘向上卷曲，最后叶片枯死脱落，病害由下向上扩展，可发展至全株发病，有时只半边叶或半边植株发病，俗称半边疯。发病植株矮小，果小且少，质硬，味差。剖视病株根、茎、叶柄、果等部位，可见维管束变褐色至黑褐色，有时茎基部腐烂。

2. 病原

病原菌为大丽轮枝菌(*Verticillium dahliae* Kleb)，属半知菌亚门。其所有菌株均可产生轮状分生孢子梗，孢子梗基部无色，常由2～6层轮状的枝梗及上部的顶枝构成，每轮梗数1～6根，通常2～4根。分生孢子椭圆形，无色单胞。该菌在PDA培养基上生长缓慢，菌落黑色，气生菌丝白色，微菌核球形或长条形，厚垣孢子扁圆形，菌丝生长最低温度为5℃，最高生长温度为33℃，最适生长温度为22.5℃，孢子萌发适温为25℃，菌丝在pH4～9范围内均可生长，以pH 6生长最适。茄子黄萎病菌菌丝对紫外线有较强的忍受性。

该菌有明显的生理分化现象，Kuzier F. S根据不同的菌落形态及致病力将按致病力强弱分为三个类型，即Ⅰ型，致病力最强，产量损失最大；Ⅱ型致病力中等，产量损失居中；Ⅲ型致病力最弱，产量损失最小。

3. 发病规律

病菌以微菌核、厚垣孢子和休眠菌丝体在土壤病残体中越冬，成为第二年主要初侵染来源。带菌的有机肥、田间操作、农具、灌水、气流、雨水均可传播病菌。病菌通过伤口，幼根表皮或根毛直接侵入，沿维管束向上扩展，并在维管束内生长繁殖，堵塞导管，分泌毒素，致使植株萎蔫。

温暖高湿有利于该病害的流行，发病适温为20～25℃，气温在高于28℃病害受到抑制。在茄子始花期至盛果期若雨水多，或地势低洼，容易积水，漫灌，或灌水后遇暴晴天气，水分蒸发快，造成土壤干裂伤根，土质黏重，多茬连作，地温偏低或过高，施用未腐熟有机肥或缺肥，生长不良及土壤线虫和地下害虫为害均有利于病害的发生发展。另外，定植或中耕除草等农事操作伤根多，病害发生重。

4. 防治技术

茄子黄萎病是一种维管束病害，应采取以农业防治为主的综合防治措施。

(1) 选用无病种苗并进行土壤消毒　应选用无病种子和无病苗床育苗，并进行种子消毒处理，可用55℃温水浸种30 min，或用50%多菌灵可湿性粉剂500倍液浸种2 h，或用60%防霉宝可湿性粉剂600倍液加0.01%平平加液浸种1 h，清水冲洗干净，或用70%五氯硝基苯粉剂以种量0.2%的用量拌种。土壤消毒可用50%多菌灵可湿性粉剂1 kg拌细土5 kg可撒22 m^2苗床，70%五氯硝基苯8～10 g/m^2，并翻入10～15 cm的土中。大棚还可用55%氯化苦乳剂进行土壤处理，7～9 kg/亩。

(2) 选育抗病品种　苏长茄1号、龙杂茄1号、辽茄3号、济南早小长茄、湘茄4号等较抗病，另外日本的米特和VF品种较抗病、耐病。

(3) 大田防治　从定植到盛果期是防治关键时期。保护地实行轮作，可与十字花科、百合科等蔬菜轮作5年以上，水旱轮作效果最好，不能轮作的保护地应进行土壤消毒。适时定植，铺盖地膜，提高地温，合理灌水及中耕，茄子生长期间要小水勤浇，保持地面湿润，防止大水漫灌，避免冷井水直接浇灌，中耕在植株周围要浅些、细些，尽量少伤根。清洁田园及时把病叶、病果、病株清出田外，深埋或烧毁。带药移栽，采用定植沟施或穴施50倍液的50%多菌灵，用药30 kg/hm^2，定植后发现个别病株，立即进行灌药治疗。每株浇500 mL药液，10天后再浇一次，可选用的药剂有10%双效灵水剂200倍液，15%防萎蔫生态液300倍液、50%治枯灵500倍液等。

(4) 嫁接防治　日本采用毒茄，红茄作砧木与茄子进行嫁接，已大面积推广应用，我国北京等地采用野生茄作砧木，栽培丰产茄作接穗，在病地定植后，发病较轻，收到很好的效果，但该项技术在砧木的选择，嫁接成活率，嫁接对产量和质量的影响等方面有待更深入地研究。

七、辣椒炭疽病

辣椒炭疽病主要为害将近成熟的辣椒果实，是辣椒上的常发病害，特别在高温季节，果实受灼伤，极易并发炭疽病使果实完全失去商品价值。

1. 症状识别

(1) 黑色炭疽病　果实及叶片均能受害，特别是成熟的果实及老叶易被侵害。果实受害，病斑为褐色、水渍状的长圆形或不规则形、凹陷、有稍隆起的同心环纹斑，其上生出无数的黑色小点，周缘有湿润性的变色圈，干燥时病斑常干缩似羊皮纸易破裂。叶片上病斑初呈褪绿水渍状斑点，逐渐变成褐色，稍呈圆形斑而中间为灰白色，上面轮生黑色小点，即病菌的分生孢子盘。茎及果梗上产生褐色病斑，稍凹陷，不规则形，干燥时容易裂开。

(2) 黑点炭疽病　主要是成熟果实受害严重，病斑很像黑色炭疽病，但病斑上生出的小黑点较大，色更深，潮湿条件下小黑点处能溢出黏质物。

(3) 红色炭疽病　成熟果及幼果均能受害。病斑圆形，黄褐色，水渍状，凹陷，斑上着生橙红色小点略呈同心环状排列，潮湿条件下整个病斑表面溢出淡红色黏质物。

2. 病原

(1) 黑色炭疽病　病原物为黑刺盘孢菌(*Colletotrichum nigrum* Ell. et Halst)，属半知菌亚门刺盘孢属。病斑上的黑色小点是病菌的分孢子盘，周缘生暗褐色刚毛，有2～4个隔膜，分生孢子为长圆形，无色，单胞。分生孢子梗圆柱形，无色，单胞。

(2) 黑点炭疽病　由辣椒丛刺盘孢菌(*Vermicularia capsici* Syd.)侵染所致。本菌属半知菌亚门丛刺盘孢属真菌。分生孢子盘周缘及内部均密生刚毛，尤以内部刚毛特别多。刚毛暗褐色或棕色，有隔膜，分生孢子新月形，无色，单胞。

(3) 红色炭疽病　由辣椒盘长孢菌(*Gloeosporium piperatum* Ell. et Ev.)侵染所致。本菌属半知菌亚门盘孢属真菌。分生孢子盘无刚毛。分生孢子椭圆形，无色，单胞。

3. 发病规律

炭疽病菌以分生孢子附着在种子表面或以菌丝潜伏在种子内越冬。也可以菌丝体、分生孢子，特别是分生孢子盘在病株残体上遗留在土壤中越冬，成为第二年的初侵染来源。发病后病斑上产生新的分生孢子，通过雨水、昆虫等媒介物的传播进行再次侵染。孢子萌发后，其芽管多由伤口侵入，而红色炭疽病菌还可以从寄主表皮直接侵入。

本病发生与温湿度有密切的关系，一般温暖多雨有利于炭疽病的发生和发展。炭疽病菌发育温度为12～33℃，最适温度为27℃，相对湿度为95%左右，低于70%的湿度不适其发育。品种间抗病性是有差异的，灯笼辣椒(甜椒)最易感病，杭州鸡爪椒较抗病。凡是果实受日灼的炭疽病亦严重，成熟果或近成熟果容易受害，幼果很少发病。田间排水不良、种植过密、施肥不足或氮肥过多及各种引起果实受损伤的因素，都会加重炭疽病的发生。

4. 防治技术

(1) 选择抗病品种　凡是辣味强的品种都比较抗病，如杭州鸡爪椒。在留种时一定要选择无病果留种，及早剔除病果。

(2) 种子消毒　采用种子消毒处理，先将种子在清水中浸泡6～15 h，再用1%硫酸铜溶液浸泡5min，捞出后拌少量消石灰或草木灰，再进行播种。或进行温汤浸种，用55℃温水浸种10 min，然后立即移入冷水中冷却，再催芽播种。

(3) 加强田间管理　由于土壤能带菌，要避免连作，可与瓜类、豆科等蔬菜进行2～3年轮作。当果实采收后，清除田间遗留的病果及病残体，集中烧毁或深埋，并进行一次深耕，将表层带菌土壤翻至深层，促使病菌死亡，可减少初侵染源、控制病害的流行。合理密植，注意田间排水，适当增施磷肥、钾肥，防止植株落叶和果实受日灼，促使植株生长健壮，提高植株的抗病力。

(4) 药剂防治 田间发现病株时应及时喷药，可用80%炭疽福美可湿性粉剂600～800倍液、50%多菌灵可湿性粉剂500倍液、70%甲基托布津可湿性粉剂800～1 000倍液、10%苯醚甲环唑水分散性颗粒剂800～1 000倍液。隔7～10天喷一次，连续喷2～3次。还可以用波尔多液(0.5∶1∶100)、65%代森锌可湿性粉剂500倍液、65%福美锌可湿性粉剂300～500倍液、抗菌剂“401”500倍液、50%甲基托布津可湿性粉剂1 000倍液和65%百菌清可湿性粉剂600倍液等。

八、黄瓜霜霉病

黄瓜霜霉病，俗称“跑马干”“干叶子”，苗期成株都可受害，主要为害叶片和茎，卷须及花梗受害较少。

1. 症状识别

该病主要为害叶片，卷须、蔓和花梗也可受害。初在叶片背面形成水渍状小点，以后病斑逐渐扩大，因受叶脉限制，呈多角形、水渍状。潮湿时，病斑上生紫黑色霉层。叶正面病斑初黄色，边缘不明显，后变黄褐色。严重时病斑连片，全叶卷缩干枯，仅留心叶。

2. 病原

病原菌为古巴假霜霉病菌[*Pseudoperonospora cubensis*（Berk. & Curt.）Rostov.]属鞭毛菌亚门，卵菌纲，霜霉目，假霜霉属。

菌丝体在寄主细胞间生长，以指状吸器深入寄主细胞内吸取养分。孢囊梗由气孔伸出，1～5根成簇丛生，无色。主干基部略膨大，上部双叉状锐角分枝3～6次，末端小梗直或微弯，上生孢子囊。孢子囊椭圆形或卵圆形，淡褐色，顶端具乳突。孢子囊在水中萌发时产生6～8个游动孢子。游动孢子椭圆形，生有双鞭毛，能在水中游动，游动一段时间后，鞭毛收缩，变成圆形静止孢子，静止后产生芽管，由气孔侵入寄主。卵孢子散生于叶组织中，球形，淡黄色，壁膜平滑在自然情况下不易出现。

3. 发病规律

我国北方地区，冬季霜霉病菌在温室、塑料大棚的黄瓜上越冬，病部产生的孢子囊借气流传播到阳畦和露地黄瓜上，依次引起夏黄瓜、秋黄瓜发病，最后又在棚室黄瓜上越冬。只要条件适宜，各茬黄瓜上可发生多次再侵染。田间孢子囊借气流和雨水传播，由寄主的气孔或表皮侵入。冬季严寒的东北北部，每年初侵染的菌源，一般认为是孢子囊随季风由外地传入的。

地势低洼、栽植过密、浇水过多也会加重病害。棚室黄瓜若管理不善，造成高湿的小气候，昼夜温差大，叶片上长时间保持水滴和露珠时，就会导致病害的严重发生。尤其是遇连阴天光照不足时病害更重。品种间抗病性也有差异，山东宁阳大刺瓜、唐山秋瓜和津研系统的品种抗病性较强。

黄瓜霜霉病的流行要求多雨、多露、多雾、昼夜温差大及阴雨天与晴天交替的气象条件。适宜病害流行的气温为20～24℃。当气温16℃以上，如遇降雨，空气湿度大，田间便可出现发病中心。此后若雨日多，晴雨交替，相对湿度80%以上，病害就会流行。一般山东、河南5月上旬开始发生，5月中下旬至6月上旬为发病盛期；辽宁的发病盛期在6月下旬至7月上旬；黑龙江于7月上中旬流行。

4. 防治技术

(1) 选育抗病品种　各地可根据当地条件选择抗病品种:如津春 2 号、3 号、4 号、5 号,津杂 2 号、3 号,津研 4 号、6 号、7 号,中农 5 号、7 号,碧春,华黄 3 号、4 号等。

(2) 加强栽培管理　选择地势较高、排水良好的地块建棚或栽植黄瓜。栽前施足基肥;适当控制浇水次数,加强中耕,露地黄瓜注意雨后排水。

(3) 生态防治　棚室黄瓜要选用无滴膜,生长期控制浇水次数,适当放风通气,降低棚内湿度至 90%以下,叶面无结露现象。保护地黄瓜在发病普遍且较重时进行高温闷棚,采用高温杀菌的方法处理 2～3 次,能在一定程度上控制霜霉病的发展。方法是:在晴天中午,将大棚密闭,在黄瓜生长点附近,安放温度计,以检查温度的上升限度。使瓜秧上部温度上升至 44～45℃,保持 2h,处理后放风降温并加强管理,要严格控制好温度,低于 43℃,抑制病菌的效果不好,高于 45℃,植株容易受伤。若闷棚过程中出现温度过高的现象,应及时轻度通风降温。闷棚结束时,逐渐揭膜通风降温,切忌温度的大起大落,闷棚后 2 天内及时追施适量速效肥。每隔 10～15 天闷棚 1 次,共进行 2～3 次。

(4) 药剂防治　黄瓜霜霉病流行性强,蔓延迅速,必须在病害发生前或中心病株刚出现时开始喷药,间隔 7～10 天喷 1 次。药剂可选用 25%嘧菌酯(阿米西达)悬浮剂 1 000～1 500 倍液,其还可兼治霜霉病和炭疽病,还可选用 72.2%霜霉威盐酸盐水剂 800 倍液、72%锰锌·霜脲可湿性粉剂 600～700 倍液、69%锰锌·烯酰可湿性粉剂 600～700 倍液、60%氟吗·锰锌可湿性粉剂 700 倍液、10%氰霜唑悬浮剂(科佳)2 000 倍液等进行喷雾。大棚、温室在结瓜后发病初期用 45%百菌清烟剂 3.75 kg/hm^2,分放 6～7 处,用暗火点燃熏 1 夜,次晨通风,间隔 7 天。或于傍晚用 5%百菌清粉尘剂 15 kg/hm^2 喷粉,间隔 9～11 天。喷雾应均匀周到,并特别注意喷叶背面。喷粉时施药人员要戴口罩和风镜,并由里向外喷施。

九、黄瓜枯萎病

1. 症状识别

黄瓜枯萎病属于土壤传染的维管束病害。主要侵害植株根部和茎基部维管束,病菌在维管束内繁殖蔓延,通过堵塞维管束导管和分泌有毒物质毒害寄主细胞,破坏寄主正常吸收输导机能,使养分水分转运受阻,造成植株地上部萎蔫,最终导致全株枯萎死亡。剖检病株茎基部,可见茎部皮层及木质部维管束呈褐色病变。潮湿时患部表面还可长出黄白色至粉红色粉状霉,此即为本病病征。

2. 病原

黄瓜枯萎病由半知菌亚门的尖镰孢菌黄瓜专化型[*Fusarium oxysporum* (Schl.) *f*. sp. *cucumerinumowen*]侵染所致。本病菌专化型仅侵染黄瓜和甜瓜,自然条件下不侵染西瓜、瓠瓜、南瓜、丝瓜。

3. 发病规律

病菌主要以厚垣孢子和菌丝体随病残体在土壤中或以菌丝体潜伏在种子内越冬。厚垣孢子在土中能存活 5 年以上。病菌远距离传播主要借助带菌种子和带菌肥料,田间近距离传播主要借助灌溉水、流水、风雨、昆虫及农事操作等,从伤口侵入致病。发病适宜土温为 20～23℃,低于 15℃或高于 35℃病害受抑制。黄瓜连作,低洼潮湿,水分管理不当,浇水过多或大水漫灌,或雨后积水等,致使根系呼吸减弱,发育不良,或施用未充分腐熟的肥料,皆易诱发本病。品种间抗病性有差异，杂交一代表现抗病。

4. 防治技术

（1）因地制宜　选用抗耐病丰产良种。

（2）种子消毒　用0.1%多菌灵盐酸盐＋0.1%平平加溶液浸种1h，或用50%多菌灵可湿粉500倍液浸种30 min。

（3）实行轮作　重病地实行3年轮作，最好是水旱轮作。

（4）加强栽培管理　整治排灌系统，严防大水浸灌，配方施肥，增施磷钾肥，改善土壤理化性状，活化土壤微生物，发现病株及早拔除烧毁。

（5）药剂防治　定植成活后至初果期病害发生前，喷高锰酸钾1 000倍液、40%三唑酮、多菌灵可湿粉1 000～1 500倍液、10%双效灵水剂500倍液，2～3次，以喷淋茎基部及地际为主。出现病株后在拔除烧毁病株基础上，继续淋施上述药剂封锁发病中心，控制蔓延。

十、菜豆锈病

1. 症状识别

主要侵害叶片，严重时也为害叶柄和豆荚。发病初期叶片出现褪绿或淡黄色小斑点，稍突起，发病后期出现深黄褐色夏孢子堆，表皮破裂，散出褐色粉末，即夏孢子。后在夏孢子堆上或四周生紫黑色疱斑，即冬孢子堆。有时叶面或背面可见略凸起白色疱斑，即病菌锈子腔。豆荚染病也产生夏孢子堆和冬孢子堆。

2. 病原

病原菌为菜豆单胞锈菌[*Uromyces appendiculatus*（Pers.）Ung.]，异名*U. phaseoli*（Pers.）Wint.，属担子菌亚门。

3. 发病规律

病菌以冬孢子在病残体上越冬，冬孢子萌发产生担子和担孢子，担孢子侵入寄主形成锈子腔，内有大量锈孢子，侵染菜豆并形成疱状夏孢子堆，夏孢子靠气流传播，在田间重复进行再侵染。深秋产生冬孢子堆和冬孢子越冬。

高湿是诱发菜豆锈病的主要因素。寄主表面上的结露和水滴是病菌孢子萌发和侵入的必要条件。夏孢子萌发的适宜温度为16～22℃，侵入的适宜温度为15～24℃。菜豆锈病多发生在夏秋之际，特别是开花期，气候凉爽、昼夜温差大、叶片结露，有利于夏孢子的萌发和侵染，病害容易流行。菜豆不同品种存在抗性差异，一般矮生品种较蔓生品种抗病。

4. 防治技术

（1）选用抗病品种　如鲁芸豆2号、芸丰架豆、春风4号、新秀1号、九粒白、紫秋豆、福三长丰、秋抗6号、细花、蒙阴秋不老、莱阳九粒白等。

（2）农业防治　选择地势高燥、排水良好的地块种植菜豆。合理布局，秋菜豆最好远离夏菜豆地种植。及时摘除中心病叶、收获后及时清除田间病残体，集中做深埋处理。

（3）药剂防治　发病初期喷洒50%硫黄悬浮剂200～300倍液，或50%萎锈灵乳油800倍液，或25%敌力脱乳油3 000倍液，或50%甲基托布津可湿性粉剂800倍液，或75%百菌清可湿性粉剂600倍液，或70%代森锰锌可湿性粉剂500倍液进行防治，每10d左右防治一次，防治1～2次。

十一、萝卜白斑病

该病主要为害萝卜、白菜、油菜、芥菜、芜菁、菜薹等十字花科蔬菜。

1. 症状识别

主要为害叶片。发病初期，叶面散出灰褐色圆形斑点，很快扩大成圆形、近圆形至卵圆形病斑，大小 6～15 mm，颜色由灰褐渐转为灰白或枯白色。斑面上隐约可见 1～2 个轮纹，有的品种病斑周缘有浓绿色的晕环。潮湿时，病斑背面产生稀疏的淡灰色霉状物。发病严重时，病斑连片，形成不规则的大斑块，导致叶片失水枯萎。后期病部半透明状，组织变薄，易破裂穿孔。病重地块，病叶枯黄、卷皱，一般不脱落。

2. 病原

本病由白斑小尾孢菌（*Cercosporella allo-maculans* Ell. et Ev. Sacc.）所致，属于半知菌亚门真菌。菌丝体纤细、无色、有隔。分生孢子梗数根甚至十数根成丛从叶背气孔伸出，短小，正直或稍弯曲，顶端着生分生孢子。分生孢子无色，线形或鞭状，细小，直或略弯，一般具 3～4 个横隔。

3. 发病规律

病菌主要以菌丝体随病残体遗留在地表越冬，也可在采种株上越冬。翌年病菌借雨水或灌溉水溅冲到种株叶片上，侵染为害。之后在春菜、夏菜上接续发病传播到秋季萝卜上为害。种子也可带菌。田间发病后产生新的分生孢子，借风雨传播，进行再侵染。一般潜育期仅 10 天左右。

病菌喜温暖潮湿条件。温度 11～23℃，60%以上的相对湿度，是病菌侵染必要条件。故秋雨连绵、温暖潮湿、昼夜温差大、重雾多露时发病重。此外，播种过早，连作地块或肥料不足的地块易于发病。植株长势弱、抗性下降，容易发病。

4. 防治技术

(1) 实行轮作　重病地与非十字花科蔬菜轮作 2～3 年。

(2) 田间管理　田间及时摘除病叶，萝卜收获后彻底清除病残株，随即深耕，消灭菌源。

(3) 种子消毒　用 50℃温水浸种 20 min，或用种子重量 0.4%的 50%福美双拌种。

(4) 加强管理　精细整地，适期晚播，合理灌水，增施磷、钾肥，提高植株抗病性能。

(5) 药剂防治　发病初期及时用药。可喷布 50%托布津可湿性粉剂 500 倍液，或 75%百菌清可湿性粉剂 600 倍液，或 70%代森锰锌可湿性粉剂 600 倍液，或 50%混杀硫悬浮剂 600 倍液，或 80%大生可湿性粉剂 800 倍液，或 50%扑海因可湿性粉剂 1 000 倍液。

十二、番茄晚疫病

1. 症状识别

幼苗、叶、茎和果实均可受害，以叶和青果受害重。

(1) 幼苗染病　病斑由叶片向主茎蔓延，使茎变细并呈黑褐斑色，致全株萎蔫或折倒，湿度大时病部表面生白色霉层。

(2) 叶片染病　多从植株下部叶尖或叶缘开始发病，初为暗绿色水浸状不整齐病斑，扩大后转为褐色，高湿时叶背病健交界处长白色霉层。

(3) 茎上染病　病斑呈黑褐色腐败状，引致植株萎蔫。

(4) 果实染病　主要发生在青果上，病斑初呈油浸状暗绿色，后变成暗褐色至棕褐色，稍凹陷，边缘明显，云纹不规则，果实一般不变软。湿度大时其上长少量白霉，迅速腐烂。

2. 病原

由致病疫霉菌[*Phytophthora infestans*(Mont.)De Bary]侵染所致，属鞭毛菌亚门真菌。菌丝无色，无隔膜，在寄主细胞间隙生长，以很少的丝状吸器伸入寄主细胞内吸取营养。病斑上的白霉是病菌的孢囊梗和孢子囊。孢囊梗3～5根成丛，由叶背气孔伸出。孢囊梗纤细，上部常有3～4个分枝，其顶端膨大形成孢子囊。

3. 发病规律

番茄晚疫病菌主要在冬季栽培的番茄中越冬，有时可以厚垣孢子在落入土中的病残体上越冬，借气流或雨水传播到番茄的植株上，从气孔或表皮直接侵入，在田间形成中心病株，病部长出菌丝和孢子囊，借风雨传播蔓延，进行多次重复侵染，引起该病流行，尤其中心病株出现后，伴随雨季到来病势扩展迅速。此病多发生在白天气温24℃以下，夜间10℃以上，相对湿度75%～100%。因此，降雨的早晚，雨日多少，雨量大小及持续时间长短是决定该病发生和流行的重要条件，地势低洼，排水不良，致田间湿度大，易诱发此病的大流行。

4. 防治技术

(1) 选育抗病品种　因地制宜的选用当地种植的抗病品种。

(2) 加强田间管理　加强通风透光，降低田间湿度。保护地栽培的要适时放风，降湿，合理施肥和灌水，保持植株健壮，增强抗病能力。

(3) 药剂防治　发病前或发病初叶面喷施72.2%普力克800倍液、70%乙膦·锰锌可湿性粉剂500倍液、64%杀毒矾可湿性粉剂500倍液、绿普安可湿性粉剂400倍液。

十三、番茄早疫病

1. 症状识别

该病在苗期，成株期均可染病，主要侵染为害叶、茎、花、果。

(1) 叶片初呈针尖大的小黑点，后发展为不断扩展的轮纹斑，边缘多具浅绿色或黄色晕环。中部现同心轮纹。

(2) 茎部染病多在分枝处产生灰褐色至深褐色不规则圆形或椭圆形病斑，表面生灰褐色霉状物，即分生孢子梗和分生孢子。

(3) 叶柄受害、生椭圆形轮纹斑，深褐色或黑色，一般不将茎包住。

(4) 青果染病，始于花萼附近，初为椭圆形或不规则褐色或黑色斑，凹陷，后期果实开裂，病部较硬，密生黑色霉层。

2. 病原

病原属半知菌亚门真菌，称“茄链格孢”*Alternaria solani*(Ellis et Martin)Jones et Grout.异名*A. solani sorauer*。菌丝丝状，有隔膜。分生孢子梗自气孔伸出，束生，每束1～5根，梗圆筒形或短杆状，暗褐色，具隔膜1～4个，直或较直，梗顶端着生分生孢子。分生孢子卵形或倒棒形，淡黄色，孢子纵隔1～9个，横隔7～13个，顶端长有较长的喙，无色，多数具1～3个横隔。病菌生长发育温度范围为1～45℃，其中26℃以下最合适。

3. 发病规律

以菌丝体或分生孢子在病残体或种子上越冬，可从气孔、皮孔或表皮直接侵入，形成初侵染，通过雨水传播，进行多次重复侵染，因此每年雨季到来的迟早、雨日的多少、降雨量的大小和分布均影响番茄早疫病的扩展。此外，该菌属兼性腐生菌，田间管理不当或大田改种番茄后常因基肥不足发病重。

4. 防治技术

化学防治可选用58%甲霜灵·锰锌800倍液、64%杀毒矾可湿性粉剂500倍液、50%扑海因可湿性粉剂1 000倍液叶面喷施。

项目七　果树主要病害防治技术

一、苹果树腐烂病

苹果树腐烂病属于世界性病害，又称烂皮病，是苹果树树干上的重要病害，受害严重的果园树干病疤累累，树势严重衰弱，死树和毁园现象时有发生。腐烂病除为害苹果外，还可感染沙果、海棠和山定子等苹果属植物。

二维码 4-7
果树主要病害图片

1. 症状识别

(1) 溃疡型　主要发生在树体的主干和主枝下部以及主枝与主干分叉处。病斑大小不等，红褐色，水渍状，组织松软，近圆形或不规则形。病皮组织腐烂，发出酒糟味，用手指按压即下陷，并流出红褐色汁液，掀开表皮可见树皮内层已完全腐烂。到发病后期病部失水下陷，病皮呈黑褐色，边缘开裂。在病组织内产生外子座突破表皮，露出黑色小粒点，外子座内的分生孢子器在雨后或天气潮湿时，涌出橘黄色卷须状孢子角。秋季以后，病斑上产生较大、颜色略深的黑色粒点（内子座及子囊壳）。

(2) 枯枝型　多发生在小枝、果台或树势极度衰弱的大枝上，病变蔓延迅速，全枝迅速失水干枯死亡，病疤不隆起，不呈水渍状，边缘也不明显。后期病部也产生很多小黑点。

苹果腐烂病也能侵染果实。果实上的病斑暗红褐色近圆形或不规则形，具轮纹，边缘清晰，病组织软腐状，有酒糟味，病斑中部散生或集生，有时略呈轮纹状排列的小黑点，潮湿时涌出橘黄色卷须状的分生孢子角。

2. 病原

病原物有性阶段为子囊菌亚门、黑腐皮壳属、苹果黑腐皮壳菌（*Valsa mali* Miyabe et Yamada）；无性阶段为半知菌亚门、壳囊孢属、壳囊孢菌（*Cytospora mandshurica* Miura）。病部出现的小黑点为病菌的外子座，外子座内含有1个分生孢子器，分生孢子器成熟时形成几个腔室，各室相通，只有一个共同的孔口，其产孢能力可维持两年。分生孢子梗无色透明，分枝或不分枝，分生孢子无色单胞，腊肠形，两端圆，内有油球。分生孢子形成时与胶体物质混合在一起，遇雨水或高湿时胶体物质吸水膨胀，连同孢子自孔口溢出，形成卷须状橘黄色的孢子角。秋季在外子座下面或其周围形成内子座，每个内子座中形成3～14个子囊壳，子囊壳烧瓶状，具长颈，顶端有孔口，子囊壳内壁着生子囊层，子囊长椭圆形或纺锤形，一端较宽，顶端钝圆或较平，内含8个子囊孢子，子囊孢子排成两行或不规则排列，腊肠形，无色，单胞，比分生孢子稍大。病菌菌丝生长温度范围为5～38℃，最适温度为28～32℃。分生孢子萌发最适温度为24～28℃。子囊孢子最适萌发温度为19℃左右。分生孢子和子囊孢子在蒸馏水或雨水中不易萌发，当给予一定的补充营养（苹果汁、苹果树皮煎汁、麦芽糖或蔗糖等）后，萌发良好。

3. 发病规律

病菌以菌丝体、分生孢子器及子囊壳在病枝干、果园及其病残体上越冬，翌春遇雨时，大量分生孢子和子囊孢子从分生孢子器和子囊壳中溢出，通过雨水飞溅和昆虫活动传播，从伤口(冻伤、剪锯伤、环剥伤、虫伤等)侵入，潜育期7～15天，形成新的分生孢子器，散发出分生孢子，进行多次再侵染，具有潜伏侵染的特点。

该病菌的寄生性很弱，只能通过树皮伤口侵入已死亡的皮层组织，并在其中定殖扩展，苹果萌芽展叶进入生长旺盛期后，树体的抗病性增强，病斑扩展渐趋停止。到秋季随着树体营养的消耗，又出现一次发病小高峰。因此，腐烂病在春季(2～3月)和秋季(8～9月)有两次发病高峰。有试验表明，健康枝条和组织带菌现象很普遍，树势强壮时不发病，一旦树势衰弱，马上表现症状。

4. 发病因素

(1) 冻害　周期性的冻害是诱导腐烂病流行的主导因素之一。冬季冻害严重的年份，到春季是腐烂病大发生之年。低洼积水和后期贪青的果园易遭冻害，常诱发病害流行。山地或沙地果园，向阳面的枝干易受日灼伤，发病也常较重。

(2) 树势衰弱　果园栽培管理粗放、果树营养不良树势衰弱是腐烂病流行另一个重要因素。通常，苹果树进入结果期后，腐烂病才开始发生。随着树龄增加，产量提高，腐烂病逐年加重。另外，虫害及其他病害的为害也会导致树势衰弱，加重腐烂病的发生。

(3) 伤口与愈伤能力　伤口多发病重，树体伤口愈伤能力与品种和树皮含水量密切相关，当枝条含水量在80%(枝条正常含水量)时，愈伤速度最快，病斑扩展缓慢，含水量接近100%(枝条含水量饱和)时，愈伤速度稍慢，含水量67%以下(枝条呈失水状态)时，愈伤速度最慢，病斑扩展缓慢。

5. 防治技术

防治腐烂病应加强栽培管理、提高树体抗病力，及时清除病变组织和病残体，结合涂药保护和病斑治疗及防治枝干害虫等综合治理措施。

(1) 加强栽培管理　合理修剪整枝，培养良好的树形和树势。合理施肥，做到有机肥和化肥及氮、磷、钾肥的配合施用。疏花疏果控制合理负载量，以平衡营养生长和生殖生长，克服大小年现象；树体防冻秋季进行绑草、培土、树干涂白，以防冻害。预防蛀干害虫和早期落叶病。树干涂白，防止果树受冻。

(2) 清洁果园　冬季和夏季修剪过程中，及时清除病残枝干、残桩、死树，烧毁或深埋，以减少果园病菌来源。

(3) 病斑治疗　早春或秋季认真检查表面溃疡，发现后将病部树皮表层组织及周围少量健康组织刮除(对处于扩展高峰期的病斑，应刮掉2 cm左右的健皮)，并集中烧毁。每次刮治后，伤口应涂抹加有2%平平加的40%福美胂或50%退菌特可湿性粉剂50倍液或5～10波美度石硫合剂1～2次，还可以用843-康复剂原液、2%腐植酸钠、腐必清、治烂液等涂抹，以杀死残留在病部的病菌。也可用利刀以0.5 cm的间隔，在病斑上纵划几道，深至木质部表层，然后用毛刷将上述药液涂抹于病部，每周1次，连续3次。

(4) 药剂铲除　用50%福美胂可湿性粉剂100～200倍液涂刷主干、主枝。施药前先刮除病疤及表层溃疡斑，并剪除病枝和干桩。对重病树也可在春季发芽前刮粗皮，清除病残体组织后全树喷1次上述药剂，再对树体易发病部位涂抹1～2次。

(5) 桥接　对主干、主枝上的大病斑刮除治疗后，可在 4 月中下旬用桥接的方法接通输导组织。

二、苹果轮纹病

苹果轮纹病又名粗皮病、轮纹褐腐病、水烂病，是我国乃至世界苹果产区的一种常见性病害。苹果枝干轮纹病导致树势衰弱，产量剧减或绝产，甚至死树毁园。苹果果实轮纹病可以导致产量下降，苹果溃烂。

1. 症状识别

该病为害苹果、梨、桃、李、杏、枣、海棠等的枝干、果实，叶片受害较少。

(1) 枝干受害　在皮孔上形成圆形或扁圆形的瘤状物，直径 3～30 mm，红褐色，坚硬，边缘龟裂与健康组织形成一道环沟。翌年病斑中间生黑色小粒点即分生孢子器。严重时，病组织翘起如马鞍状，许多病斑连在一起，使表皮粗糙，俗称“粗皮病”。

(2) 果实受害　在成熟期或贮藏期，以皮孔为中心，生成水渍状褐色小斑点，很快形成同心轮纹状，并向四周扩大，呈淡褐色或褐色，整个果实软腐。后期在表面形成许多黑色小粒点，即分生孢子器。烂果多汁，有酸臭味。

(3) 叶片受害　产生近圆形同心轮纹状褐色或不规则褐色病斑，大小 5～15 mm，渐变为灰白色，并生小黑点，病斑多时，叶片干枯早落。

2. 病原

病原物有性世代属子囊菌亚门、核菌纲、球壳菌目、梨生囊孢壳菌 *Physalospora piricola* Nose.，无性世代为半知菌亚门、球壳孢目、轮纹大茎点菌 *Macrophoma kawatsukai* Hara 的真菌。

3. 发病规律

病菌以菌丝体、分生孢子器及子囊壳在被害枝干上越冬。菌丝在枝干病组织中可存活4～5 年，每年 4～6 月产生分生孢子，靠雨水飞溅传播，成为初侵染源。病菌从皮孔侵入。幼果期侵染，侵入后潜伏，到果实近成熟或贮藏期发病，潜伏的菌丝迅速蔓延形成病斑。枝干受害，新病斑当年不形成分生孢子器，第 2～3 年大量形成，第 4 年后减弱。病菌是弱寄生菌，老弱树易感病。品种不同感病性不同，苹果中富士、青香蕉、金冠、王林、红星、玉霰受害最重，元帅、印度、国光、祝光等易感柄，首红、新红星、红玉等感病轻。砧木中圆叶海棠抗性强。

4. 防治技术

(1) 刮除病斑　在休眠期刮掉病粗皮，集中烧毁。亦可在 5～7 月重刮皮，减少侵染来源。

(2) 清除病果　在果实成熟期或采收时剔除病果深埋。果实入库前剔除病果、伤果。贮藏温度在 5℃以下，以 1～2℃为宜。

(3) 适时喷药　发芽前喷 1 次 5 波美度石硫合剂，生长期可用 1∶2∶240 波尔多液、50％多菌灵可湿性粉剂 800 倍液、70％甲基硫菌灵可湿性粉剂 800 倍液。果实采收前喷 1～2 次内吸杀菌剂，如多菌灵等。

三、苹果斑点落叶病

1. 症状识别

该病主要为害叶片，造成早落，也为害新梢和果实，影响树势和产量。叶片上出现很多斑点,圆形,有紫红或砖红色晕圈。扩至5～6 mm时,斑呈红褐色,中心具深色小点或同心轮纹。潮湿时叶片两面都长出墨绿或黑色霉层。幼果出现1～2 mm的小圆斑,有红晕,后期变黑褐色小点或成疮痂状。

2. 病原

病菌属半知菌亚门、交链孢属,轮斑病菌强毒菌系(*Alternaria alternaria* f. sp. *maii* Roberts)。分生孢子梗从病斑表面生出,褐色,丝状,弯曲,有分隔,顶端串生数个分生孢子。分生孢子暗褐色,短棒槌形,或卵形。具2～5个横隔,1～3个纵隔,顶端有小突起或无。

3. 发病规律

病菌以菌丝在芽外部鳞片到内部叶原体上越冬,叶芽是重要初侵染源。翌春产生分生孢子,随气流、风雨传播,从伤口或直接侵入进行初侵染。分生孢子一年有两个活动高峰,第一高峰从5月上旬至6月中旬,孢子量迅速增加,致春梢和叶片大量染病,严重时造成落叶;第二高峰在9月,这时会再次加重秋梢发病严重度,造成大量落叶。

该病的发生、流行与气候、品种密切相关。高温多雨病害易发生,夏季降雨多,发病重。苹果品种中,红星、红元帅、印度、玫瑰红、青香蕉易感病;富士系、金帅系、乔纳金、鸡冠、祝光发病较轻。此外,树势衰弱、通风透光不良、地势低洼、地下水位高、枝细叶嫩等均易发病。病害潜育期随温度不同而异,17℃时潜育期6 h,20～26℃潜育期4 h,28～31℃潜育期3 h。

4. 防治技术

(1) 严格检疫　尽量不从病区引进苗木、接穗。

(2) 农业防治　选用抗病品种。秋末冬初剪除病枝,清除落叶,集中烧毁,以减少初侵染源;夏季剪除徒长枝,减少后期侵染源。改善果园通透性,低洼地、水位高的果园要注意排水。合理施肥,增强树势,提高抗病力。

(3) 预测预报　可用孢子捕捉器监测。做法是用载玻片涂凡士林,绳拴悬挂于树枝上,距地1.3～1.5 m,按地块近四角处及中心位置挂5片,每3天换1次,取下于显微镜下检查。孢子高峰日第4天,可见病斑小米粒大小;高峰日后第7天,田间发现第一块病斑,即应打药防治。

(4) 药剂防治　预防为主。根据预测可在发病前和发病始期用第一次药。常用药剂1∶2∶200倍式波尔多液或10%世高水分散粒剂2 000～2 500倍液、3%克菌康1 000倍、50%扑海因可湿性粉剂1 000倍液、50%速克灵可湿性粉剂1 000倍液、10%宝丽安800倍液、70%代森锰锌可湿粉400～600倍液、10%多氧霉素可湿粉1 000～1 500倍液等,生产上可与波尔多液交替使用,隔10～20天一次,共防3～4次。

四、梨黑星病

梨黑星病又称疮痂病、黑霉病,是梨树重要病害之一。在种植鸭梨、白梨等高度感病品种的梨区,病害流行频繁,造成重大损失。

1. 症状识别

病菌能为害叶片、新梢、果实、芽及花序等所有绿色幼嫩组织,其中以叶片和果实受害最重,为害期从落花后直到果实近成熟期。

芽最早发病,当早春萌芽后,从芽鳞片重合处露出的淡绿色部分即可见黑色有光泽的病斑,以后病斑上产生黑霉(分生孢子梗和分生孢子)。严重时致芽枯死。花序受害后,花萼和花梗基部呈现褐色坏死斑，并产生黑霉。病斑扩展至叶簇、花序基部，致使叶簇和花序萎蔫枯死。受害叶片初在背面产生圆形、椭圆形或不规则形黄白色病斑，病斑沿叶脉扩展，并产生黑色霉状物，发病严重时整个叶片布满黑霉，叶片正面常呈多角形或圆形褪色黄斑。新梢受害病斑初呈黄褐色，逐渐产生黑色或黑褐色、凹陷开裂的椭圆形溃疡斑，严重时枝梢易从病斑处折断。刚落花后的幼果受害后常不能膨大而脱落。较大果实受害后，病部停止生长，木栓化，形成果面凹凸不平、龟裂的畸形果。后期受害色、凹陷的圆形病疤，病疤坚硬，表面粗糙，常产生星状开裂。病部均可产生黑霉。

2. 病原

病原物有性态为子囊菌亚门、黑星菌属、纳雪黑星菌（*Venturia nashicola* Tanaka et Yamamoto），无性态为半知菌亚门、黑星孢属、黑星孢（*Fusicladium* sp.）。

病菌假囊壳一般在过冬后的落叶上产生，以叶背面居多，散生或聚生，圆球形或扁圆球形，子囊棍棒状，聚生在假囊壳底部，无色透明，每个子囊内含 8 个子囊孢子，子囊孢子淡黄绿色或淡黄褐色，双胞，上大下小，如鞋底状。生长季出现的黑色霉层为分生孢子梗和分生孢子，分生孢子梗 5～14 根丛生，从寄主角质层伸出，粗而短，暗褐色，无分枝，直立或弯曲，其上有许多分生孢子着生后脱落的疤痕（胞痕），分生孢子淡褐色或橄榄色，两端尖，纺锤形，单胞，但少数在萌发时可产生 1 个隔膜。

病菌生长温度范围为 5～28℃，以 22～23℃为最适。分生孢子形成的最适温度为 20℃，萌发的温度范围为 2～30℃，以 21～23℃为最适。

3. 发病规律

病菌主要以分生孢子或菌丝体在腋芽的鳞片内越冬，也能以菌丝体在枝梢病部越冬，或以分生孢子、菌丝体及未成熟的子囊果在落叶上越冬。病菌的分生孢子和子囊孢子主要通过风雨传播。孢子萌发后可直接侵入，潜育期为 14～25 天。幼嫩部位最先发病，并产生大量分生孢子，通过风雨传播到附近的叶片、果实和新梢上作多次再侵染，加重病情。由于各地的气候条件不同，梨黑星病在各地发生的时期也不一样。长江中下游地区一般在 4 月中下旬开始发病，梅雨季节为发病盛期，7～8 月由于气温较高，组织老熟，病害受抑制，而 9～10 月间，气温下降，一般不再发病，但遇秋雨多时，秋梢上则可再度发病。

4. 防治技术

（1）消灭病菌侵染来源　秋末冬初清扫地面落叶和落果，冬季或早春结合修剪，清除病梢，集中烧毁。发病初期，及时连续地剪除中心病梢和花序，防止病菌扩散蔓延。在梨芽萌动时，对树上树下喷布硫酸铵或尿素 10～20 倍液，可明显减少新梢发病率。在花芽绽开时，喷布 1～3 波美度石硫合剂也有较好的防治效果。

（2）加强栽培管理　在病害常发区，栽种抗病性较强的优良品种，增施有机肥料，可提高植株抗病力。合理修剪，促使树冠内通风透光，降低梨园湿度，使之不利于病菌的繁殖和病害的蔓延。发现病梢及时剪除深埋。

（3）喷药保护　北方梨区，一般在梨芽刚刚萌动时喷第一次药，即白梨萼片脱落、病梢初现时。以后根据天气情况和病情确定喷药次数和时期，一般在 6 月中旬、6 月底至 7 月上旬以及 8 月上旬各喷药 1 次。有效药剂及使用的浓度为 1∶2∶（200～240）波尔多液、70％代森锰锌可湿性粉剂 600～800 倍液、50％速克灵 1 500～2 000 倍液等。对波尔多液敏感、易产生药害的品种，可改用 30％百科乳油 125 mg/L 液等代替。

五、梨锈病

梨锈病又称赤星病，俗名“羊毛丁”。分布于我国各梨产区，为害严重时引起早期落叶、落果，对产量影响很大。梨锈病菌除为害梨外，还能为害山楂、木瓜、海棠。该病菌是一种转主寄生菌，其转主寄主为松柏科的桧柏、欧洲刺柏、高塔柏、圆柏、龙柏和翠柏等。

1. 症状识别

该病主要为害叶片，也为害新梢和幼果。

(1) 叶片　叶片受害初在其正面产生橙黄色小点，逐渐扩大成近圆形病斑。病斑中央橙黄色，边缘淡黄色，最外面有一层黄绿色晕圈，直径 4～5 mm。之后病斑表面密生橙黄色针头大小的小粒点(性孢子器)，潮湿时溢出淡黄色黏液(性孢子)。黏液干燥后小粒点变黑色。后期叶背面呈淡黄色疱状隆起，并在隆起部位产生数根灰黄色的毛管状物(锈孢子器)。不久，锈孢子器顶端破裂，散出黄褐色粉末(锈孢子)。最后病斑逐渐变黑干枯，毛管状物脱落。一张叶片上的病斑数目不等，多时可达数十个，同时叶片向内卷曲，叶色变淡，最后全叶变黑干枯脱落。

(2) 幼果　受害幼果初期症状与叶片症状相似，病部微下陷，果实畸形。后期在同一部位产生毛管状物。

(3) 新梢、叶柄和果柄上的症状与果实相似，但病部肿大明显，黄绿色。叶柄、果柄受害后易引起落叶、落果。新梢受害后，常因病部龟裂而易折断。

(4) 梨锈病在桧柏等转主寄主的针叶、叶腋或小枝上产生淡黄色斑点，病部于秋季黄化隆起，翌春形成球形或近球形瘤状菌瘿。菌瘿继续发育后，突破表皮露出红褐色的冬孢子角，直径 1～3 mm。冬孢子角成熟后，遇雨吸水膨大呈橙黄色的舌状胶质块，天气干燥时即干缩成污胶状物。

2. 病原

病原物为担子菌亚门、胶锈菌属、梨胶锈菌[*Gymnosprangium asiaticum* Miyabe ex Yamada]。病菌在整个生活史中可产生四种类型孢子，需要在两类不同的寄主上完成其生活史。在梨树上产生性孢子和锈孢子，在桧柏植物上产生冬孢子和担孢子。

性孢子器扁烧瓶形，基部埋生在梨叶片正面表皮下，上部突出，从孔口生出丝状受精丝，并释放性孢子；性孢子单胞、无色，纺锤形或椭圆形。锈孢子器丛生于梨叶病斑背面或病梢和病果的肿大病斑上，细长圆筒形，长 5～6 mm。锈孢子球形或近球形，橙黄色，表面有小瘤。冬孢子纺锤形，黄褐色，顶壁较厚，双胞，分隔处稍缢缩，柄细长，外被胶质，遇水胶化，萌发时产生一个具 3 个隔膜、4 个细胞的担子，每细胞生一小梗，每小梗顶端着生一个担孢子。担孢子卵形，淡黄褐色，单胞。冬孢子萌发的最适温度为 15～23℃，萌发时需要有水膜。

3. 发病规律

病菌以菌丝体在桧柏等转主寄主的病组织中越冬，翌春 2～3 月形成冬孢子角。冬孢子萌发产生担孢子。担孢子随风传播，当散落在梨树幼叶、新梢、幼果上时，遇水萌发长出芽管，从气孔、皮孔或从表皮直接侵入。担孢子最大有效传播距离为 2.5～5 km。病菌侵入后，叶面产生橙黄色病斑，病斑表面长出性孢子器，在叶背形成锈孢子器和锈孢子。锈孢子通过风力传播至桧柏等转主寄主上为害，并在转主寄主上越夏、越冬，至翌春形成冬孢子角。该病的担孢子只能侵染梨，而锈孢子只能侵染桧柏，由于缺少夏孢子，属于单病程病害。

4. 防治技术

由于梨锈病侵染循环中无再侵染和病菌具有转主寄生的特点，因此消灭转主寄主是防治的关键。

(1) 铲除转主寄主　在梨区周围 5 km 范围内，不栽植桧柏等植物，使病菌缺少转主寄主而无法完成生活史，避免梨树发病。

(2) 抗病品种的利用　秋子梨系统、白梨系统、沙梨系统均感病，西洋梨抗病。

(3) 药剂防治　早春在桧柏上喷洒 3～5 波美度石硫合剂、0.3%五氯酚钠或 1 波美度石硫合剂与 0.3%五氯酚钠的混合液等，抑制冬孢子萌发。

梨树上喷药应在梨树萌芽期至展叶后 25 天内进行，一般药剂每隔 10 天左右喷 1 次，连续喷 2～3 次。有效药剂有 20%三唑酮乳油 2 000～2 500 倍液、50%多菌灵可湿性粉剂 800 倍液或 70%甲基硫菌灵可湿性粉剂 1 000 倍液等。

六、葡萄黑痘病

葡萄黑痘病又称疮痂病，是葡萄重要病害之一。各葡萄产区普遍发生，尤以春、夏两季多雨潮湿的长江中下游地区和淮河流域发病严重，常造成巨大的经济损失。

1. 症状识别

该病能够侵染葡萄的所有绿色幼嫩部分。

(1) 受害的幼嫩叶片开始出现针头大小的红褐色小斑点，斑点周围有黄色晕圈。病斑逐渐扩大后呈圆形或不规则形，中间灰白色，周围暗褐色或紫色，边缘黄绿色，直径 1～4 mm，似“鸟眼”状。干燥时病斑自中央破裂穿孔。受害严重时幼叶常扭曲，皱缩畸形，坏死干枯。

(2) 被害幼果上的病斑初为圆形、深褐色小斑点，扩大后直径可达 2～5 mm，中央凹陷，呈灰白色，外部深褐色，周缘呈紫色，似“鸟眼”状。

(3) 穗轴、果梗、叶柄、新梢和卷须发病时初显圆形或不规则的褐色小点，以后病斑中央呈灰褐色，开裂凹陷，边缘深褐色或紫褐色，严重时多个病斑联合成大斑，致使果穗、新梢生长停滞，萎缩，甚至枯死。空气潮湿时，病斑上呈现出粉红色黏质物(分生孢子团)。

2. 病原

病原物有性阶段为子囊菌亚门、痂囊腔菌属，葡萄痂囊腔菌[*Elsinoe ampelina* (de Bary) Shear]，我国尚未发现。无性阶段为半知菌亚门、痂圆胞属、葡萄痂圆孢(*Sphaceloma ampelimun* de Bary)。

病菌子囊果为子囊座，内有多个排列不整齐的腔穴，每个腔穴内着生一个子囊，子囊无色，近球形，内藏有 4～8 个子囊孢子，子囊孢子无色，香蕉形，具有 3 个隔膜。分生孢子盘瘤状，基部埋生于寄主组织内，外部突出角质层，分生孢子梗短小，无色、单胞，分生孢子椭圆形或卵形，无色，单胞，稍弯曲，两端各有一个油球。

病菌生长温度范围为 10～40℃，最适温度为 30℃。分生孢子在 25℃左右、高湿时最易形成。分生孢子的萌发温度范围为 10～40℃，以 24～25℃为最适。

3. 发病规律

病菌以菌丝体或分生孢子盘潜藏在多年或当年生病枝蔓的病痕及芽鳞内越冬，也可随病叶、病果和病梢等病残体遗留在地面上越冬。病菌的生活力很强，在病组织中可存活 3～5 年之久。越冬病菌翌春产生分生孢子，借风雨传播到新叶新梢上，萌发后从气孔或表皮直接侵入。侵入后菌丝体在表皮下蔓延，并形成分生孢子盘，突破表皮，条件适宜时，不断产生分生孢子，陆续侵染其他绿色幼嫩部位。秋末冬初，病菌又随病组织或病残体休眠越冬。

病害的潜育期长短受气温、感病组织的幼嫩程度和品种抗病性的影响，一般为3～12天。当温度为24～28℃时，潜育期最短，只有3～6天。组织越幼嫩，越感病，潜育期也越短。品种抗性越差，潜育期也越短。

病菌远距离传播主要依靠带菌的苗木和接穗的调运。

4. 防治技术

（1）选用抗病品种　根据品种抗病性的差异，选用园艺性状良好而又抗病的品种。

（2）清除病源　冬季葡萄落叶后及时扫除落叶、枯枝、病果穗，剪除病枝梢和残存病果，刮除病枝老皮，集中烧毁。

（3）加强栽培管理　夏季修剪时摘除病梢、病叶、病果，以减少再次侵染源。合理施肥，增施钾肥，控制氮肥，以增强树势，防止枝叶徒长。及时抹芽、摘心、去副梢，改善通风透光条件，降低田间湿度等措施均可减轻病害。

（4）喷药保护　在多雨年份或地区，一般应在萌芽后一周即开始防治，可用的药剂有1∶0.7∶(200～240)波尔多液、77%可杀得可湿剂600～800倍液、70%代森猛锌可湿性粉剂700倍液等。

七、葡萄霜霉病

葡萄霜霉病是世界著名病害之一，19世纪70年代从北美洲传到欧洲，曾使法国葡萄减产50%～95%。该病在我国各葡萄产区均有发生。

1. 症状识别

该病主要为害叶片，也能侵染嫩梢、花序、幼果等幼嫩组织。

（1）叶片受害　最初在叶面上产生半透明、油渍状、边缘不清晰的小斑点，空气潮湿时病斑背面产生白色霉状物（病原菌的孢子梗与孢子囊），后逐渐扩大为淡黄色至黄褐色多角形病斑，病叶易提早脱落。

（2）嫩梢、卷须、叶柄、花穗梗感病　病斑初为半透明油渍状斑点，后逐渐扩大成黄褐色至褐色、稍凹陷的不定形病斑。空气湿度大时，病斑上产生较稀疏的白色霉状物。

（3）幼果感病　病斑近圆形，呈灰绿色，表面生有白色霉状物，后皱缩脱落，果粒长大后感病，一般不形成霉状物。穗轴感病，会引起部分果穗或整个果穗脱落。

2. 病原

病原物为鞭毛菌亚门、卵菌纲、霜霉目、单轴霉属[*Plasmopara uiticola*(Berk. et Curtis) Berl. et de Toni]。该菌为专性寄生菌，只为害葡萄。病部的白色霉状物，即病菌的孢子囊梗和孢子囊。孢子囊梗无色，4～6根自寄主气孔成束伸出。单轴分枝，分枝末端具2～3根小梗，圆锥形末端钝，孢子囊生在小梗上。孢子囊无色，单胞，卵形，顶端具乳头状突起。孢子囊萌发产生游动孢子，游动孢子肾形，一侧生有两根鞭毛。后期在组织内部产生卵孢子，褐色，球形，壁较厚。卵孢子萌发时产生芽管，在芽管前端形成芽孢囊，其作用和无性时期产生的孢子囊相同，萌发后也产生游动孢子。

3. 发病规律

病菌主要以卵孢子在落叶中越冬，在暖冬地区，附着在芽上和挂在树上的叶片内的菌丝体也能越冬。其卵孢子随腐烂叶片在土壤中能存活 2 年左右。次年春季至 6 月中旬，卵孢子萌发产生孢子囊和游动孢子，靠风雨传播到叶片上，通过气孔侵入叶内。菌丝在叶细胞间隙蔓延，以圆锥形吸器吸收叶细胞的营养物质，后从气孔伸出孢子囊梗，再产生孢子囊侵染，进行多次再侵染，病害在园中蔓延极快。一般 3～4 周时间全园大部分叶片发病。秋后再产生卵孢子越冬。

冷凉潮湿气候有利发病。植株过密，架面通风透光不良，有利发病。品种间抗病性有差异，一般美洲种葡萄较抗病，欧洲种葡萄较感病。植物组织含钙的多少与抗病性有关，当钙/钾＞1 时表现抗病，当钙/钾＜1 时表现感病。老叶含钙多，嫩叶含钙少。因此，嫩叶易感病。

4. 防治技术

（1）冬季搞好清园　收集病叶病果，剪除病梢，烧毁或深埋，以减少园中的病菌来源。

（2）加强果园管理　尽量剪去近地面不必要的蔓叶，使植株通风透光良好，以降低湿度，同时可减少土壤中越冬的卵孢子靠雨水溅上来的机会。此外，适当增施磷、钾肥，在酸性土壤中多施石灰，以提高葡萄对霜霉病的抵抗性。

（3）药剂防治　发病初期选喷 1∶0.5∶200 波尔多液或 50％克菌丹 500 倍液、65％代森锌 500 倍液、40％乙磷铝可湿性粉剂 200 倍液、25％甲霜灵可湿性粉剂 1 000 倍液、58％甲霜灵锰锌可湿性粉剂 600 倍液，以后每隔 10～15 天喷 1 次，连续 2～3 次，可以获得较好的防治效果。此外，选绿亨碱式硫酸铜 500～800 倍液也有较好效果、25％甲霜灵可湿性粉剂 2 000 倍液分别与代森锌、代森锰锌、福美双 1 000 倍液混用，比单用效果好，还可兼治其他葡萄病害。

（4）选用抗病品种　如巨峰等。

八、葡萄白腐病

葡萄白腐病又称“水烂病”“穗烂病”，是葡萄重要病害之一，我国南北葡萄产区均有分布。常年损失可达 25％左右，流行年份可达 50％～70％。

1. 症状识别

该病主要为害果穗，也为害枝蔓和叶片。

（1）果穗　受害果穗往往从穗轴和小穗轴开始产生淡褐色、水渍状的不规则形病斑，迅速蔓延整个果粒，呈褐色软腐，果皮下密布初为灰白色小粒点（分生孢子器），使果粒呈灰白色腐烂，称为“白腐”。潮湿时，从小粒点上溢出灰褐色黏液（分生孢子）。失水之后果粒干缩成具有较大棱角表面粗糙的僵果，挂在树上。

（2）枝蔓　受害枝蔓多从伤口或接近地面部位开始发病，产生水渍状、椭圆形病斑。病斑边缘深褐色，中央灰褐色并凹陷，向上下扩展。后期病斑色泽加深，表面密生灰白色小粒点。最后枝蔓皮层组织纵裂，露出维管束组织，呈“麻丝状”。

（3）叶片　受侵叶片多从叶尖、叶缘的破伤处开始发病。初期病斑水渍状，淡褐色，近圆形或不规则形，逐渐扩大后略具环纹，其上也着生灰白色小粒点。

2. 病原

病原物为半知菌亚门、垫壳孢属、白腐垫壳孢［*Coniella diplodiella*（Speq.）Petrak & Sydow］。在病组织内菌丝密集成子座，子座内着生分生孢子器，分生孢子器球形或扁球形，壁较厚，灰褐色至暗褐色，底壁凸起呈丘状，表面着生无分枝、无分隔、淡褐色的分生孢子梗，分生孢子单胞，卵圆形，成熟后为淡褐色，内含1～2个油球。

分生孢子萌发的适宜温度范围为13～40℃，最适温度为25～30℃。相对湿度95%以上时分生孢子萌发良好，92%以下不能萌发。分生孢子在蒸馏水中萌发率很低。

3. 发病规律

白腐病菌是一种兼性寄生真菌。以分生孢子器和菌丝体随病残体遗留于地面和土壤20 cm内越冬，其中5 cm处最多，成为翌年的主要初侵染源。病菌也可在悬挂于树体的僵果上越冬。分生孢子器的基部有一些由密集的菌丝体组成的"壳座"组织，对不良环境有很强的抵抗力。在干燥条件下，分生孢子器可存活15年以上，分生孢子在土壤中也能存活2年以上。越冬后的分生孢子器在春末夏初产生分生孢子，借雨水飞溅传播，通过伤口侵染近地面的果穗、枝蔓。发病后，病斑上产生分生孢子引起再侵染，加重为害。病害潜育期一般为3～8天。在最适条件下或在感病品种上，潜育期只有3天，而在抗病品种上可达10天。

葡萄白腐病具潜伏侵染现象。病菌在枝蔓发芽展叶后(5月上旬)即可对其绿色幼嫩组织进行侵染，以花序最易感病。葡萄白腐病的发病时间因各地气候条件不同而异。

4. 防治技术

(1) 清除越冬菌源　冬季结合修剪，彻底剪除病果穗、病枝蔓，生长季节摘除病果、病蔓、病叶，并集中烧毁或深埋。

(2) 加强栽培管理　提高结果部位，可以减少病菌的侵染机会，增施有机肥和钾肥，疏花疏果，及时摘心、抹副梢、绑蔓，调节植株挂果量。

(3) 药剂防治　早春于地面撒福美双：硫黄粉：碳酸钙以1：1：2，均匀混合后，每公顷撒30～45 kg，进行地面消毒。架面喷药第一次应掌握在病害的始发期，一般在6月中旬开始，以后每隔7～10天喷一次，连续喷3～5次。有效药剂有50%退菌特可湿性粉剂600～800倍液、70%代森猛锌可湿性粉剂700倍液、50%扑海因可湿粉剂1 500倍液等。

(4) 套袋　对重病区可在最后一次疏果后，进行套袋，预防病菌感染。套袋前应对葡萄进行全面喷药，在果实采收前半个月，选择晴天(切忌雨天)去除纸袋，以利果实着色。开袋后及时喷药保护。

模块小结

在黑龙江省，水稻主要病害有水稻立枯病、水稻恶苗病、水稻稻瘟病、水稻纹枯病、水稻稻曲病、水稻白叶枯病，如不加以有效控防，会对水稻生产造成不同程度的减产，甚至绝收。要采取农业防治、生物防治和化学防治相结合的综合防治措施，来缓解或避免病害的发生，最大程度地挽回因病害造成的粮食损失。

据报道，全世界玉米病害80多种，我国30多种。目前发生普遍而又严重的病害有大斑病、小斑病、锈病、纹枯病、弯孢霉叶斑病、茎基腐病、丝黑穗病等。黑龙江省玉米产区主要有大斑病、小斑病、纹枯病、丝黑穗病、黑粉病等。

大豆的病害及虫害种类较多，其具有多发性、季节性和区域性等多种特点。所谓多发性，是指它在许多地区都有发生，发生的区域广、面积大；所谓季节性，是指因季节不同、气候不同，会发生各种不同的疾病；所谓区域性，是指某些疾病会在特定区域(甚至地块)发生，并非全部都会产生。黑龙江省春大豆区常见的且危害比较大的病害主要有大豆花叶病毒病、大豆霜霉病、大豆菌核病、大豆胞囊线虫病、大豆疫霉根腐病等。

小麦作为我国的主要粮食作物之一，做好其相关的病害防治工作对我国农业发展具有积极的促进作用。小麦在整个生育过程中会出现危害小麦的病虫害有很多种，严重危害小麦的质量和产量。小麦常见的病害主要以锈病、白粉病、黑穗病、纹枯病、赤霉病等为主。

随着马铃薯脱毒快繁技术的迅速发展，马铃薯的栽培面积逐渐扩大，但生产中由于病害防治措施不当，马铃薯常见的病害也时有发生，影响马铃薯产量和品质。根据全国农技中心预测，2020 年马铃薯晚疫病总体中等发生，西南东部、东北北部、华北北部和西北东部偏重流行风险高，早疫病、病毒病、黑胫病、黑痣病、枯萎病、疮痂病等病害有加重趋势。马铃薯是一种易受真菌、细菌和病毒病为害的作物，但常见的真菌病害有晚疫病、早疫病、癌肿病、粉痂病、干腐和萎蔫病等。细菌病害有青枯病、环腐病、黑胫病和软腐病、疮痂病。病毒性病害有马铃薯卷叶病毒、马铃薯重花叶病毒、马铃薯普通花叶病毒、马铃薯潜隐花叶病毒、马铃薯轻花叶病毒、马铃薯副皱缩花叶病毒、马铃纺锤块茎类病毒等。

蔬菜病害是制约蔬菜生产的主要因素，预防和控制蔬菜病害是延长蔬菜生产期，提高产量，提升品质的关键。蔬菜病害种类繁多，常见的就有 200 多种。引起蔬菜病害的主要有真菌、细菌、病毒、病原线虫、类病毒、类菌原体、类立克次体及寄生性种子植物，其中较常见的为前五类。每一类病原引起的病害在发生规律、危害症状及防治措施等方面都各有特点，为便于掌握，一般把常见蔬菜病害分为真菌病害、细菌病害、病毒病害、线虫病害和生理病害五大类。

随着我国北方果树品种结构布局的日益改变以及气候环境的异常变化，致使果树病害频发，影响了果树产量和果树产品的品质。果树病害分为侵染性病害和非侵染性病害，其中常见的侵染性病害有叶片病害，灰斑病、褐斑病、圆斑病、斑点落叶病、霜霉病、白粉病、花叶病等；果实病害，黑星病、白腐病、褐腐病、炭疽病、轮纹病、霉心病、锈果病等；枝干病害，干腐病、腐烂病等；根部病害，紫纹羽病、白绢病、根朽病、根腐病等。

模块巩固

1. 简述水稻稻瘟病的综合防治措施。
2. 简述大豆霜霉病的综合防治措施。
3. 简述玉米大斑病的综合防治措施。
4. 简述马铃薯晚疫病的综合防治措施。
5. 简述小麦锈病的综合防治措施。
7. 简述猝倒病、立枯病的症状区别。
8. 简述苹果树腐烂病的综合防治措施。

模块五

主要农作物害虫防治

【知识目标】

通过本模块学习，学生了解当地作物害虫的种类，掌握农作物害虫的分布、为害特点及发生规律，掌握常发生害虫的主要防治技术。

【能力目标】

具备识别常见的农作物害虫的能力，能够开展常发生害虫的田间调查，能够根据主要害虫的发生情况，协助制定合理的综合防治方案，并能指导主要作物田害虫的防治工作。

项目一　地下害虫防治技术

地下害虫是指主要为害作物种子、地下根、茎等的一类害虫，亦称土壤害虫，是农业害虫中的一个特殊生态类群。我国已知地下害虫320余种，分属于昆虫纲的8目32科。包括蛴螬、金针虫、蝼蛄、地老虎、拟地甲、根蛆、根蝽、根蚜、根象甲、根叶甲、根天牛、根粉蚧、白蚁、蟋蟀和弹尾虫等10多类。其中以蛴螬、金针虫、蝼蛄、地老虎四类发生面积广，为害程度重，是地下害虫中常发性、灾害性的类群，其他类群一般发生较轻或在局部地区造成较大的危害。

一、蛴螬类

蛴螬俗称壮地虫、白土蚕、地漏子等，是鞘翅目金龟甲总科幼虫的通称，为地下害虫中种类最多、分布最广、为害最重的一大类群。其中尤以大黑鳃金龟[*Holotrichia oblita*（Faldermann)]、暗黑鳃金龟(*Holotrichia parallela* Motschulsky)、铜绿丽金龟(*Anomala corpulenta* Motschulsky)等发生普遍而严重。一个地区多种蛴螬常混合发生，全国以黄淮流域受害最为严重。

（一）为害特点

蛴螬食性复杂，主要为害麦类、玉米、高粱、薯类、豆类、花生、甜菜、棉花等大田作物和蔬菜、果树、林木的种子、幼苗及根茎。许多种类的成虫还喜食作物、果树及林木的叶片、嫩芽、花等，特别是喜食苹果、梨、葡萄等果树叶片和花的金龟甲常成为重要的果树害虫。

（二）为害状

蛴螬食害播下的种子或咬断幼苗的根、茎，咬断处断口整齐。轻则缺苗断垄，重则毁种绝收。咬食花生嫩果或马铃薯、甘薯、甜菜的块茎和块根，不但造成减产，而且容易引起病菌的侵染。

（三）形态识别

三种金龟甲的形态区别见表5-1所示。

表5-1　三种金龟甲的形态区别

	大黑鳃金龟	暗黑鳃金龟	铜绿丽金龟
成虫	体长16～22 mm，宽8～11 mm，黑色或黑褐色，具光泽。翅鞘每侧有4条明显的纵肋。前足胫节外齿3个，内方距2根；前足胫侧具3齿，内侧有1棘与第2齿相对，各足均具爪1对。	体长17～22 mm，宽9.0～11.5 mm。长卵形，暗黑色或红褐色，无光泽。鞘翅两侧缘几乎平行，每侧4条纵肋不显	体长19～21 mm，宽10～11.3 mm。头、前胸背板、小盾片和翅鞘呈铜绿色，有光泽，但头、前胸背板色较深，呈红铜绿色。翅鞘每侧有4条明显的纵肋。雌虫腹板呈黄白色
卵	长椭圆形，长约2.5 mm，宽约1.5 mm，初产白色略带黄绿色光泽，孵化前近圆形	初产时长约2.5 mm，宽约1.5 mm，长椭圆形；发育后期呈近圆球形	初产长椭圆形，长约1.8 mm，宽约1.4 mm，乳白色。孵化前近圆形，表面光滑
幼虫	老熟幼虫体长35～45 mm，头宽4.9～5.3 mm。肛腹板覆毛区无刺毛列，70～80根钩状毛由肛门孔处开始散乱排列	3龄幼虫体长35～45 mm，头宽5.6～6.1 mm。肛腹板后部覆毛区无刺毛列，只有散乱排列的钩状毛70～80根	老熟幼虫体长30～33 mm，头宽4.9～5.3 mm。肛腹板覆毛区刺毛列由长针状刺毛组成，每侧多为15～18根
蛹	体长21～23 mm，宽11～12 mm。初蛹白色，随发育过程色渐深至红褐色	体长20～25 mm，宽10～12 mm。尾节三角形，2尾角呈钝角岔开	长18～22 mm，宽9.6～10.3 mm。雄蛹臀节腹面阳基侧突与阳茎呈四裂状突起，雌蛹平坦，生殖孔位于基缘中间

（四）发生规律

1. 大黑鳃金龟

大黑鳃金龟在我国华南地区1年1代，以成虫在土中越冬；其他地区均是2年1代，成、幼虫均可越冬，但存在局部世代现象，即部分个体1年可以完成1代。在2年1代区，越冬成虫春季10 cm土温达14～15℃时开始出土，10 cm土温达17℃以上时成虫盛发。5月中、下旬日均温21.7℃时田间始见卵，6月上旬至7月上旬日均温24.3～27.0℃时为产卵盛期，末期在9月下旬。6月上、中旬卵开始孵化，卵孵化盛期在6月下旬至8月中旬。秋季土温低于10℃时，幼虫即向深土层移动，5℃以下全部进入越冬状态。据研究，大黑鳃金龟种群的幼虫越冬虫态既有成虫又有幼虫。以幼虫越冬为主的年份，次年春季麦田和春播作物受害重，而夏秋作物受害轻；以成虫越冬为主的年份，次年春季受害轻，夏秋受害重。对某一种作物而言，出现隔年严重为害的现象，群众谓之“大小年”。这种现象在辽宁、河北等地非常明显(图5-1)。

2. 暗黑鳃金龟

暗黑鳃金龟1年1代，多数以3龄老熟幼虫筑土室越冬，少数以成虫越冬。以成虫越冬的成为翌年5月出土的虫源；以幼虫越冬的，一般春季不为害，于4月初至5月初开始化蛹，5月中旬为化蛹盛期。6月上旬开始羽化，盛期在6月中旬，7月中旬至8月中旬为成虫活动高峰期。7月初田间始见卵，盛期7月中旬。7月中旬开始孵化，7月下旬为孵化盛期。初孵幼虫即可为害，秋季为幼虫为害盛期(图5-1)。

3. 铜绿丽金龟

铜绿丽金龟1年1代，以幼虫越冬。越冬幼虫春季10 cm土温高于6℃时开始活动，3～5月有短时间为害。成虫出现始期为5月下旬，6月中旬进入活动盛期。产卵盛期在6月下旬至7月上旬。7月中旬为卵孵化盛期，孵化幼虫为害至10月中旬进入2～3龄期，当10cm土温低于10℃时开始下潜越冬(图5-1)。

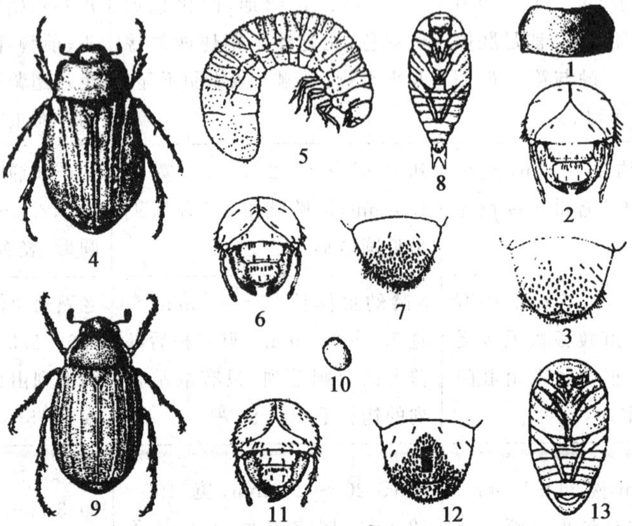

图5-1 暗黑鳃金龟、华北大黑鳃金龟和铜绿丽金龟

暗黑鳃金龟：1. 成虫前胸背板 2. 幼虫头部正面观 3. 幼虫臀节腹面观

华北大黑鳃金龟：4. 成虫 5. 幼虫 6. 幼虫头部正面观 7. 幼虫臀节腹面观 8. 蛹

铜绿丽金龟：9. 成虫 10. 卵 11. 幼虫头部正面观 12. 幼虫臀节腹面观 13. 蛹

二、蝼蛄类

蝼蛄俗称拉拉蛄、土狗子、蝲蛄，属直翅目，蝼蛄科。分布广泛、为害严重的主要有两种，即华北蝼蛄(*Gryllotalpa unispina* Saussure)和东方蝼蛄(*Gryllotalpa orientalis* Burmeister)。

(一) 为害特点

蝼蛄是最活跃的地下害虫，成、若虫均为害严重。华北蝼蛄在北方各省普遍发生，尤以华北、西北地区干旱瘠薄的山坡地和塬区为害严重。东方蝼蛄在国内广布全国各省(自治区)。过去仅在南方发生严重，20世纪80年代以来随北方地区水利条件的改善，水浇地面积扩大，在平原川地、沿河两岸亦成为优势种群。

（二）为害状

蝼蛄以成虫、若虫咬食各种作物种子和幼苗，特别喜食刚发芽的种子，造成严重缺苗断垄。也咬食幼根和嫩茎，扒成乱麻状或丝状，使幼苗生长不良甚至萎蔫死亡。特别是蝼蛄在土壤表层善爬行，往来乱窜，隧道纵横，造成种子架空不能发芽，幼苗吊根失水干枯而死。"不怕蝼蛄咬，就怕蝼蛄跑"就是这个道理。谷苗、麦苗最怕蝼蛄窜，一窜就是一大片，损失非常严重。

（三）形态识别（图 5-2）

1. 东方蝼蛄

成虫　体长 30～35 mm，黄褐色，密被细毛，腹部近纺锤形。前足腿节下缘平直；后足胫节内上方有等距离排列的刺 3～4 个（或 4 个以上）。

卵　椭圆形，初产时长约 2.8 mm，宽约 1.5 mm，孵化前长约 4 mm，宽约 2.3 mm。初产乳白色，渐变为黄褐色，孵化前为暗紫色。

若虫　若虫共 8～9 龄。初孵若虫体长约 4 mm，头胸细，腹部大，乳白色。2、3 龄以后若虫体色接近成虫，末龄若虫体长约 25 mm。

2. 华北蝼蛄

成虫　体长 39～50 mm，黑褐色，密被细毛，腹部近圆筒形。前足腿节下缘呈"S"形弯曲；后足胫节内上方有刺 1～2 个（或无刺）。

卵　椭圆形，初产时长 1.6～1.8 mm，宽 1.3～1.4 mm，以后逐渐膨大，孵化前长 2.4～3 mm，宽 1.5～1.7 mm。初产黄白色，后变黄褐色，孵化前呈深灰色。

若虫　若虫共 13 龄。初孵若虫体长 3.6～4.0 mm，头胸细，腹部大，乳白色，复眼淡红色，以后体色逐渐变深，5～6 龄若虫体色与成虫相似。末龄体长 36～40mm。

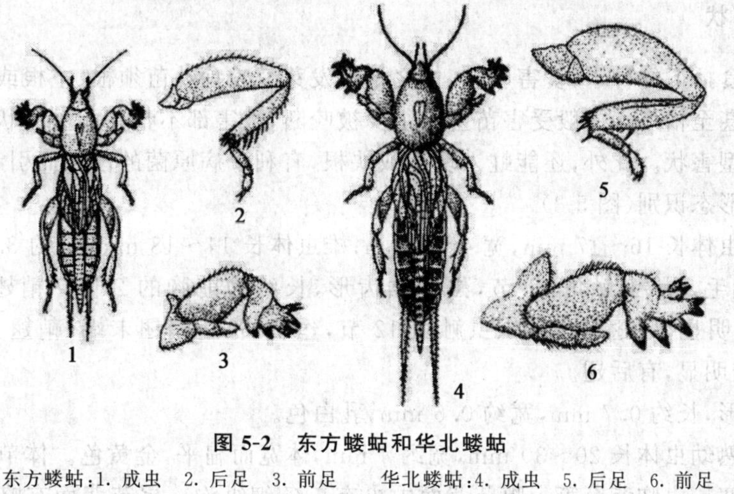

图 5-2　东方蝼蛄和华北蝼蛄

东方蝼蛄：1. 成虫　2. 后足　3. 前足　　华北蝼蛄：4. 成虫　5. 后足　6. 前足

（四）发生规律

蝼蛄生活史一般较长，1～3 年才能完成 1 代，均以成、若虫在土中越冬。

华北蝼蛄各地均是 3 年左右完成 1 代。在黄淮海地区，越冬成虫 6 月上、中旬开始产卵，

7月初孵化。孵化若虫到秋季达8～9龄，深入土中越冬。第二年春季越冬若虫恢复活动继续为害，秋季以12～13龄若虫越冬。直至第三年8月以后若虫陆续羽化为成虫。新羽化的成虫为害一段时间后即进入越冬状态。

东方蝼蛄在华中、长江流域及其以南各省(自治区)1年1代；在华北、东北及西北约需2年才能完成1代。在黄淮2年1代区，越冬成虫5月开始产卵，盛期在6～7月；至秋季若虫发育至4～7龄，深入土中越冬。若虫共9龄，第二年春季恢复活动，为害至8月开始羽化为成虫。当年羽化的成虫少数可产卵，大部分越冬后至第三年才产卵。

两种蝼蛄一年中均有两次在土中上升和下移过程，出现两次为害高峰。上下移动主要受温度的影响。一般来说，春季气温达8℃时开始外出活动；秋季气温低于8℃时停止活动。秋末和冬季温度过低及夏季温度过高，均潜入深土层。

三、金针虫

金针虫俗称节节虫、铁丝虫、铜丝虫等，成虫俗称叩头虫，为鞘翅目，叩甲科幼虫的通称。我国农田常见种类主要有4种，即沟金针虫(*Pleonomus canaliculatus* Faldemann)、细胸金针虫(*Agriotes fuscicollis* Miwa)、褐纹金针虫(*Melanotus caudex* Lewis)、宽背金针虫(*Selatosomus latus* Fabricius)。其中以沟金针虫发生为害最为严重，是金针虫类中的绝对优势种。

(一) 为害特点

金针虫主要以幼虫为害麦类、玉米、高粱、谷子、薯类、甜菜、豆类、棉花、甘蔗及各种蔬菜和林木幼苗等。在我国北方旱作麦区，麦苗受害率达10%～15%，个别地区可达50%以上。

沟金针虫以旱作区中有机质较为缺乏而土质较为疏松的粉沙壤土和粉沙黏壤土地带发生较重，是我国中部和东部旱作地区最重要的地下害虫之一。

(二) 为害状

金针虫咬食播下的种子，食害胚乳，使之不能发芽。咬食幼苗须根、主根或茎的地下部分，使其生长不良甚至枯死。一般受害苗主根很少被咬断，被害部不整齐而呈丝状，这是金针虫为害后造成的典型害状。此外，还能蛀入块茎或块根，有利于病原菌的侵入而引起腐烂。

沟金针虫形态识别(图5-3)

成虫　雌虫体长16～17 mm，宽4～5 mm；雄虫体长14～18 mm，宽约3.5 mm。身栗褐色，密被褐色细毛。雌虫触角11节，黑色锯齿形，长约为前胸的2倍。鞘翅长约为前胸的4倍，其上纵沟明显，后翅退化。雄虫触角12节，丝状，长达鞘翅末端；鞘翅长约为前胸的5倍，其上纵沟较明显，有后翅。

卵　椭圆形，长约0.7 mm，宽约0.6 mm，乳白色。

幼虫　老熟幼虫体长20～30 mm，宽约4 mm，体宽而扁平，金黄色。体节宽大于长，从头至第九腹节渐宽。由胸背至第十腹节背面中央有1条细纵沟。尾节背面有略近圆形之凹陷，并密布较粗点刻。两侧缘隆起，具3对锯齿状突起。尾端分叉，并稍向上弯曲，各叉内侧均有1小齿。

蛹　体长15～17 mm，宽3.5～4.5 mm。纺锤形，末端瘦削，有刺状突起。

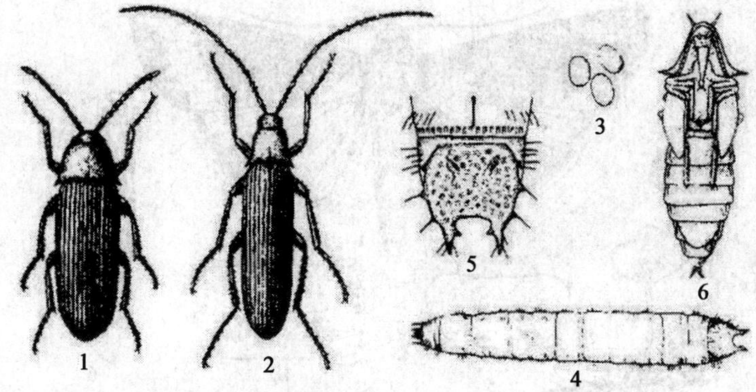

图 5-3 沟金针虫

1. 雌成虫 2. 雄成虫 3. 卵 4. 幼虫 5. 幼虫腹部末端 6. 蛹

(三) 发生规律

沟金针虫一般 3 年 1 代,少数 2 年或 4～5 年完成 1 代。以成虫和幼虫在土中越冬,一般越冬深度 15～40 cm,最深可达 100 cm 左右。越冬成虫 3 月初 10 cm 土温 10℃左右时开始出土活动,3 月中旬至 4 月上旬,10 cm 土温稳定在 10～15℃时达活动高峰。产卵期从 3 月下旬至 6 月上旬,5 月上、中旬为卵孵化盛期,孵化幼虫为害至 6 月底下潜越夏。待 9 月中、下旬秋播开始时,又上升到表土层活动,为害至 11 月上、中旬,开始在土壤深层越冬。第二年 3 月初,越冬幼虫开始上升活动,3 月下旬至 5 月上旬为害最重。随后越夏,秋季为害,越冬。直至第三年 8～9 月,幼虫老熟,钻入 15～20 cm 土中作土室化蛹。9 月初开始羽化为成虫。成虫当年不出土,仍在土室中栖息不动,第四年春才出土交配、产卵。

四、地老虎类

地老虎俗称土蚕、切根虫、夜盗虫。属鳞翅目,夜蛾科,是农作物的重要害虫。其中以小地老虎(*Agrotis ypsilon* Rottemberg)分布最广,为害最重,全国各地普遍发生。黄地老虎[*Agrotis segetum*(Schiffermtiller)]在我国北方地区分布普遍,常与小地老虎混合发生。

(一) 为害特点

地老虎可为害多种粮食作物、棉花、蔬菜、烟草、中药材及果树、林木的幼苗。低龄幼虫昼夜均可取食,3 龄后昼伏夜出。

(二) 为害状

低龄幼虫取食作物的子叶、嫩叶和嫩茎,高龄幼虫可将幼苗近地表部位咬断,造成缺苗断垄甚至毁种重播。

(三) 形态识别

1. 小地老虎(图 5-4)

成虫 体长 16～23 mm,翅展 42～54 mm。雌蛾触角丝状,雄蛾触角基半部双栉齿状,端

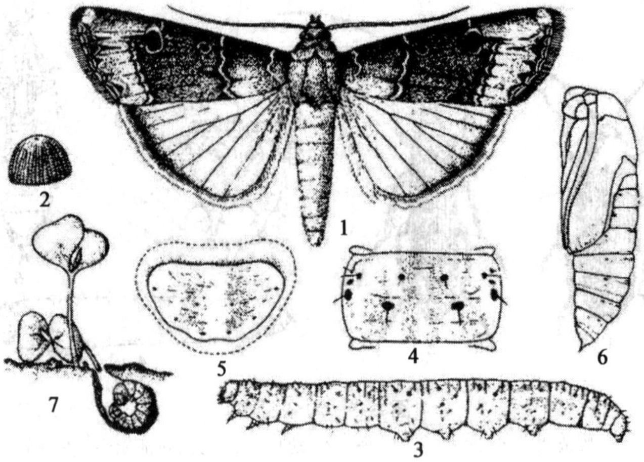

图 5-4 小地老虎

1. 成虫 2. 卵 3. 幼虫 4. 幼虫第 4 节背面观

5. 幼虫末节背板(刚毛略去) 6. 蛹 7. 棉苗被害状

半部丝状。前翅暗褐色,前缘及外横线至中横线部分,有的个体可达内横线,呈黑褐色。肾形纹、环形纹和楔形纹均镶黑边;肾形纹外侧有 1 个尖端向外的楔形黑斑,至外缘线内侧有两个尖端向内的楔形黑斑。后翅灰白色,翅脉及外缘黑褐色。

卵 半球形,高约 0.5 mm,直径约 0.6 mm,表面有纵横相交的隆线,有些纵线 2～3 叉型。初产乳白色,后变黄褐色。

幼虫 末龄幼虫体长 37～50 mm,头宽 3.2～3.5 mm。黄褐色至黑褐色,表皮粗糙,布满大小不等的颗粒。腹部 1～8 节背面各有 4 个毛片,后 2 个比前 2 个大 1 倍以上。臀板黄褐色,有两条明显的深褐色纵带。

蛹 体长 18～24 mm,红褐色至暗褐色。腹末具臀棘 1 对。

2. 黄地老虎

成虫 体长 14～19 mm,翅展 32～43 mm。雌蛾触角丝状,雄蛾触角基部 2/3 为双栉齿状,端部 1/3 为丝状。前翅黄褐色,散布小黑点,各横线为双条曲线,但多不明显,肾形纹、环形纹和楔形纹很明显,各具黑褐色边而中央为暗褐色。后翅灰白色,外缘淡褐色。

卵 半球形,高约 0.5 mm,直径约 0.7 mm。表面纵隆线 16～20 条,一般不分叉。

幼虫 末龄幼虫体长 33～43 mm,头宽 2.8～3 mm。体黄褐色,表皮多皱,体表颗粒不明显。腹部背面毛片 4 个,前后两个大小相似。臀板中央有 1 黄色纵纹,将臀板划分为两块黄褐色大斑。

蛹 体长 15～20 mm。腹部第 4 节背面中央有稀小不明显的刻点,第五至第七节刻点小而多,背面和侧面刻点大小相同。腹末具臀棘 1 对。

(四) 发生规律

1. 小地老虎

小地老虎年发生世代数因地区、气候条件而异。在我国从北方到南方 1 年发生 1～7 代,在北方地区 1 年发生 2～4 代。

小地老虎是一种迁飞性害虫，在南岭以南，1月平均气温高于8℃的地区，终年繁殖为害；南岭以北，北纬33°以南地区，有少量幼虫和蛹越冬；在北纬33°以北，1月平均温度0℃以下地区，不能越冬。因此，我国北方地区小地老虎越冬代成虫均由南方迁入。

2. 黄地老虎

黄地老虎年发生世代数因地区而异。北方地区1年发生2～4代。

黄地老虎的越冬虫态主要为幼虫，少数以蛹越冬。如新疆、青海、黑龙江等地多以老熟幼虫越冬，少数以3、4龄幼虫越冬；山东主要以3～6龄幼虫越冬，另有极少量蛹越冬；江苏盐城有40%以蛹越冬，60%以3龄以下幼虫越冬。越冬场所主要为麦田、绿肥田、菜田及田埂、沟渠、堤坡附近等地的2～15cm深处，以7～10cm深处最多。

多数地区均以第1代幼虫为害最重。主要为害棉花、玉米、高粱、烟草、大豆、麻、蔬菜等春播作物，其他世代发生则较少。

五、根蛆、蟋蟀、白蚁

(一) 根蛆

根蛆为种蝇幼虫的通称，是农业生产，特别是蔬菜生产中常发性害虫。国内常见的种蝇有4种：种蝇（*Hylemyia platura* Meigen）、萝卜蝇（又名白菜蝇）（*H. floralis* Fallen）、葱蝇（*H. antiqua* Meigen）、小萝卜蝇（*H. pilipgga* Villeneuva），均属双翅目，花蝇科。其中以种蝇发生广，为害重，其他种类常在局部地区猖獗成灾。

1. 为害特点

种蝇是一种多食性害虫，寄主植物包括豆类、瓜类、棉花、十字花科蔬菜、玉米等的幼苗和种子。萝卜蝇和小萝卜蝇是寡食性害虫，主要为害十字花科蔬菜，尤其是萝卜、白菜受害严重。葱蝇主要为害葱、洋葱、大蒜等。由于根蛆的为害，北方白菜、萝卜、葱、大蒜等常造成严重损失，黄河及长江流域棉区，棉花播种季节常招致种蝇为害。

2. 为害状

种蝇幼虫为害作物的幼苗和种子，造成缺苗、断垄。

3. 形态识别（种蝇）（图5-5）

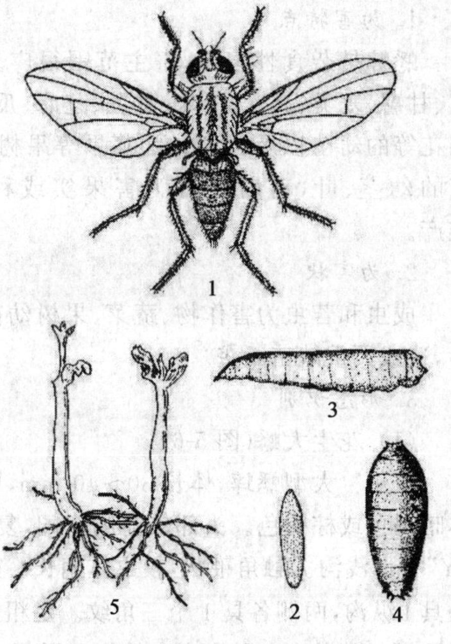

图5-5　种蝇

1. 雌成虫　2. 卵　3. 幼虫　4. 蛹　5. 菜豆被害状

成虫　体长4～6 mm，灰黄色。雄虫两复眼在单眼三角区的前方几乎相接；触角芒超过触角全长。前翅基背毛极短小，不及盾间沟后的背中毛的1/2。后足胫节的内下方有稠密、末端稍弯曲而等长的短毛。雌虫复眼间的距离约为头宽的1/3，中足胫节的外上方有1根刚毛。

卵　长椭圆形，长约1.6 mm，透明而带白色。

幼虫　成长幼虫体长8～10 mm，乳白色略带黄色。头极小，复眼末端有7对不分叉的肉质突起，第一对与第二对突起等高，第五对与第六对几乎等长。

蛹　长 4～5 mm，宽约 1.8 mm，圆筒形，黄褐色，两端略带黑色。前端稍扁平，后端圆形，并有 7 对突起。

4. 发生规律

（1）种蝇　北京每年可发生 3 代，以蛹在土中越冬。越冬代成虫 3～4 月羽化，喜在晴朗的白天活动，喜食花蜜、蜜露和腐烂的有机质。卵多产于土中或近地面的有机肥料上。幼虫孵化后即为害棉花、大豆等的种子或幼苗。华北以 3～5 月第 1 代幼虫为害最烈。化蛹深度一般为 7.5 cm，气温超过 35℃，卵大量死亡，幼虫不能存活，蛹不能羽化。

（2）葱蝇　在东北 1 年发生 2～3 代。也有趋向粪肥发酵气味的习性，中午活动最盛。集中在葱田产卵，幼虫孵化后钻入鳞茎为害，老熟幼虫在土中化蛹。

（3）萝卜蝇　每年仅发生 1 代，以蛹越冬、越夏。锦州、沈阳在 9 月上旬为羽化盛期。成虫多在早晚活动，每雌最多产卵 40 粒。幼虫孵化后即钻入白菜、萝卜根内取食。幼虫老熟后在土下1～2cm 深处化蛹。

（4）小萝卜蝇　秋季常与萝卜蝇混合发生。

（二）蟋蟀

为害农作物的蟋蟀类害虫主要有花生大蟋蟀（俗称“土猴”）［*Tarbinskiellus portentosrs* (Lichtenstein)］、黄脸油葫芦［*Teleogryllus emma* (Ohmachi et Matsumura)］等。均属直翅目，蟋蟀科。其中大蟋蟀是华南地区的主要害虫，油葫芦在我国北方各地发生普遍而严重，均是农作物害虫防治的主要对象之一。

1. 为害特点

蟋蟀是杂食性害虫，寄主范围很广。花生、大豆、甘薯、麦类、高粱、玉米、甘蔗、芝麻、瓜类、蔬菜、棉花等的幼苗以及柑橘、桃、苹果等果树和林木幼苗的幼茎、叶，有时还可为害果实或种子，造成减产。

2. 为害状

成虫和若虫为害作物、蔬菜、果树幼苗的幼茎、叶，造成严重缺苗断垄。

3. 形态识别

（1）花生大蟋（图 5-6）

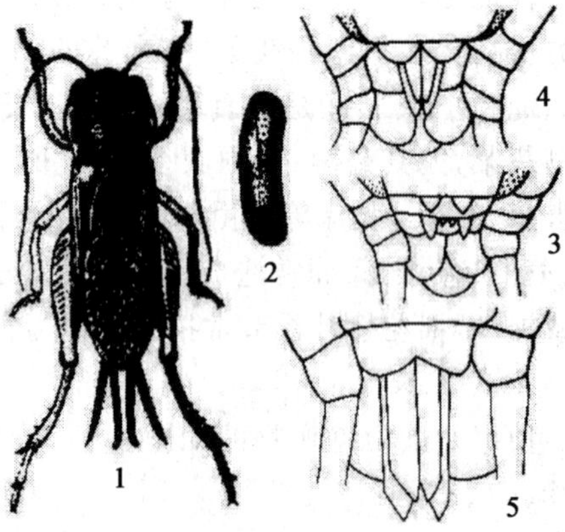

图 5-6　花生大蟋

1. 成虫　2. 卵　3～5. 第 2、5、7 龄若虫腹末（示产卵瓣）

成虫　大型蟋蟀，体长 30～40 mm，肥厚粗壮，体暗褐色或棕褐色。头部较前胸广阔，复眼之间具“Y”字形浅沟。触角鞭状，较虫体稍长。前胸大，中央具 1 纵沟，两侧各具 1 个三角纹。足粗短，后组腿节强大，胫节具 2 列 4～5 个刺状突起。腹部尾须长而稍大。雌虫产卵管短于尾须。

卵　长 4.5 mm 左右，近圆筒形，稍弯曲，两端钝圆，表面平滑，浅黄色。

若虫　共 7 龄，外形与成虫相似，体色较淡，随龄期增长而体色逐渐转深。

（2）黄脸油葫芦（图 5-7）

成虫　中型蟋蟀，体较狭长，体长雌 20.6～24.3 mm，雄 18.0～22.4 mm，体背黑褐色有光泽，腹面黄褐色。头顶黑色，复眼内缘、头部及两颊黄褐色。前胸背板有两个月牙纹，中胸腹板后缘内凹。前翅淡褐色有光泽，后翅尖端纵折露出腹端，很长S形如尾须。后足腿节强大，胫节具刺6个，距6枚。雌虫产卵管甚长，褐色，微曲，长达 19.5～22.8 mm，尾须褐色。

卵　长 2.4～3.8 mm，略呈长筒形，乳白色微黄，两端微尖，表面光滑。

若虫　成长若虫体长 21.4～21.6 mm，体背面深褐色，前胸背板月牙纹甚明显。雌雄虫均具翅芽，雌若虫产卵管长，露出于尾端。

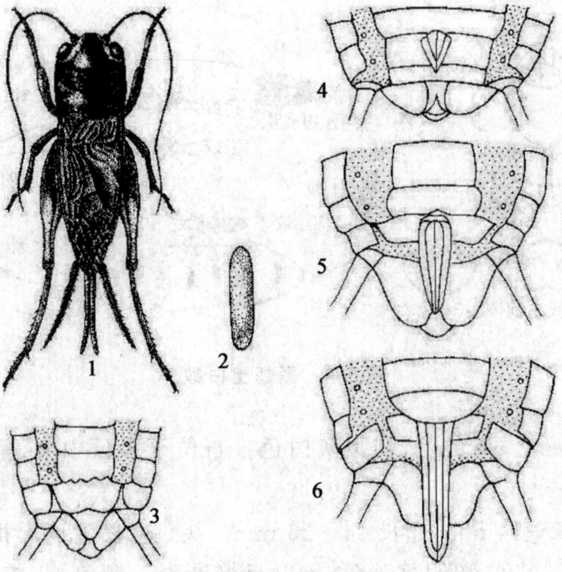

图 5-7　黄脸油葫芦

1. 成虫　2. 卵　3～6. 第 2～6 龄若虫腹末（示产卵瓣）

4. 发生规律

（1）花生大蟋　1年1代，以若虫在土穴内越冬。广东和福建南部越冬若虫于3月上旬开始活动，3～5月出土为害各种农作物幼苗。5～6月成虫陆续出现，7月为成虫羽化盛期，且开始产卵，9月为产卵盛期，同时若虫开始出现，成虫在10月间陆续死亡。10～11月若虫常出土为害。12月初若虫开始越冬，但无真正的休眠。

（2）黄脸油葫芦　1年1代，以卵在土中越冬。在北京地区越冬卵于4月底至5月下旬陆续孵化，4月下旬至8月初为若虫发生期。成虫于5月下旬起陆续羽化。10月上旬成虫产卵越冬。一般为害盛期为6～8月。

（三）白蚁

为害农作物的白蚁主要有黑翅土白蚁 *Odontotermes formosanus*（Shiraki）和黄翅大白蚁 *Macrotermes barneyi* Ligh 等。

1. 为害特点

白蚁对甘蔗、木薯、花生、桑、茶、玉米、小麦、水稻等农作物和杨梅、山核桃、杉木、樟树、桉树、刺槐、垂柳、悬铃木、白杨、重阳木、拐枣等林木的为害也十分严重。还为害地下电缆、水库、堤坝等，是农林业及水利设施的主要敌害。

2. 为害状

被害苗木生长不良或整株枯死，是热带、亚热带地区重要的农林害虫。

3. 形态识别(黑翅土白蚁)(图 5-8)

兵蚁　体长 5.44～6.03 mm。头暗黄色，被稀毛，胸腹部淡黄至灰白色，有较密集的毛。头背面卵形，上颚镰刀形，左上颚有一明显的齿，右上颚有一不明显的微齿。上唇舌形，无透明小块，沿侧边有一列直立的毛。触角 15～17 节。前胸背板前窄后宽，前后部两侧有斜向后方的裂沟，前后缘中央均有凹刻。

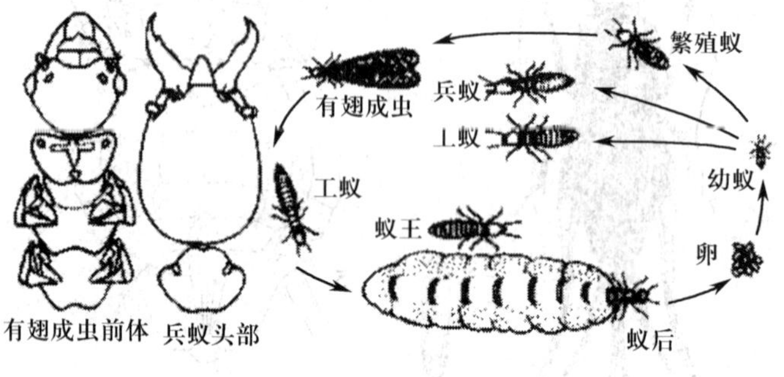

图 5-8　黑翅土白蚁

工蚁　体长 5～6 mm。头黄色，胸腹灰白色。囟位于头顶中央，呈圆形小凹陷。后唇基显著隆起。触角 17 节。

有翅成虫　体长 12～14 mm，翅长 24～25 mm。头、胸、腹背面黑褐色，腹面棕黄色，全体密被细毛。头圆形，复眼黑色，单眼橙黄色，均略呈椭圆形。触角 19 节。前胸背前宽后窄，后缘中央向前凹入，背板中央有一淡色“十”字形纹，其两侧各有一椭圆形淡色点。前翅鳞大于后翅鳞。

4. 发生规律

黑翅土白蚁当年羽化，当年即分飞。从全国范围分飞多数的在 4～6 月；纬度越低，分飞时间越早。在海南岛约在 3 月下旬，广东多在 4 月下旬至 5 月上旬，江西在 5 月中旬，湖北在 5 月下旬。

黑翅土白蚁活动有明显的季节性，如在湖南、江西、福建等地，3 月初气候转暖时开始活动为害，5～6 月形成第一个为害高峰期，9～10 月为第二个高峰期。一般雨季较轻、旱季严重，衰弱木较健康木受害重。巢群中工蚁为主要成员，约占 90%，兵蚁司防卫以外的所有筑巢、修路、觅食、饲育等活动均由其承担。

六、地下害虫的综合治理措施

地下害虫是国内外公认的较难防治的一类害虫。地下害虫的防治应贯彻“预防为主，综合防治”的植保方针。根据虫情，因地因时制宜，将各项措施协调运用，做到地下害虫地上治，成虫、幼虫结合治，田内田外选择治，控制地下害虫的为害在经济允许水平以下。

地下害虫的防治指标因种类、地区不同，各地报道差异较大。综合各地报道，提出地下害虫的防治指标：蝼蛄 1 200 头/hm^2，蛴螬 30 000 头/hm^2，金针虫 45 000 头/hm^2。在自然条件下，蝼蛄、蛴螬、金针虫等地下害虫混合发生，防治指标以 22 500～30 000 头/hm^2为宜。

(一) 农业防治

1. 搞好农田基建，消灭虫源滋生地

平整土地，深翻改土，消灭沟坎荒坡，植树种草，消灭地下害虫的滋生地，创造不利于地下害虫发生的环境。

2. 合理轮作倒茬

地下害虫最喜食禾谷类和块茎、块根类大田作物，对棉花、芝麻、油菜、麻类等直根系作物不喜取食。因此，合理轮作可以明显地减轻地下害虫为害。据山东、山西等地经验，禾本科与非禾本科作物轮作(如麦、棉轮作)防治麦根蝽，轮作 1 年为害大大减轻，轮作 2 年虫量只残留极少数，轮作 3 年基本绝迹。

3. 深耕翻犁

春、秋播前翻耕土壤和夏闲地伏耕，通过机械杀伤、暴晒、鸟雀啄食等一般可消灭 50%～70%的蛴螬、金针虫；秋播前机耕翻地后，仅多 1 次圆盘耙耙地即可杀伤蛴螬 40%左右。

4. 合理施肥

猪粪厩肥等农家有机肥料腐熟后方可施用，否则易招引金龟甲、蝼蛄等产卵；化学肥料深施既能提高肥效，又能因腐蚀、熏蒸作用起到一定杀伤地下害虫的作用。

5. 适时灌水

春季和夏季作物生长期间适时灌水，迫使上升土表的地下害虫下潜或死亡，可以减轻为害。

(二) 化学防治

1. 种子处理

种子处理方法简便，用药量低，对环境安全，是保护种子和幼苗免遭地下害虫为害的理想方法。种子处理常用药剂有 50%辛硫磷乳油、40%甲基异柳磷乳油等。用药量为种子重量的 0.1～0.2%。播种时先用种子重量 5%～10%的水将药剂稀释，用喷雾器均匀喷施于种子上，堆闷 6～12 h，使药液充分渗透到种子内即可播种。

2. 土壤处理

结合播前整地，用药剂处理土壤。常用方法有：①将药剂拌成毒土均匀撒施或喷施于地面，然后浅锄或犁入土中；②撒施颗粒剂；③将药剂与肥料混合施入，即使用肥料农药复合剂；④沟施或穴施等。常用药剂有 50%辛硫磷乳油、40%甲基异柳磷乳油等每公顷 3 750～4 500 mL；4.5%甲敌粉、2%甲基异柳磷粉剂每公顷 22.5～37.5 kg；3%甲基异柳磷颗粒剂、5%辛硫磷颗粒剂、3%呋喃丹颗粒剂等每公顷 37.5 kg；10%二嗪磷颗粒剂(杀地虎)每亩用杀地虎加 400～500 g 拌 10 kg 毒土；撒施或在播种时每亩用药量 3%护地净颗粒剂为 3～4 kg 进行穴施、沟施。乳油和粉剂农药除可喷雾或喷粉外，还可按每公顷用药量拌 300～450 kg 细土制成毒土撒施；颗粒剂可拌 300～375 kg 细沙或煤渣撒施。

近年来，许多地方推广 48%乐斯本乳油每公顷 6 000～7 500 mL 土壤处理或随水流大水漫灌，或每公顷 2 250～3 000 mL 对水顺根定向浇灌，特别是防治蒜蛆、葱蛆等效果很好。

3. 毒饵诱杀

毒饵诱杀是防治蝼蛄和蟋蟀的理想方法之一。利用90%晶体敌百虫、40%甲基异柳磷乳油等,用药量为饵料重量的1%。先用适量水将药剂稀释,然后拌入炒香的谷子、麦麸、豆饼、米糠、玉米碎粒等饵料中,每公顷施用22.5～37.5 kg。配制敌百虫毒饵时,应先用少量温水将敌百虫溶解,再加冷水至所需量。

4. 其他施药方法

许多金龟甲有取食补充营养习性,在成虫发生季节药剂防治,不仅可以减轻为害,还可减少田间蛴螬发生量。

(1) 喷粉　选用2.5%敌百虫粉、4%乙敌粉等,每公顷15～30 kg。

(2) 喷雾　2.5%敌杀死乳油3 000倍液、20%灭扫利乳油2 000倍液等喷洒在寄主植物上,对多种食叶金龟甲均有较好的防治效果。

(3) 内吸剂涂树干　在寄主树干离地面1.5 m左右处,将树干环刮去粗皮约10 cm,涂上50%久效磷乳油等内吸杀虫剂,致金龟甲食叶后中毒而死。

(三) 生物防治

早在20世纪70年代,国外就已研制出了蛴螬乳状杆菌的商品制剂。我国于20世纪70年代从国外引进的同时,也进行了大量的调查研究工作,在豫、晋、鲁、冀、苏、陕、辽、黑、闽等许多省、自治区都发现了蛴螬乳状菌的自然分布。

(四) 物理防治

蝼蛄、多种金龟甲、沟叩头甲雄虫等具有较强的趋光性,利用黑光灯进行诱杀,效果显著。试验表明,黑绿单管双光灯(一半绿光、一半黑光)诱光效果更为理想。

(五) 其他防治措施

1. 挖窝毁卵,消灭蝼蛄

蝼蛄产卵盛期结合夏锄,发现蝼蛄卵窝,深挖毁掉。

2. 堆草诱杀细胸叩头甲和油葫芦

田间小草堆每公顷300～750个,诱集细胸叩头甲成虫和油葫芦的成、若虫,早晨进行捕杀。

3. 人工捕捉

金龟甲晚上取食树叶时,振动树干,将假死坠地的成虫拣拾杀死。对蛴螬等也可采取犁后拾虫的方法消灭。

项目二　水稻主要害虫防治技术

一、稻潜叶蝇

水稻潜叶蝇 *Hydrellia griseola*(Fallén)又称稻小潜叶蝇、螳螂蝇,属双翅目,水蝇科。分布在长江流域及以北水稻栽培区,是东北水稻上的重要害虫之一。以幼虫潜食叶肉,仅留上、下表皮,受害叶片最初在叶面上出现芝麻粒大小的黄白色"虫泡",之后幼虫继续咬食,导致叶片出现黄白色枯死条斑。当叶内幼虫较多时，整个叶片发白、腐烂，甚至可造成全株枯死，受害地块大量死苗。播种和插秧早的，本田也能造成较大危害。稻小潜蝇除为害水稻外，还为害大麦、小麦、燕麦及稗草、看麦娘等一些禾本科杂草。

（一）识别特点

稻小潜叶蝇成虫为青灰色小蝇子，体长 2～3 mm，有绿色金属光泽。头部暗灰色，复眼黑褐色。触角 3 节黑色，触角芒的一侧有 5 根小短毛。腹部心形。足灰黑色，中、后足跗节第 1 节基部黄褐色（图 5-9）。

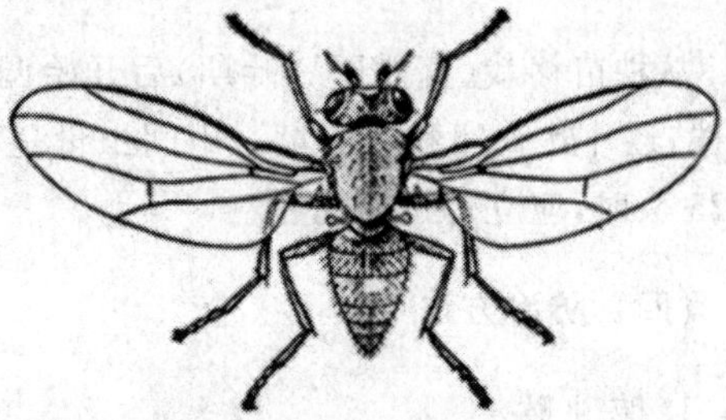

图 5-9　稻小潜叶蝇成虫

卵乳白色，长椭圆形，有细纵纹。

幼虫体长 3～4 mm，圆筒形，稍扁平，乳白色至乳黄色，腹部末端有 2 个黑褐色气门突起。

蛹长约 3 mm，黄褐色，各体节有黑褐色短刺围绕，尾端有两个黑褐色突起。

（二）发生规律

1. 生活史及习性

东北一年发生 4～5 代，以成虫在水沟边杂草上越冬。越冬成虫于翌年 5 月上中旬出现，先在杂草上繁殖 1 代。6 月中旬是第 1 代成虫羽化盛期。成虫喜欢将卵产于平伏于水面的稻叶叶面上，幼虫孵化后 2 h 内即可以锐利的口钩咬破稻叶钻入叶内潜食叶肉，随着虫龄增大，7～10 天潜道加长至 2.5 cm 时，在潜道中化蛹。幼虫有转株为害习性，转株时常坠入水中死亡。幼虫只能取食幼嫩稻叶，对于分蘖后的老叶不能取食为害。黑龙江省幼虫为害盛期是 6 月中下旬，成虫羽化后又转至杂草上繁殖 2～3 代，9 月下旬至 10 月上旬羽化为成虫越冬。因此，在东北地区仅第 2 代幼虫为害水稻。成虫有补充营养习性和趋糖液的习性。

2. 发生条件

（1）温湿度　水稻潜叶蝇是对低温适应性强的害虫，5℃左右成虫即可活动、交尾、产卵，最高温度平均达 8℃以上，各虫态均可发育。水稻潜叶蝇在我国北方高寒稻区发生较多，长江下游地区，在 4～5 月气温较低的年份，也能发生。当气温达 11～13℃时，成虫最活跃，气温升高，稻株长得健壮，伏在水面上的叶片少，不适宜产卵，水温达到 30℃时，幼虫死亡率可达 50%以上。因此高温限制了稻小潜叶蝇在水稻上继续为害，迁移到水生杂草上栖息。

（2）栽培管理　水稻潜叶蝇的发生和消长与水稻栽培制度关系密切。东北地区采用提前播种、集中育苗、缩短插秧期等水稻高产栽培技术，当稻苗高 6～10cm（2～3 寸），正值 1 代成虫发生盛期，秧田受害严重，插秧时还有一部分未孵化的卵被带到本田，本田水稻受到 2 代幼虫为害。

灌水深的稻田，伏在水面上的叶片多，着卵量多，且卵多产在下垂或平伏水面的叶片尖部，深水还有利于幼虫潜叶。浅水灌溉的水稻，卵多产在叶片基部，卵量少。幼虫在直立叶片上潜食，常因缺水而死亡。另外幼虫转株潜食也需要足够的湿度，因此浅灌比深灌的稻田受害轻。

近年来由于提前育苗，若秧田管理跟不上，造成稻苗细弱，插秧后叶片漂浮在水面上，则水稻潜叶蝇为害加重。

（三）田间调查

从秧苗移栽（直播田 3 叶期）后开始调查，开始时 3～5 天调查 1 次，每次随机选 5 点，每点 10 株，逐片叶查卵和幼虫量。田间虫量呈明显上升趋势时要缩短调查间隔时间。当百株虫量达 25 头时，应立即进行防治。

（四）防治方法

1. 农业防治

水稻潜叶蝇仅 1、2 代幼虫取食水稻，其余世代在田边杂草上繁殖，因此清除田边杂草可减少虫源。培育壮苗，稻株生长健壮、不倒伏，不利于水稻潜蝇产卵和潜食。浅水灌溉，提高水温，有利于稻苗生长，也有利于控制水稻潜叶蝇的发生，尤其在潜叶蝇产卵盛期适当浅灌（4～5 cm水层）或排水晒田，可使稻苗叶片直立，不利于成虫产卵和幼虫侵入。

2. 药剂防治

防治的重点是播种早、插秧早、长势弱的稻田。

移栽前，为防止将虫卵或幼虫从秧田带入本田，减少本田施药的面积，插秧前，如发现秧田幼虫和卵较多时，可在秧田喷药后再插秧。插秧本田或直播田在幼虫发生初期（水稻 5.5 叶期）应及时喷药防治，喷药前应将稻田水排至 5 cm 左右，喷药 1 天后再灌水。可选用 25%阿克泰（噻虫嗪）水分散粒剂 90～120 g/hm^2，或 70%吡虫啉水分散粒剂 60～90 g/hm^2 兑水 225 kg 喷雾防治。也可用 40%乐果乳油 800～1 000 倍液，或 80%敌敌畏乳油 1 000～2 000 倍液喷雾。

二、水稻负泥虫

水稻负泥虫 *Oulema oryzae* Kuwayama 俗称背粪虫、巴巴虫，属鞘翅目，叶甲科。在我国山区水稻栽培区发生，秧苗期、分蘖初期受害最重。以成虫、幼虫取食叶片，成虫多沿叶脉取食为害，形成白条斑；幼虫取食叶片上表皮和叶肉，残留下表皮。严重时叶片干枯，全叶枯焦破裂，影响水稻生长。寄主除水稻外，还有谷子及芦苇、碱草、甜茅等多种禾本科杂草。

（一）识别特点

成虫为小型甲虫，体长 4～5 mm。头小黑色，复眼黑色，触角 11 节，丝状。前胸背板黄褐色，有微细点刻。鞘翅比前胸背板宽，青蓝色，有金属光泽，有 10 行纵列刻点。足黄色至黄褐色，跗节黑色。胸、腹部腹面黑色。

卵椭圆形，表面有微细刻点。

幼虫梨形，体长 4～5 mm。头黑色，胴部灰黄色。腹部背面隆起，第 3 腹节特别膨大，第 4 腹节以后渐小，各节有黑色毛疣 10～11 对。幼虫肛门开口向上，排出的粪便堆积在体背上如泥丸，故称负泥虫。

幼虫化蛹前先在稻叶上吐丝做白色或暗黄色茧，在茧内化蛹，茧椭圆形，蛹为裸蛹（图 5-10）。

(二) 发生规律

1. 生活史及习性

负泥虫在全国各地 1 年发生 1 代，以成虫在稻田附近背风向阳处的禾本科杂草丛中及其根际土缝内越冬。越冬成虫 5 月下旬开始活动，平均气温 14～15℃时活动最盛，先在越冬地点附近的禾本科杂草上取食，6 月上旬左右(稻苗高 10～13 cm)迁至稻田取食为害，并选择生长嫩绿的稻苗叶片正面近叶尖处产卵，卵块状，在叶片背面多排列成双行。

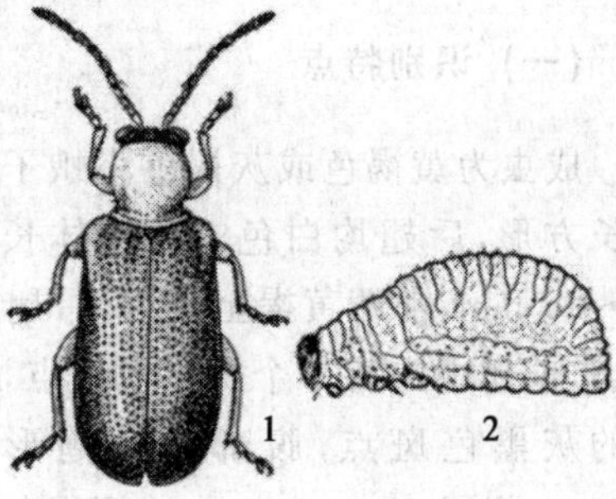

图 5-10　稻负泥虫

1. 成虫　2. 幼虫

卵期 7～13 天，初孵幼虫在卵块附近取食，后集中在稻叶的正面及叶尖取食为害，阳光强烈时隐蔽于背光处。幼虫期 11～18 天，幼虫共 4 龄，老熟幼虫在叶片上做白色茧化蛹。蛹期10～14 天，成虫羽化后当年稍取食水稻后，便寻找越冬场所，因此早稻、中稻受害，晚稻不受害。成虫有假死性，飞翔力弱，寿命长。成虫在晴暖天气活跃，幼虫怕干燥，多在早晨或傍晚由收叶内上升到叶片上取食，午间炎热时又转回心叶内。

2. 发生条件

稻负泥虫生长发育的适宜温度为 18～22℃，喜阴凉潮湿，早晨及阴天活动最盛。山区、杂草多、背风的稻田发生较多。高湿有利于卵孵化。

靠近越冬场所及排灌渠道的稻田，附近杂草多的稻田负泥虫发生早且发生量大。

稻负泥虫卵、幼虫和蛹的寄生性和捕食性天敌较多，如负泥虫缨小蜂、负泥虫瘦姬蜂、步行虫、瓢虫等对负泥虫有一定的控制作用。

(三) 防治措施

当田间有 80%成虫交尾，3%左右稻苗上有卵时应及时防治成虫。当田间卵孵化率达 70%～80%，幼虫像黄米粒大小，植株叶尖受害发白时，应及时防治幼虫。

1. 农业防治

冬春防除田间杂草，消灭越冬成虫。

2. 人工防治

幼虫期每天清晨将伏在叶片上的幼虫扫落，连续 3～4 次可取得较好防效。

3. 药剂防治

秧田施药，要选择越冬成虫产卵盛期；本田施药，要选择幼虫孵化盛期。可选用 21%灭杀毙乳油 225～300 mL/hm^2、2.5%溴氰菊酯(敌杀死)乳油 225～450 mL/hm^2、2.5%三氟溴氰菊酯(功夫)乳油 450 mL/hm^2 加水常规喷雾；或用 90%晶体敌百虫 1 000 倍液、50%杀螟松乳油 800 倍液，喷雾药液 900 kg/hm^2。

三、二化螟

二化螟 *Chilo suppressalis*(Walker)别名钻心虫、蛀杆虫，属鳞翅目，螟蛾科。国内分布广泛，北方稻区发生普遍，并有逐年加重的趋势。二化螟为多食性害虫，除为害水稻外，还为害小麦、玉米、高粱、油菜及稗草、芦苇、稻李氏禾等杂草。

(一) 识别特点

成虫为黄褐色或灰褐色小蛾子，雌大雄小，前翅略呈长方形，后翅均白色。雄蛾体长 10～12 mm，翅展 20～25 mm，前翅黄褐至灰褐色，翅面密布褐色不规则小点，前翅中央有 1 个灰黑色斑点，其下有 3 个斜行排列的灰黑色斑点，腹部瘦圆筒形。雌蛾体长 12～15 mm，翅展 25～31 mm，前翅褐色，翅面小点不明显，沿外缘有 7 个小黑点，有绢丝光泽。腹部纺锤形，灰白色。

卵扁平椭圆形，初产时白色，近孵化时变为灰黑色。卵粒排列呈鱼鳞状，卵块椭圆形，上盖透明胶质。

幼虫末龄体长 20～30 mm，头部淡红褐色，胴部淡褐色，2 龄后体背有 5 条暗褐色纵线，末龄时纵线红棕色，腹足较发达，趾钩三序全环。

蛹圆筒形，尾端臀刺扁平，有一对刺毛，背面有一对角状小突起(图 5-11)。

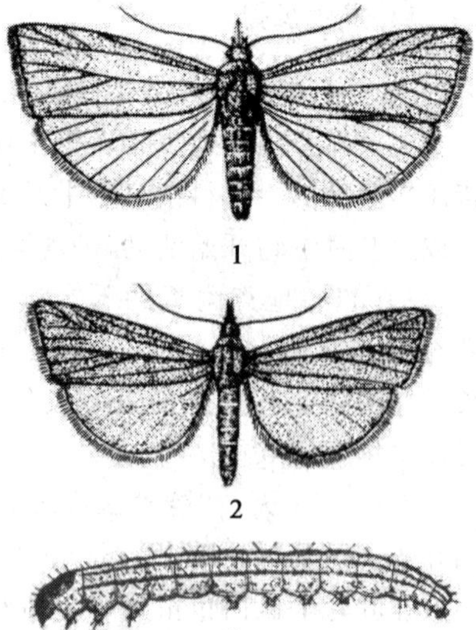

图 5-11 二化螟

1. 雌成虫 2. 雄成虫 3. 幼虫

(二) 发生规律

1. 生活史及习性

二化螟在我国北方稻区 1 年发生 1～2 代。以 4～6 龄幼虫在稻桩、稻草和稻田田埂及周围的杂草茎秆中越冬。因越冬环境复杂，有世代重叠现象。春季土表温度达 7℃以上时，越冬幼虫转移到土表的稻桩、稻草或杂草中化蛹(其他世代幼虫在稻茎内或叶鞘与茎秆间化蛹)。在稻桩中越冬的幼虫，还会转移蛀入麦类、油菜的茎秆内取食。成虫羽化后 3～5 天内为产卵盛期，幼虫孵化后为害水稻至越冬。成虫昼伏夜出，趋光性强，有趋嫩绿习性。产卵部位随水稻生长而变化。在水稻苗期，卵多产在叶片下面，以基部 2～3 叶上最多。分蘖前期卵主要产在叶正面离叶尖 3～7 cm 处；分蘖后期至抽穗期，卵多产在离水面 7 cm 以上的叶鞘上。一般在水稻分蘖期和孕穗期产卵较多；刚插秧的稻苗，拔节期及抽穗灌浆期的稻株着卵量少。高秆、茎粗、叶片宽大、叶色浓绿的稻田最易诱蛾产卵。初孵幼虫称"蚁螟"，蚁螟孵出后，沿稻叶向下爬行或吐丝下垂，从叶鞘缝隙侵入。幼虫 3 龄以后食量增大，并转株为害。幼虫钻蛀水稻能力强，蛀孔离地面 3～13 cm，在水稻分蘖至抽穗成熟期均能蛀食为害。初孵幼虫群集叶鞘内为害，被害叶鞘呈水渍状枯黄，造成"枯鞘"。2 龄幼虫蛀入稻株茎秆内为害，水稻分蘖期咬断稻心造成"枯心苗"，孕穗期造成"死孕穗"，抽穗期造成"白穗"，乳熟至成熟期造成"虫伤株"。老熟幼虫在稻株近水面处茎秆内或叶鞘内结薄茧化蛹。

2. 发生条件

(1) 温湿度　二化螟抗低温能力强，抗高温能力弱，幼虫发育适温为 22～23℃，高于 25℃发育缓慢，超过 30℃不利于幼虫发育。因此低温多雨年份二化螟发生数量大，高温干旱年份发生数量小。二化螟幼虫越冬前随温度和稻株上部湿度的降低，逐渐向根部转移，因此收割期延后，稻桩中幼虫增多，稻桩高的幼虫也多；秋季雨量多，稻株湿度大，幼虫向根部迁移缓慢，在稻草中越冬的虫数多。早春降雨量大，田间湿度大，二化螟自然死亡率低，发生期提早，数量多，为害重；春季低温多湿，发生期延迟。

(2) 栽培管理　水稻分蘖期及孕穗期到抽穗期，特别是孕穗末到抽穗初期，是水稻最易遭受螟害的危险生育期。若螟卵孵化盛期与水稻危险生育期相遇则害虫为害重。春耕灌水早，越冬代幼虫在化蛹期大量死亡，1 代幼虫发生量少。品种混杂，生长参差不齐，受害重。肥水管理不当，稻株转色不及时，即可招雌成虫产卵，又会延长受害期。一般糯稻受害高于粳稻，粳稻高于籼稻。稻茎坚韧，抽穗快、整齐，成熟早的品种较抗螟害。

(3) 天敌　二化螟卵期寄生蜂有稻螟赤眼蜂，幼虫期寄生蜂有多种姬蜂、茧蜂和寄蝇。虎甲、步行虫、青蛙、蜘蛛等捕食性天敌及昆虫病原微生物和线虫对二化螟也有明显的抑制作用。

(三) 防治措施

1. 农业防治

水稻收割后及时翻耕灌水，淹死稻桩内幼虫。处理玉米、高粱等寄主茎秆。铲除田边杂草消灭越冬虫源，减少 1 代幼虫发生量。加强田间管理，使水稻生长整齐，缩短卵孵化盛期与水稻分蘖期及孕穗期相遇时间。选用优质高产抗虫品种。避免过量使用氮肥。结合除草，人工摘除卵块，拔除枯心株、白穗和虫伤株，可有效防止转株为害。因二化螟多在水面不高的稻茎或叶鞘内化蛹，放干田水，降低二化螟化蛹位置，后灌水 15～20cm 浸田，杀螟效果良好。

2. 生物防治

保护天敌，合理用药，尽量使用生物农药，发挥天敌自然控制害虫的作用。

3. 化学防治

蚁螟盛孵期，秧田枯鞘率达 0.1%以上及时进行药剂防治。可选用 5%锐劲特悬浮剂 450～600 mL/hm^2，或 48%乐斯本乳油 1 125～1 500 mL/hm^2，或 90%敌百虫晶体 1 500～2 250 g/hm^{2}加水常规喷雾。还可选用 50%杀螟松乳油 1 000 倍液喷雾。锐劲特对虾、蟹、蜜蜂高毒，在养殖虾、蟹和蜜蜂的地区应谨慎使用。

四、稻飞虱

稻飞虱属同翅目，飞虱科害虫。国内为害水稻的飞虱主要有褐飞虱[*Nilaparvata lugens* (Stål)]、白背飞虱[*Sogatella furcifera* (Horvath)]和灰飞虱[*Laodelphax striatellus* (Fallén)]等。其中褐飞虱食性单一，白背飞虱和灰飞虱寄主种类较多，除水稻外，还有大麦、小麦、玉米等。

稻飞虱成虫、若虫在稻丛下部刺吸汁液为害，其唾液腺分泌有毒物质，能阻塞输导组织或引起稻株萎缩。产卵时刺伤茎叶组织，形成大量伤口，造成稻株水分和养分散失。稻飞虱的分泌物常招致霉菌滋生，对稻株的光合作用和呼吸作用产生影响。受害严重时，稻丛下部变黑、发臭、腐烂，导致枯死倒伏。水稻孕穗、抽穗期受害，稻叶发黄，生长低矮，影响抽穗或结实。乳熟期受害，稻谷千粒重明显下降，瘪粒增加。褐飞虱和灰飞虱还能传播病毒病。由灰飞虱传播的水稻黑条矮缩病、条纹叶枯病、小麦丛矮病、玉米矮缩病等引起的经济损失常大于灰飞虱的直接为害。

1. 形态特征

稻飞虱为小型昆虫，体长不足 5 mm，头部较尖，稍向前突，触角粗短，末端锥状，着生于头侧方复眼之下，后足胫节末端内侧有一个刀状大距，成虫有长翅型和短翅型之分。3 种飞虱成虫的主要区别见表 5-2。

表 5-2　3 种飞虱的主要区别

种类	褐飞虱	白背飞虱	灰飞虱
体长(mm)	3.6～4.8	3.8～4.5	3.5～4.0
头顶、前胸背板及中胸背板	头顶至中胸背板暗褐色，中胸背板 3 条中隆线明显	头顶略突出、前胸背板黄白色，中胸背板中央黄白色，两侧黑褐色	雄虫前中胸背板黑色，雌虫淡褐色，两侧较深
头部正面	颜面中央不凹陷，额及颊均黄褐色	雄额颊区沟为黑褐色，雌额颊区为黄褐色	雌雄额颊沟均为黑褐色
雄性外生殖器阴茎侧突及其他特征	不分叉 后足第一附节内侧有 2～3 个小刺	分叉 内侧无小刺，短翅型成虫只有雌虫	不分叉呈小鸟形

观察飞虱头部形态、触角特点、着生位置、后足胫节末端是否有距。观察比较 3 种稻飞虱的主要区别。

2. 发生规律

(1) 生活史及习性

①褐飞虱　为远距离迁飞性害虫，仅在冬季有水稻栽培或有再生稻、自生稻苗生长的少数南方地区越冬，我国稻区的初发虫源，多是由南方终年繁殖区，随着春夏暖湿气流，由南向北渐次迁飞而来。在秋季，则随南向气流由北向南回迁。褐飞虱一年发生 1～12 代，各地发生的世代数因纬度和年总积温、迁入时期、水稻栽培期而不同。在海南省南部每年发生 12 代，广东、广西中南部、福建南部，每年发生 8～9 代；江淮之间每年发生 3～4 代；北纬 35°以北的其他稻区，常年发生 1～2 代。

褐飞虱喜阴湿环境，成、若虫多聚集在稻丛基部栖息、取食，穗期以后逐渐上移。成虫、若虫都不很活泼，如无外扰，很少移动，受到惊扰就横行躲避，或落于水面、或飞(跳)到他处。成虫有趋嫩性、趋光性。卵成条产于稻株组织内，在嫩绿稻株上多产于叶鞘的肥厚部分，在黄老植株上则多产于叶片基部中脉组织内，产卵痕初呈长条形裂缝，不太明显，以后逐渐变为褐色条斑。

②白背飞虱　属迁飞性害虫，发生的世代数因地而异。海南省南部年发生 11 代，长江以南地区 4～7 代，淮河以南地区 3～4 代，东北地区 2～3 代，新疆、宁夏两地区 1～2 代。在北纬 26°左右地区以卵在自生稻苗、晚稻残株、游草上越冬，在此以北地区的虫源由越冬地迁飞而来。各地均以成虫迁入田间后的第 2 代若虫高峰为主要为害世代，大发生时迁入成虫即可造成明显为害，即“落地成灾”现象。白背飞虱的习性与褐飞虱相似，成、若虫在稻株栖息的部位比褐飞虱略高，部分低龄若虫可在幼嫩心叶内取食。

③灰飞虱　我国由北向南地区每年发生4～8代，华北地区4～5代，各地均可越冬。在福建、广东、广西和云南南部，冬季可发现3种虫态，其他各地主要以3、4龄若虫在麦田、绿肥田、沟边、河边的禾本科杂草上越冬，尤以背风向阳处为多。气温高于5℃时，能爬上寄主取食。低于5℃时，潜伏在寄主根际和土壤缝隙中不食不动。华北地区1代若虫主要在麦田生活，5月下旬至6月中旬羽化，迁入水稻秧田、早栽本田和玉米田。2代成虫6月下旬至7月下旬羽化，大量迁入水稻本田繁殖为害。秋后水稻成熟收割时转到越冬寄主上越冬。灰飞虱有趋光、趋嫩绿和趋边行的习性，边行虫口密度远高于田中，生长嫩绿茂密的稻田中着卵量多。

(2) 发生条件　褐飞虱和白背飞虱均为迁飞性害虫，影响发生的首要条件是迁入虫量的多少。若虫源基地虫量大，迁入季节雨日频繁、雨量大，则有利其降落迁入。褐飞虱喜温暖高湿，生长发育的适温为20～30℃，26～28℃最适，相对湿度80%以上时有利其发生。白背飞虱对温度的适应范围比褐飞虱广，15～30℃均能正常生长发育。灰飞虱耐寒怕热，适宜温度为15～28℃，冬暖夏凉有利大发生。稻飞虱的天敌种类很多，寄生于卵的有稻虱缨小蜂、褐腰赤眼蜂等；寄生于成虫的有稻虱螯蜂、稻虱线虫等。捕食性天敌有黑肩绿盲蝽、蜘蛛、步甲、瓢虫等。

3. 防治技术

(1)农业防治　清除田间杂草，减少灰飞虱的越冬虫源。选用抗虫品种。科学肥水管理，促进稻株正常生长，防止徒长或贪青倒伏。

(2) 生物防治　注意合理使用农药，保护利用天敌，人工搭桥助迁蜘蛛或稻田放鸭等措施，对稻飞虱也有较好防效。

(3) 药剂防治　当主要为害世代的前1代平均每丛稻有虫1头，主要为害世代每丛有虫10头左右时，需进行药剂防治。一般在低龄若虫高峰期，可选用25%扑虱灵可湿性粉剂450～600 g/hm^2、25%吡蚜酮可湿性粉剂300～450 g/hm^2、10%吡虫啉可湿性粉剂300～450 g/hm^2、48%毒死蜱乳油1 200～1 800 mL/hm^2、25%速灭威可湿性粉剂2 250～3 000 g/hm^2、20%异丙威乳油2 250～3 000 mL/hm^{2}或50%混灭威乳油1 500～2 250mL/hm^2，兑水750～900 kg/hm^{2}喷雾。此外，还可选用20%啶虫脒可湿性粉剂兑水2 000～4 000倍液喷雾防治稻飞虱，作用速度快、持效期长、安全性好。

五、稻水象甲

稻水象甲(*Lissorhoptrus oryzophilus* Kuschel)属鞘翅目，象甲科，是我国二类植物检疫对象，1988年首先发现于唐山地区，现已在黑龙江、吉林、辽宁、河北、北京、天津、山东、浙江、安徽、福建、湖南、山西等十余个地区陆续发生。稻水象甲成虫取食水稻嫩叶，沿叶脉啃食表皮和叶肉，仅留另一面表皮，由此形成纵向细短条斑。幼虫取食水稻根部，甚至钻入根内为害，数量多时造成根系和分蘖减少，发育迟缓，延迟成熟。为害严重时，根变黑腐烂，下部叶片枯死，甚至整株死亡。一般减产10%～20%，严重时可达50%。

1. 形态特征

(1) 成虫　体长约3 mm，体褐色，被覆浓密的灰绿色鳞片。前胸背板近梯形，两侧缘中部向外拱突，两侧灰色鳞片区之间有一条黑褐色的鳞片带，向下延伸至鞘翅的3/4处，形成一个似瓶状的暗斑。鞘翅基部与前胸背板等宽，从基部到肩部急剧加宽，翅肩以下两侧几乎平行至翅端又急剧缩窄，臀板微露翅外。

（2）卵　长 0.8 mm，宽 0.16 mm，近圆柱形，乳白色。

（3）幼虫　老熟时体长约 10 mm，体细长，略向腹面弯曲，体白色，头褐色，无足，腹部第 2～7 节背面各有 1 对略前弯的钩状呼吸管，气门位于管中。

（4）蛹　白色，复眼红褐色，大小及形态似成虫。蛹在土茧中形成，土茧黏附于根上，灰色近球形，直径约 5 mm。

观察稻水象甲为害状，成虫体型、颜色、体背暗斑形状，幼虫颜色、腹部背面呼吸管特征。

2. 发生规律

一年发生 1～2 代，以成虫在田边坡地、沟渠边及田埂上的杂草丛中（成虫蛰伏于表层土中）滞育越冬。成虫一般在水淹后开始产卵。新孵化的幼虫在叶鞘内经短暂钻蛀取食后离开叶鞘掉入土中，在植物体外待一段时间，这时是它生活史中最薄弱的环节。幼虫在发育过程中，可从一个根钻出转入另外根为害，造成一系列穿孔。3 龄幼虫取食常可造成断根，妨碍根的发育生长。一株水稻根部可发现几头，多至几十头幼虫。老熟幼虫结土茧附着于根上化蛹，7 月初成虫羽化，8 月末大量成虫转移至越冬场所。

稻水象甲成虫有明显的趋光性并有较强的飞翔力，可借风力远距离传播。成虫也可在水中游泳，随水流跨江越海传播。人为方面，可随稻秧、稻草、稻草制品，杂草寄主制成的包装物、填充物，草饲料，交通工具等远距离传播。

3. 防治技术

（1）加强植物检疫　禁止从疫区调运秧苗、稻草、稻谷和其他寄主植物及其制品，凡用寄主植物做填充材料的，应彻底销毁。

（2）农业防治　选用抗虫品种，及时移栽健壮秧苗，加强肥水管理，利用不同品种成熟期差异减轻危害。秋耕翻土、冬灌、铲除杂草，消灭越冬成虫。春耕沤田，多犁多耙，打捞消灭成、幼虫。

（3）物理防治　利用黑光灯诱杀成虫。也可设置诱杀田，夜间灯光诱集成虫产卵，然后集中消灭。

（4）生物防治　如利用索科线虫或白僵菌等防治稻水象甲。

（5）药剂防治　可选用 4%DJ 复合粒剂，于水稻缓秧后 7～10 d 撒施 45 kg/hm^2，该药扩散溶解的药膜对成虫产在近水层的卵有杀伤力，残效期 30 天以上，对根际幼虫控制效果达 85%左右，且可兼治二化螟和水稻潜叶蝇。还可选用 20%多来宝乳油 450～600 mL/hm^2、40%水胺硫磷乳油 1 500 mL/hm^2、25%噻虫嗪水分散粒剂 30～60 g、20%辛・唑乳油、20%阿维・唑乳油、20%三唑磷乳油或 1%苦参碱可溶液剂 750 mL，兑水喷雾。

六、稻纵卷叶螟

水稻稻纵卷叶螟（*Cnaphalocrocis medinalis* Guenee）又名刮青虫，鳞翅目，螟蛾科。以幼虫缀丝纵卷水稻叶片成虫苞，幼虫隐匿其中取食叶肉，仅留表皮，形成白色条斑，致使水稻千粒重降低，秕粒增加，造成减产。以孕、抽穗期受害损失最大。为害水稻，有时为害小麦甘蔗、粟以及一些禾本科杂草。北起黑龙江、内蒙古，南至台湾、海南的全国各稻区均有分布。

1. 形态特征

成虫　体长 7～9 mm，翅展 17 mm，淡黄褐色，前翅有两条褐色横线，两线间有 1 条短线，外缘有暗褐色宽带。后翅有两条横线，外缘亦有宽带。雄蛾前翅前缘中部，有闪光而凹陷的“眼点”，雌蛾前翅则无“眼点”。

卵　长约 1 mm，椭圆形，扁平而中稍隆起，表面具细网纹，初产白色透明，近孵化时淡黄色。

幼虫　末龄幼虫体长 14～19 mm，低龄幼虫绿色，后转黄绿色，老熟时橘红色。中、后胸背面具小黑圈 8 个，前排 6 个，后排 2 个。

蛹　长 7～10 mm，初黄色，后转褐色，长圆筒形，具钩刺 8 个。

观察稻纵卷叶螟的为害状，成虫前后翅的横线数目和雌雄区别。幼虫体色、体形及头部斑纹，卵、蛹的形态及结苞特征。

2. 发生规律

东北一年发生 1～2 代，长江中下游至南岭以北 5～6 代，海南南部 10～11 代。南岭山脉一线以南，常年有一定数量的蛹和少量幼虫越冬，北纬 30°以北稻区不能越冬，故广大稻区初次虫源均自南方迁来。稻纵卷叶螟成虫有趋光性，喜荫蔽和潮湿，且能长距离迁飞。白天栖于荫蔽、高湿的作物田。喜吸食花蜜。成虫羽化后 2 天常选择生长茂密的稻田产卵，历时 3～4 天，卵散产，少数 2～5 粒相连。雌产卵量 40～50 粒，最多 150 粒以上。产卵位置因水稻生育期而异。卵多产在叶片中脉附近。1 龄幼虫在分蘖期爬入心叶或嫩叶鞘内侧啃食。在孕穗抽穗期，则爬至老虫苞或嫩叶鞘内侧啃食。2 龄幼虫可将叶尖卷成小虫苞，然后叶丝纵卷稻叶形成新的虫苞，幼虫潜藏虫苞内啃食。幼虫蜕皮前，常转移至新叶重新作苞。第 4、5 龄幼虫食量占总取食量 95%左右，为害最大。每头幼虫一生可卷叶 5～6 片，多的可达 9～10 片。老熟幼虫在稻丛基部的黄叶或无效分蘖的嫩叶苞中化蛹，有的在稻丛间，少数在老虫苞中。该虫生长、发育和繁殖的适宜温度为 22～28℃，适宜相对湿度 80%以上。30℃以上或相对湿度 70%以下，不利于它的活动、产卵和生存。在适温下，湿度和降雨量是影响发生量的一个重要因素，雨量适当，成虫怀卵率大为提高，产下的卵孵化率也较高；少雨干旱时，怀卵率和孵化率显著降低。但雨量过大，特别在盛蛾期或盛孵期连续大雨，对成虫的活动、卵的附着和低龄幼虫的存活率都不利。

3. 防治技术

(1) 农业防治　选用抗(耐)虫水稻品种，合理施肥，使水稻生长发育健壮，防止前期猛发旺长，后期贪青迟熟。科学灌水，适当调节搁田时间，降低幼虫孵化期田间湿度，或在化蛹高峰期灌深水 2～3 天，杀死虫蛹。

(2) 保护利用天敌，提高自然控制能力　如拟澳洲赤眼蜂、稻螟赤眼蜂、纵卷叶螟绒茧蜂等寄生性天敌；蜘蛛、青蛙等捕食性天敌，对纵卷叶螟都有很大控制作用。

(3) 化学防治　根据水稻分蘖期和穗期易受稻纵卷叶螟为害，尤其是穗期损失更大的特点，药剂防治的策略，应狠治穗期为害代，不放松分蘖期为害代的原则。施药时期应根据不同农药残效长短略有变化，击倒力强而残效较短的农药在孵化高峰后 1～3 天施药，残效较长的可在孵化高峰前或高峰后 1～3 天施药，实际生产中，应根据实际，结合其他病虫害的防治，灵活掌握。可选用的药剂：5%阿维菌素乳油、48%毒死蜱乳油或者 5%氟铃脲乳油等。

项目三　玉米主要害虫防治技术

一、玉米螟

玉米螟俗称箭秆虫、玉米钻心虫，属鳞翅目、螟蛾科。国内有亚洲玉米螟 *Ostrinia furnacalis*(Guenée)和欧洲玉米螟 *O. nubilalis*(Hübner)两种，亚洲玉米螟为优势种。国内大部分省(市、自治区)均有发生，北方春玉米栽培区是发生最严重的地区之一。

玉米螟为多食性害虫。主要为害玉米、高粱、谷子、小麦、水稻等禾本科旱粮作物，也可为害甜菜、向日葵、马铃薯、茄子、辣椒等。主要以幼虫钻蛀为害。苗期，初孵幼虫啃食叶肉留下表皮，造成玉米、高粱"花叶"，谷子"枯心"。后钻蛀纵卷的心叶，心叶展开后，在叶片上形成整齐的横排圆孔，俗称"排孔"。4 龄以后蛀食茎秆。玉米抽雄期，幼虫先取食雄穗，抽雄后钻蛀雄穗柄，使雄穗枯死或折断。玉米抽丝期，幼虫取食雌穗的花丝和穗轴。大龄幼虫可向下转移蛀入穗柄和茎节，也可蛀入雌穗取食籽粒。高粱受害状与玉米相似。为害谷子则从茎基部蛀入，造成苗期枯心，穗期折茎。

(一) 识别特点

成虫为中小型的黄色小蛾子，雄虫较瘦小、色深，雌虫体较粗大、色浅。雄虫前翅内横线波状暗褐色，外横线锯齿状暗褐色，内、外横线间近前缘处有 2 个褐色斑纹，外横线与外缘线之间有 1 褐色带；后翅灰黄色，翅面上的横线与前翅相似，翅展时前后翅的波纹相连。雄蛾翅缰 1 根，雌蛾翅缰 2 根。

卵扁椭圆形，常多粒呈鱼鳞状排列，黄白色，孵化前透过卵壳可见黑褐色的幼虫头部。

幼虫共 5 龄，老熟幼虫体长 20～30 mm，头部及前胸背板暗褐色，体背淡灰褐色或淡红褐色，有纵线 3 条，其中背线明显。体上有明显的毛片，中后胸背面各有 4 个，腹部每节两排，前排 4 个较大，后排 2 个较小。腹足趾钩三序缺环。

蛹黄褐色，腹末端有 5～8 个钩状小刺(图 5-12)。

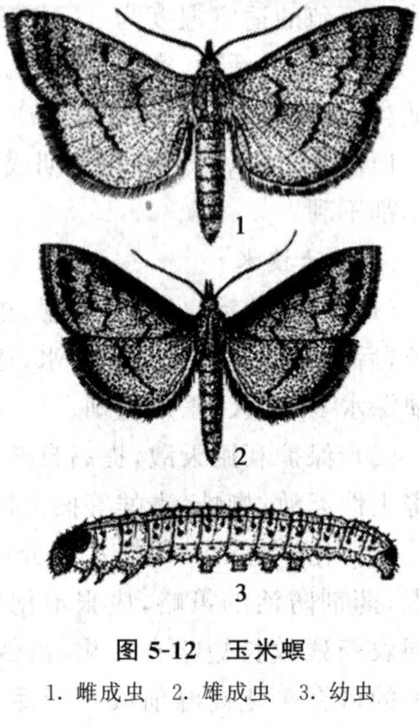

图 5-12　玉米螟

1. 雌成虫　2. 雄成虫　3. 幼虫

(二) 发生规律

1. 生活史及习性

因纬度、海拔不同，玉米螟每年发生 1～6 代，东北每年发生 1～2 代，其中黑龙江北部和吉林长白山区多发生 1 代，吉林、辽宁、内蒙古多发生 2 代。以老熟幼虫在寄主茎秆、根茬、穗轴及高粱茎秆内越冬。

成虫昼伏夜出，白天多潜伏在茂密的作物株间或杂草丛中，夜间活动。飞翔力强，有趋光性。成虫喜欢在玉米上，其次是高粱、谷子上产卵，卵多产在叶片背面中脉附近。产卵有趋向繁茂作物的习性。

在玉米田，多选择生长茂密、叶色浓绿的植株上产卵，中、下部叶片产卵最多。卵一般多粒呈鱼鳞状排列。初孵幼虫爬行敏捷，在分散爬行过程中常吐丝下垂，随风飘到邻近植株上取食为害。一般先爬进喇叭口里取食心叶，展叶后可见叶片上有横向的一排虫孔。在玉米心叶期、抽雄初盛期和雌穗抽丝初期群集为害，4龄以前多选择含糖量较高、湿度大的心叶丛、雄穗苞、雌穗的花丝基部、叶腋等处取食为害，4龄以后钻蛀取食，重者使穗柄折断，雌穗下垂，导致灌浆不满，籽粒较小。幼虫多5龄，老熟后多在玉米茎秆内，少数在穗轴、苞叶和叶鞘内化蛹。

2. 发生条件

(1) 气候条件　玉米螟喜中温高湿，高温干燥不利于发生。越冬幼虫化蛹前必须从潮湿的秸秆等处获得足够的水分才能化蛹，成虫羽化后，也需要饮水才能产卵。因此在成虫交尾产卵和幼虫孵化阶段都需要较高的相对湿度，期间若雨量充沛、均匀，相对湿度大，温暖，则利于玉米螟的发生；反之，则成虫产卵量减少，孵化率低，初孵幼虫死亡率高。但雨量过多，遇到连续大雨或暴雨，由于不利于成虫交尾产卵、卵孵化和初孵幼虫的存活，对玉米螟发生量有明显的抑制作用。

温度除影响发生世代数和发生期外，也影响发生量。在25～30℃范围内，旬平均相对湿度60%以上，越冬幼虫基数大时可能大发生。

(2) 作物长势　玉米螟有趋向生长繁茂的植株产卵的习性。所以丰产田、长势好的田块发生重。

(3) 天敌　玉米螟的天敌有70多种，如玉米螟厉寄蝇、姬蜂、赤眼蜂、黄金小蜂等寄生蜂，瓢虫、步行虫、草蛉等捕食性天敌，白僵菌、苏云金杆菌等病原微生物。其中以卵寄生蜂和白僵菌的控制作用大。

(三) 预测预报

1. 越冬虫源基数调查

秋后及翌春化蛹前各调查一次，选取当地玉米、高粱或谷子秸秆垛若干堆，每堆随机取样，剥查100～200株，根据越冬虫口密度、越冬死亡率及当地秸秆贮存量，推算越冬基数。结合当年气象条件，若当越冬后残存虫量较常年高，在越冬化蛹、羽化、成虫产卵期间温湿度适宜，田间相对湿度经常在60%以上，可预测当年第1代发生较常年重。

2. 田间产卵时期和卵量调查

自成虫出现后，选择代表当地早播及一般播期的玉米、高粱和谷子田各1块，面积均在1/3 hm^2 以上为宜，按棋盘式取样点10点，玉米每点10～20株，标记定点。每三天调查一次，发现卵块用红色笔标记，避免与下次重复。观察并分别计算百株卵量、卵株率和卵的寄生率。

3. 黑光灯诱测成虫

黑龙江一般于5月末利用黑光灯诱蛾，逐日记载，与历年田间比较，判断蛾量发生趋势，同时推定各代发生盛期。

4. 幼虫为害情况调查

目的是查明被害程度，并根据防治指标，确定防治对象田，检查防治效果。一般选择有代表性的玉米、高粱田若干块，每块田5点取样，调查100～200株，记载心叶中期、末期的花叶株数和穗期的有虫雌穗数，计算花叶率和虫穗率。

5. 玉米心叶末期的确定

当玉米植株发育还差 2～3 片叶抽穗时，即用手能捏到穗苞，但从喇叭口向下看，还看不到一点雄穗苞的痕迹，即为心叶末期。

（四）防治措施

1. 农业防治

（1）处理寄主秸秆，压低越冬虫源基数　6 月前将玉米等寄主秸秆、根茬处理完。剩余的秸秆，喷白僵菌封垛，白僵菌粉 100g/m^3。

（2）种植抗虫品种　据报道，国外应用转基因等生物技术在培育和利用抗螟品种防治玉米螟方面已取得了明显成效，Bt 基因抗玉米螟品种已推广应用。

2. 生物防治

利用赤眼蜂、白僵菌和苏云菌杆菌等防治玉米螟。放赤眼蜂的防治关键是蜂、卵相遇。在玉米螟卵孵化初盛期设放蜂点 75～150 个/hm^2，利用赤眼蜂蜂卡放蜂 15 万～45 万头/hm^2；在玉米心叶中期用孢子含量为 50 亿～100 亿/g 的白僵菌粉，按 1∶10 的比例制成的颗粒剂，每株用颗粒剂 2g。

3. 药剂防治

（1）玉米心叶末期（即从抽雄穗 2%～3%开始）　撒施颗粒剂防治幼虫是控制玉米螟为害的最有效方法之一。玉米心叶末期百株合计卵量超过 30 块或“花叶”和“排孔”合计株率达到 10%，谷子每千株谷苗合计卵块达 5 块以上时，应及时进行集中防治。可选用 0.5%敌敌畏颗粒剂、0.3%辛硫磷颗粒剂，也可选用 50%辛硫磷乳油、2.5%溴氰菊酯等杀虫剂自制颗粒剂防治。还可用白僵菌颗粒剂。每株 1～2 g 撒于喇叭口内。撒施时要做到：稳步向前走，对准喇叭口，每株 1～2 g，撒药甩开手。

颗粒剂配法：50%敌敌畏乳油 1 kg 加载体 200 kg 混拌均匀即成。载体可用 20～60 筛目之间的细沙、煤渣、砖渣。

（2）药液灌心　可用 50%辛硫磷乳油 3 000 倍液、90%敌百虫晶体 1 000～2 000 倍液、80%敌敌畏乳油 5 000 倍液、2.5%溴氰菊酯乳油 4 000～5 000 倍液等灌心，每株 10～15 mL。

（3）穗期防治　当预测穗虫率达 10%或百穗花丝有虫 50 头时，在抽丝盛期应防治一次，若虫穗率超过 30%，6～8 天后需再防治一次。在抽丝盛期前将颗粒剂撒在玉米的“4 叶 1 顶”，即雌穗着生节的腋叶及其上 2 叶和下 1 叶的叶腋、雌穗顶的花丝上。也可用 50%敌敌畏乳油 600～800 倍液滴在穗顶。

注意：高粱对敌百虫、敌敌畏非常敏感，不能使用敌百虫、敌敌畏防治害虫。

二、黏虫

黏虫（Mythimnaseparata walker）是玉米作物虫害中常见的主要害虫之一。属鳞翅目夜蛾科，又名行军虫，体长 17～20 mm，淡灰褐色或黄褐色，雄蛾色较深。以幼虫暴食玉米叶片，严重发生时，短期内吃光叶片，造成减产甚至绝收。一年可发生三代，以第二代危害夏玉米为主。天敌主要有步行甲、蛙类、鸟类、寄生蜂、寄生蝇等。

(一) 识别特点

幼虫　幼虫头顶有八字形黑纹，头部褐色黄褐色至红褐色，2～3 龄幼虫黄褐至灰褐色，或带暗红色，4 龄以上的幼虫多是黑色或灰黑色。身上有五条背线，所以又叫五色虫。腹足外侧有黑褐纹，气门上有明显的白线。蛹红褐色。

成虫　体长 17～20 mm，淡灰褐色或黄褐色，雄蛾色较深。前翅有两个土黄色圆斑，外侧圆斑的下方有一小白点，白点两侧各有一小黑点，翅顶角有 1 条深褐色斜纹。

卵　馒头形稍带光泽，初产时白色，颜色逐渐加深，将近孵化时黑色(图 5-13)。

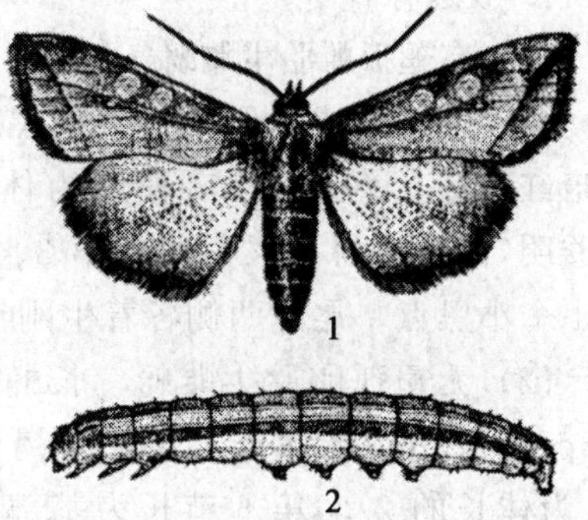

图 5-13　黏虫

1. 成虫　2. 幼虫

(二) 生活史与习性

一年发生 2～8 代。成虫需补充营养，对糖醋液的趋性很强。成虫昼伏夜出，在黄昏至午夜活动最盛；成虫飞翔力强，每年均有几次远距离的定向迁飞。产卵喜产于麦子枯黄叶尖或叶鞘和被地下害虫为害而造成的枯心苗上。幼虫多在夜间活动取食。3 龄后的幼虫有假死习性。幼虫老熟后做土室化蛹。黏虫是一种间歇性猖獗发生的大害虫，黏虫对温湿度要求比较严格，雨水多的年份黏虫往往大发生。

(三) 防治技术

(1) 防治指标　当百株玉米有黏虫 30 头以上时立即防治，并在幼虫 3 龄前防治。

(2) 封锁迁移　冬小麦收割时，为防止幼虫向秋田迁移为害，在邻近麦田的玉米田周围以 2.5%敌百虫粉，撒成 4 寸宽药带进行封锁。

(3) 诱杀虫卵　利用成虫产卵习性，可用干草扎成草把插于田间诱卵，并及时销毁。

(4) 全田喷药防治　①用 2.5%高效氯氟氰菊酯乳油 50 mL/亩与毒死蜱 20 mL/亩混合兑水 30 kg 全田喷雾。②或用 4.5%高效氯氰菊酯乳油 30 mL，兑水 30 kg 全田喷雾。③或 40%毒死蜱乳油 30 mL 配成 1 000 倍液，进行全田喷雾。④或每亩用高效氯氟氰菊酯乳油(功夫)20～30 mL，兑对水 30 kg，进行全田喷雾。⑤或辛硫磷乳油 1 500 倍液全田喷雾。

三、玉米蚜

我国为害玉米的蚜虫有玉米蚜(又名玉米缢管蚜)、禾谷缢管蚜、高粱蚜和荻草谷网蚜等，均属同翅目，蚜科。但以玉米蚜 *Rhopalosiphum maidis* (Fitch)为害最重，分布遍及全国主要玉米产区。

玉米蚜主要为害玉米，也为害谷子、高粱等。玉米苗期开始受害，至扬花期蚜量猛增，为害加重，此后叶片、叶鞘甚至雌、雄穗均可布满蚜虫，玉米蚜以成、若蚜刺吸汁液，常导致叶面生霉变黑，影响光合作用。还能传播玉米病毒病，危害极大。

1. 形态特征

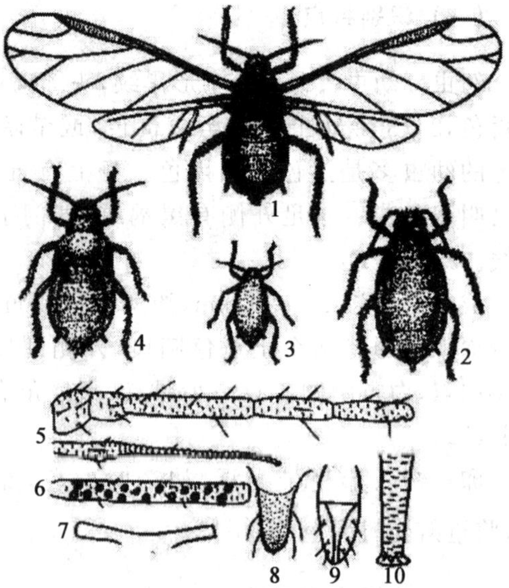

图 5-14 玉米蚜

1. 有翅蚜 2. 无翅蚜 3. 若蚜 4. 有翅若蚜 5. 无翅蚜触角 6. 有翅蚜触角第 3 节 7. 中胸腹叉 8. 尾片 9. 喙端部 10. 腹管

(1) 有翅孤雌胎生雌蚜 长卵形,体长 1.8～2.0 mm,深绿色或黑绿色。头部黑色稍亮,复眼暗红褐色。触角 6 节,长度为体长的 1/2。翅透明,前翅中脉分叉。腹部第 3、4 节两侧各有 1 个小黑点。尾片两侧各着生刚毛 2 根。

(2) 无翅孤雌胎生雌蚜 长椭圆形,体长 1.8～2.2 mm,暗绿色。复眼红褐色,触角较短,为体长的 2/5,第 6 节长为基部的 2.5 倍。腹管长圆桶形,基部周围有黑色的晕纹,端部收缩。尾片和腹管均为黑色。尾片圆锥形,中部微收缩(图 5-14)。

2. 发生规律

玉米蚜在我国北部的辽宁一年发生 9～11 代,在浙江嘉兴 1 年可发生 26 代。冬季在小麦和马唐、李氏禾、狗尾草及芦苇等禾本科杂草的心叶和叶鞘内越冬。春季气温回升后在越冬寄主上繁殖为害,待小麦近成熟时产生有翅蚜,迁飞到春玉米、夏玉米上为害,秋季再迁回越冬寄主。高温干旱是玉米蚜大发生的重要气候条件。玉米蚜在 7～28℃均能繁殖后代,适宜温度为 22～24℃。适宜玉米蚜发生的相对湿度为 85%。由于玉米蚜多在寄主心叶内为害,在干旱年份心叶中仍能保持较高的湿度,有利于其发生为害;而多雨年份心叶中容易积水,常不利于其发生。

3. 防治技术

(1) 农业防治 铲除玉米田边杂草,减少虫源。玉米抽穗时,拔除中心蚜株的雄穗,减少虫量。

(2) 利用天敌 玉米苗期,玉米蚜天敌(瓢虫、蜘蛛、草蛉)数量较多的情况下,尽量避免使用药物,或选用对天敌无害的药物进行防治。

(3) 化学防治 可选用 25%吡虫啉乳油 1 000～1 500 倍液喷雾;或 50%辛氰乳油,用药 300～450 g/hm^2,兑水 450 L 喷雾;或 4.5%高效氯氰菊酯乳油 1 500 倍液喷雾。防治穗期蚜虫时,由于玉米植株高大不利于喷雾,可制成颗粒剂撒施。可选用 40%乐果每1 500 mL/hm^2,兑水 15 L,拌沙土 225 L;或 50%辛硫磷每1 125 mL/hm^2,兑水 15 L,拌沙土 225 kg;或 3%克百威每 22.5 L/hm^2,拌沙土 75 kg。拌匀后的颗粒剂于清晨或傍晚撒施玉米穗部。

四、东亚飞蝗

飞蝗在我国有 3 个亚种:即东亚飞蝗 *Locusta migratoria manilensis*(Meyen)、亚洲飞蝗(*L. m. miratoria*)和西藏飞蝗(*L. m. tibetensis*),属直翅目蝗科。其中东亚飞蝗分布最广,危害最大。东亚飞蝗喜欢取食小麦、玉米、粟、稻、高粱等禾本科作物和禾本科、莎草科杂草。一般不取食双子叶植物。以成虫和若虫(蝗蝻)咬食植物叶片、嫩茎、幼穗,大发生时可将作物地上部分的绿色植物吃光，造成颗粒无收。经常发生及适合发生飞蝗的地区称蝗区，飞蝗迁入后不能定居繁殖的地区称扩散区。根据蝗区的生态环境，我国将蝗区分为滨湖蝗区、沿海蝗区、内涝蝗区和河泛蝗区 4 种类型。

1. 形态特征

(1) 成虫　绿色或黄褐色，雄虫体长 32.4～48.1 mm，前翅度 34.0～43.8 mm，雌虫 38.6～52.8 mm，前翅长 44.65～55.9 mm。头顶与颜面形成圆弧状，颜面垂直。触角丝状，淡黄色。前胸背板马鞍形，中隆线发达，略呈弧状隆起(散居型)或较平直(群居型)。前翅褐色，有许多暗色斑；后翅透明。后足腿节内侧的基半部黑色，近端部有黑环，胫节红色。群居型体色较固定，呈赤褐色或黑褐色，黑褐色斑较多而色深；散居型体色随环境变化而呈草绿色或淡绿色，黑褐色斑少而色淡。

(2) 若虫　若虫称蝗蝻，分 5 龄。群居型蝗蝻体形较小，体色随龄期变化，1 龄灰黑色；2 龄黑灰色或黑色，头部稍显红褐色；3 龄黑色，头部红褐色部分扩大；4、5 龄红褐色。散居型体形较大，体色与所处环境有关，不随龄期变化，多为绿色或黄绿色(图 5-15)。

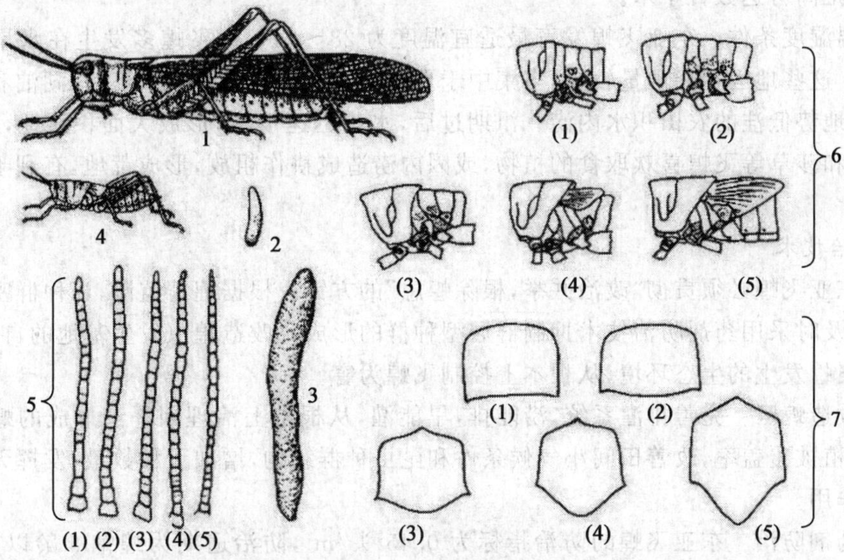

图 5-15　东亚飞蝗

1. 成虫　2. 卵　3. 卵块　4. 若虫　5. 各龄若虫的触角(括弧内数字示龄期，下同)
6. 各龄若虫翅芽的发育情况　7. 各龄若虫的前胸背板

2. 发生规律

(1) 生活习性　在我国的发生区内，从北到南 1 年发生 1～4 代，在北京以北地区每年发生 1～2 代；渤海湾与淮河流域、黄河下游等地一般发生 2 代；长江流域每年可发生 2～3 代；江西、广东岭南一带每年发生 3 代；海南岛每年发生 4 代。各地均以卵在 4～6 cm 深的土壤中越冬。

飞蝗白天取食，中午因气温过高停止取食，下午 4 时至日落前取食量最大，夜间和气温低的白天取食量小。蝗蝻虫龄越大，食量越大，成虫期食量更大，尤其交配前期食量最大。飞蝗的食量与气候和龄期有关，飞蝗需要从食物中获取大量的水分维持其生命活动，因此在干旱季节，食量大，危害重。防治时，要根据其取食规律使用农药和毒饵。

雌性成虫产卵时多选择植被覆盖度在25%～50%，土壤含水量10%～22%，含盐量0.1%～1.2%，且土壤结构较坚硬的向阳地带。先用产卵瓣钻孔，然后产卵，分泌腺液黏成卵块，卵室平均深度为4～6 cm，每头雌成虫产卵4～5块，平均每块65粒卵，1头蝗虫可产卵300～400粒。

群居型蝗蝻2龄以前常集中在植物上部取食。2龄以后常群聚在裸地或植被稀少的地方。先由少数蝗蝻跳动，引起条件反射，四周的蝗蝻随之跳跃群聚，由小群汇成大群，然后向与阳光垂直的同一方向迁移。迁移途中，飞蝗群体不断扩大。迁移时间多在晴天的9～16时，如遇阴雨天，中午地面温度超过40℃或日落后，停止迁移。

群居型成虫有群聚、跳跃、迁移和迁飞习性。在正常天气下，成虫羽化后，性器官即将成熟时在晴天傍晚作试飞活动。迁飞前先有少数飞蝗在空中盘旋，然后大多数飞蝗跟着起飞，试飞2～3天后，沿一定方向飞去。一经起飞，可连续1天以上，夜间也可飞行，如遇下雨则强迫停飞。飞行中需要取食、饮水时即下降，这时成片庄稼很快被吃光。微风时逆风飞，风力大时顺风飞，飞行距离可达数百千米。

(2) 温湿度条件　东亚飞蝗发育最适宜温度为28～34℃。飞蝗多发生在水旱交替的低海拔地区。这些地区年降雨量较少，多集中于夏季，当雨季或汛期来临，江河、湖泊和水库水位急剧上升，地势低洼的农田积水内涝。汛期过后，水位迅速下降，形成大面积滩地，生长芦苇、稗草、荻草和莎草等飞蝗喜欢取食的植物，或因内涝造成耕作粗放，形成荒地，有利于飞蝗产卵繁殖。

3. 防治技术

防治东亚飞蝗必须贯彻"改治并举，根除蝗患"的方针。根据蝗情监测，当种群密度达到防治指标时，及时采用药剂防治技术抑制群居型种群的形成。改造蝗虫发生基地的自然环境，形成不利于飞蝗发生的生态环境，从根本上控制飞蝗为害。

(1) 改造蝗区　完善排灌系统，涝能排，旱能灌，从根本上治理因旱涝形成的蝗区。精耕细作，提高植被覆盖率，改善田间小气候条件和昆虫种群结构，增加天敌数量，发挥天敌控制蝗虫种群的作用。

(2) 药剂防治　东亚飞蝗的防治指标为0.45头/m^2，防治适期为蝗蝻3龄以前，狠治夏蝗，减少秋蝗虫源基数。点片发生时，用毒饵或机动喷雾器进行药剂防治；大面积发生，可采用飞机喷雾，防止迁移或迁飞。

为防止蝗群大量迁入农田为害，进行药剂封锁，保护农田。可选用50%马拉硫磷或甲基对硫磷乳油，在农田周边常规或超低容量喷雾，用量为1 500～2 250 mL/hm^2，药带20 m宽。常规地面喷雾可选用40%乐果乳油、或40%氧化乐果乳油、或80%敌敌畏乳油、或40%久效磷乳油、或50%甲基对硫磷乳油、或50%马拉硫磷乳油、或40%甲基异柳磷乳油、或50%稻丰散等，用量为1 500 mL/hm^2。

飞机喷药可选用75%马拉硫磷乳油超低容量喷雾，用量为1 500 mL/hm^2，或75%马拉硫磷乳油与2.5%溴氰菊酯乳油1∶1混合，用量为300～600 mL/hm^2。

毒饵诱杀蝗虫可将麦麸100份、清水100份、90%敌百虫或40%氧化乐果0.15份拌匀，用量(以干料计)15～22.5 kg/hm^2；也可用飞蝗喜食的鲜草100份，切碎加水30份，拌入以上药剂，用量112.5 kg/hm^2。毒饵随配随用，阴雨天、大风天和气温过高或过低时不宜使用。

项目四　大豆主要害虫防治技术

一、大豆食心虫

大豆食心虫 *Leguminivora glycinivorella*（Matsumura）又称大豆蛀荚蛾、豆荚虫、小红虫，属鳞翅目卷蛾科，是我国北方大豆产区的重要害虫。寄主单一，栽培作物只为害大豆，野生寄主有野生大豆及苦参等。主要以幼虫蛀入豆荚为害豆粒，一般年份虫食率 10%～20%，对大豆的产量、质量影响很大。

（一）形态识别

成虫　为暗褐色小蛾子，体长 5～6 mm。前翅暗褐色，前缘有 10 条左右黑紫色短斜纹，外缘内侧有一个银灰色椭圆形斑，斑内有 3 个紫褐色小斑。雄蛾前翅色较淡，有翅缰 1 根，腹部末端有显著毛束。雌蛾色较深，有翅缰 3 根，腹部末端产卵管突出。

卵　椭圆形，稍扁平，略有光泽，初产时乳白色，后变黄色或橘红色，孵化前变成紫黑色。

幼虫　共 4 龄。初孵幼虫淡黄色，入荚后为乳白色至黄白色，老熟幼虫鲜红色或橙红色，脱荚入土后变为杏黄色。末龄幼虫体长 8～9 mm，略呈圆筒形，趾钩单序全环。

蛹　长纺锤形，红色或黄褐色，腹部末端北面有 8 根粗大的短刺。

（二）发生规律

1. 生活史及习性

大豆食心虫在我国各地 1 年发生 1 代，以末龄幼虫在大豆田或晒场的土壤中作茧滞育越冬。

成虫飞翔力不强，一般不超过 6 m。上午多潜伏在叶背面或茎秆上，下午 5～7 时在大豆植株上方 0.5 m 左右处呈波浪形飞行，在田间可见到成虫成团飞舞的现象，是成虫盛发期的标志。成虫有弱趋光性。在3～5 cm 长的豆荚、幼嫩豆荚、荚毛多的品种豆荚上产卵多，极早熟或过晚熟品种着卵少。在每个豆荚上多数产 1 粒卵。幼虫孵化当天蛀入豆荚，幼虫老熟后脱荚，入土结茧越冬。

初孵幼虫在豆荚上爬行数小时后从豆荚边缘的合缝附近蛀入，先吐丝结成白色薄丝网，在网中咬破荚皮，蛀入荚内，在豆荚内为害，将豆粒咬成兔嘴状缺刻。幼虫入荚时，豆荚表皮上的丝网痕迹长期留存，可作为调查幼虫入荚数的依据(图 5-16)。

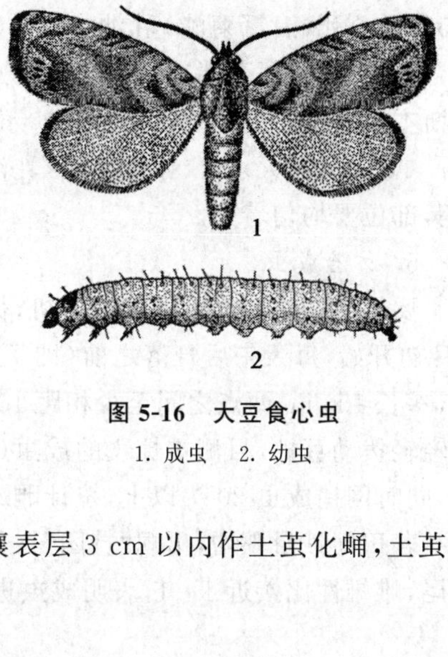

图 5-16　大豆食心虫

1. 成虫　2. 幼虫

大豆成熟前老熟幼虫入土作茧越冬。大豆收割时，有少数幼虫尚未脱荚，收割后如果在田间放置可继续脱荚，在晒场也可继续脱荚，爬至附近土内越冬，成为次年虫源之一。越冬幼虫于次年 7～8 月份上升至土壤表层 3 cm 以内作土茧化蛹，土茧呈长椭圆形，由幼虫吐丝缀合土粒而成。

2. 发生条件

温湿度和降水量是影响大豆食心虫发生严重程度的重要因素。化蛹期间降雨较多，土壤湿度大，有利于化蛹和成虫出土。大豆连作因越冬虫源量大，要比轮作受害重。大豆结荚期与成虫产卵盛期不相吻合则受害较轻，因地制宜适当提前播期或利用早熟品种，成虫产卵时大豆已接近成熟，不适宜于产卵，可降低虫食率。大豆品种由于荚皮的形态和构造不同，受害程度也有明显差异。大豆有荚毛的品种着卵多，裸生型无荚毛大豆着卵极少；在有荚毛的品种中，荚毛直立的比弯曲的着卵多。大豆的荚皮由表皮、薄壁组织、维管束和隔离层组成，隔离层细胞为近圆形或短椭圆形，抗虫性强；木质化的隔离层影响幼虫蛀入。结荚期早晚，结荚期是否集中等品种特性与虫食率有密切关系，一是回避成虫产卵，二是使幼虫入荚死亡率增加。天敌对食心虫有抑制作用，如澳洲赤眼蜂、姬蜂、茧蜂步甲等。

（三）防治措施

1. 选用抗（耐）虫品种

选用抗（耐）虫品种是防虫的基础，尽量选用荚毛少或无荚毛的大豆品种。

2. 远距离轮作

有条件的地区实行大豆远距离轮作，当年大豆田最好距上年大豆田 1 000 m 以上，可降低虫食率 87%～96%。

3. 加强栽培管理

采取水旱轮作，豆茬和豆后麦茬地及时翻耙，可提高越冬幼虫死亡率。在化蛹和羽化期增加虫源地块中耕锄草次数，可减少成虫羽化，减轻为害。大豆要适时早收，并及时脱粒，可机械杀伤大量未脱荚幼虫，减少越冬虫源量。

4. 生物防治

在成虫产卵盛期释放赤眼蜂灭卵，放蜂量为 30 万～40 万头/hm^2。

5. 药剂防治未入荚幼虫

大豆食心虫幼虫孵化后，在豆荚上爬行的时间很短，因此做好田间调查，才能掌握幼虫入荚前药剂防治的准确时机。一般当豆荚上见卵，即是未入荚幼虫的药剂防治适期。可选用 2.5%敌杀死（溴氰菊酯）乳油 400～600 mL/hm^2，或 5%来福灵乳油 200～300 mL/hm^2，或 20%灭扫利（甲氰菊酯）乳油 450 mL/hm^2，或 10%氯氰菊酯乳油 300～450 mL/hm^2，或 48%乐斯本（毒死蜱）乳油 1 200～1 500 mL/hm^2，或 10%安绿宝（氯氰菊酯）乳油 525～675 mL/hm^2，或 20%速灭杀丁（氰戊菊酯）乳油 300～450 mL/hm^2 等，兑水喷雾。喷雾要均匀，特别是结荚部位要均匀着药。

6. 防治成虫

要想掌握防治成虫的准确时机，做好田间调查，准确测报成虫盛发期是关键环节。一般从 8 月初开始，每天午后日落之前（即下午 4～6 时）调查田间蛾量，每块大豆田查 5 点，每点两垄，垄长 100 m，两点之间至少相距 10～20 m。调查时，在两垄间顺垄前进，用长约 65 cm 的木棍轻轻拨动豆株，目测被惊飞的成虫（蛾）量，同时目测群体飞舞的“蛾团”数及每个“蛾团”的蛾数，同时网捕成虫 20 头以上，统计雌雄比。

若田间蛾量骤增，出现“打团”飞舞现象，连续 3 天累计双行蛾量达 100 头，并有少量成虫交尾，雌雄性比接近 1∶1，表明成虫进入高峰期，此时即为防治成虫的适宜时期。

7. 敌敌畏熏蒸防治成虫

大豆封垄后，于8月中下旬成虫发生盛期（黑龙江一般在8月12～18日），可用80%敌敌畏乳油熏蒸防治成虫。方法如下：

用长约30 cm的高粱秸、玉米秸或其他秸秆两节为一段，一节剥去皮蘸药（即将去皮的一节浸于80%敌敌畏乳油中约3 min，使其吸饱药液），另一节留皮保持原样，将药棒未去皮的一端均匀插在垄台上。每公顷需药棒600～750根。也可将玉米穗轴或向日葵秆瓤截成约5 cm长小段，浸足80%敌敌畏药液，将药棍夹在大豆枝杈上。操作时每隔4垄插1垄，每前进5 m插（夹）1根。也可用其他颗粒状或块状载体拌入药液，均匀撒布在田间。每公顷用药量1.5～2 kg。此法防治大豆食心虫成虫效果较好，但较费工，若种植面积大，则很难操作。

8. 喷雾防治成虫

成虫盛发期，可选用2.5%敌杀死、5%来福灵、20%灭扫利、10%氯氰菊酯乳油、48%乐斯本、10%安绿宝、20%速灭杀丁等，水喷雾。用药量同防治未入荚幼虫的用量。喷药时，最好将喷雾器的喷头朝上，从大豆根部向上喷，使下部枝叶和上部叶片背面着药，对隐蔽于此的成虫有较好防治效果。

二、大豆蚜

大豆蚜 *Aphis glycines* Matsumura 俗称蜜虫、腻虫、豆蚜，属同翅目蚜科。我国大豆产区均有分布，以东北三省、内蒙古、河北、山东等地区发生较重。大豆蚜以成蚜和若蚜集中在大豆植株的顶叶、嫩叶背面及嫩茎、嫩荚上刺吸汁液，严重时布满茎叶表面。豆叶被害处叶绿素消失，形成鲜黄色的不规形的黄斑，后黄斑逐渐扩大，并变为褐色。受害严重的植株茎叶卷缩、发黄，根系发育不良，植株矮小，分枝及结荚少，籽粒千粒重降低，影响大豆产量。若苗期发生严重，可使整株死亡。除直接为害外，还可传播大豆花叶病毒病。

（一）识别特点

有翅孤雌蚜体长1.2～1.6 mm，长椭圆形，头、胸黑色，额瘤不明显，触角长1.1 mm，第3节具次生感觉圈3～8个，第6节鞭节为基部两倍以上；腹部圆筒状，基部宽，黄绿色，腹管基半部灰色，端半部黑色，尾片圆锥形，具长毛7～10根，臀板末端钝圆，多毛。

无翅孤雌蚜体长1.3～1.6 mm，长椭圆形，黄色至黄绿色，腹部第1、7节有锥状钝圆形突起。额瘤不明显，触角短于躯体，第4、5节末端及第6节黑色，第6节鞭部为基部长的3～4倍，尾片圆锥状，具长毛7～10根，臀板具细毛。

（二）发生规律

大豆蚜在东北1年发生10余代，以卵在鼠李和圆叶鼠李枝条上芽侧或缝隙中越冬。第二年春天，鼠李芽鳞转绿到芽开绽时，平均温度高于10℃，越冬卵孵化为干母，后孤雌胎生繁殖1～2代。有翅孤雌蚜开始迁飞至大豆田，为害幼苗，形成点片发生。6月下旬至7月中旬迅速扩散蔓延，进入为害盛期，7月下旬出现淡黄色小型大豆蚜，蚜量开始减少，8月下旬至9月上旬气温下降，大豆蚜进入后期繁殖阶段，以有翅性母蚜迁回鼠李上，开始产生无翅型卵生雌蚜并与迁回的有翅雄蚜交配，把卵产在鼠李上越冬。春季雨水充沛，营养条件好，利其繁殖。夏季盛发期前，旬均温在22～25℃，相对湿度在78%以下时，最适发生为害。盛夏高温则虫口自然消减。大豆蚜的天敌种类较多，如瓢虫、草蛉、食蚜蝇、蚜茧蜂、瘿蚊、蜘蛛等。天敌对蚜虫发生数量有一定抑制作用。

（三）防治措施

1. 农业防治

选用抗蚜品种，及时铲除田边、沟边、塘边杂草，减少虫源。

2. 物理防治用银灰色膜避蚜和黄板诱蚜

3. 生物防治

利用瓢虫、草蛉、食蚜蝇、小花蝽、烟蚜茧蜂、菜蚜茧蜂、蚜小蜂、蚜毒菌等控制蚜虫。

4. 药剂防治

（1）药剂拌种　用含有内吸性杀虫剂的种衣剂拌种，对控制苗期蚜虫的为害有一定作用。

（2）田间喷药防治　当大豆蚜虫点片发生，田间有5%～10%植株卷叶，或有蚜株率超过50%，百株蚜量达1 000～2 000头，并且田间天敌少、高温干旱时，应及时防治。常用药剂有：50%抗蚜威可湿性粉剂1 500倍液、2.5%天王星（联苯菊酯）乳油3 000倍液喷雾。也可用10%大功臣（吡虫啉）150～300 g/hm^2、3%莫比朗（啶虫脒）乳油150～300 mL/hm^2、70%艾美乐（吡虫啉）225～300 g/hm^2、48%乐斯本（毒死蜱）600 mL/hm^2，兑水450 kg/hm^2，均匀喷雾。蚜虫易产生抗药性，应注意轮换使用。也可使用生物药剂如2.5%鱼藤酮乳油1 500 mL/hm^{2}兑水喷雾、1.1%烟百素乳油1 000～1 500倍液喷雾。

三、大豆根潜蝇

大豆根潜蝇 *Ophiomyia shibatsuji*（Kato）又名豆根蛇潜蝇、大豆根蛆，属双翅目花蝇科。主要分布于黑龙江、吉林、辽宁、内蒙古地区，以黑龙江和内蒙古受害较重，是我国北方大豆主产区的重要害虫。只为害大豆和野生大豆。成虫舔吸大豆苗的叶片汁液，叶面出现很多密集透明的小孔；幼虫孵化后在幼根胚轴皮层下钻蛀为害，形成3～5 cm长的隧道，破坏韧皮部和木质部，被害根变粗、变褐或纵裂，或畸形增生，影响养分输送和幼苗生长。受害大豆幼苗植株矮小、生长势弱、叶色变黄。受害严重的逐渐枯死；受害轻的，在幼虫化蛹后，伤口愈合，植株恢复生长，但根部已变褐、纵裂，侧根和根毛少，根瘤小而少，严重影响产量。幼虫蛀食造成的伤口导致根部侵染性病害发生，使大豆受害加重。

（一）识别特点

成虫　为黑色小蝇子，体长2.2～2.4 mm，翅展1.5 mm，体形较粗。复眼大，暗红色，具芒状触角。足黑褐色。翅透明，有紫色闪光，翅脉上有毛（图5-17）。

卵　长约0.4 mm，橄榄形，白色透明。

幼虫　为乳白色至浅黄色小蛆，体长约4 mm，圆筒形，半透明。头部有指形突起，口钩

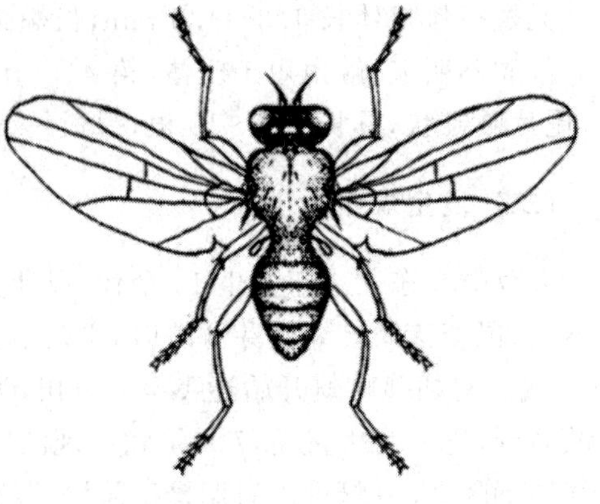

图5-17　大豆根潜蝇成虫

黑色，呈直角弯曲。前气门1对，靴状；后气门1对，较大，末端有分叉。

蛹　长椭圆形，长2.5～3 mm，黑色，前后气门明显突出，靴形。

（二）发生规律

1. 生活史和习性

在东北和内蒙古1年发生1代，以蛹在大豆根部及其附近土壤中越冬。大豆第一片复叶展开，进入成虫盛发期。成虫飞翔力弱，有趋光性，成虫取食大豆叶片的汁液补充营养。成虫用产卵器划破叶片，舔食汁液，取食处呈枯斑状。在温暖的晴天，成虫多集中在大豆植株上部叶片附近活动、取食和交尾，温度低、风力大或阴雨天在下部叶片北面隐藏。成虫选择幼嫩大豆苗，用产卵器刺破近土表处的根部表皮，将卵产在大豆幼苗下胚轴无根毛一侧的表皮下，每次产1粒卵，卵单粒散产。幼虫孵化后，在产卵孔附近短暂活动，后沿胚轴向根部钻蛀，在皮层和韧皮部取食，形成3～5cm长的红褐色蛇形隧道。随着根的横向生长，根皮沿蛀道破裂，根呈开裂状，从而形成“破肚”现象，有的由于幼虫取食，刺激根皮组织木栓化而形成肿瘤。随着虫体增大，根部肿瘤也增大。幼虫在肿瘤内或“破肚”内化蛹。

2. 发生条件

成虫活动、取食、交尾、产卵的适宜温度为20～30℃，成虫羽化出土盛期，降雨可使土壤含水量增加，有利于成虫羽化。凡是播种早，幼苗生长发育快的地块，当幼虫盛发时主根的木质化程度已较高，能忍耐幼虫钻蛀，受害就轻。耕翻能把蛹埋入土壤较深处，影响羽化率，秋耪可将土中越冬的蛹带到地表，使其死亡率增加，均可减轻为害。

（三）防治措施

1. 合理轮作

因此虫为单食性害虫，且飞翔力弱，合理轮作换茬可减轻为害。

2. 深翻秋耙

发生严重的地块，大豆收割后深翻，能把蛹深埋土中，可降低次年成虫羽化率。秋耙地，可将在土壤中越冬的蛹带到地表，在冬季长期干燥和寒冷的气候条件下，增加蛹的死亡率。

3. 培育壮苗，提高耐害力

适期早播，施足基肥，增施磷钾肥，加快大豆幼苗生长发育速度，提高根部木质化程度，使大豆幼苗期躲过幼虫盛发期，减轻受害程度。

4. 药剂防治

（1）种子处理　是防治大豆根潜蝇最有效的措施。可用含有呋喃丹（克百威）的种衣剂包衣，如35%多克福悬浮种衣剂，按种子重量1%～1.5%进行种子包衣。也可用40%乐果乳油700 mL加水4 000～5 000 mL，拌大豆种子100 kg。75%辛硫磷乳油按种子重量0.1%的有效剂量拌种。50%辛硫磷加多福合剂进行拌种，用水量为种子重量的1%，辛硫磷用量0.15%～0.2%，多福合剂用量0.3%，用喷雾器边喷边搅拌种子，拌均匀为止。阴干后播种，注意要避开阳光直射，防止辛硫磷光解。

（2）土壤处理　用3%呋喃丹颗粒剂、10%涕灭威颗粒剂撒入播种穴或播种沟内，用药量15～37.5 kg/hm^2，然后再播种。

（3）喷雾或灌根防治幼虫　用80%敌敌畏乳剂800～1 000倍液，或用90%晶体敌百虫

700～1 000 倍液，或 40%乐果乳油 1 000 倍液喷雾或灌根。灌根时一定要将药液渗透到根部。

（4）苗期喷药防治成虫　在成虫盛发期，即大豆长出第一片复叶前，子叶表面出现黄斑，目测田间出现成虫时，可用 40%乐果乳油 1 000 倍液、80%敌敌畏乳油 1 000 倍液、90%敌百虫晶体 700 倍液喷雾，药液量约 750 L/hm^2。也可用 50%抗蚜威（辟蚜雾）可湿性粉剂 150～225 g/hm^2 喷雾。

（5）药剂熏杀成虫　成虫盛发期用 80%敌敌畏乳油 1.875 kg/hm^2 或 40%乐果乳油 3 kg/hm^2，混细沙 3 000 kg 或浸玉米穗轴 225 kg，均匀撒在地内，熏杀成虫。

项目五　小麦主要害虫防治技术

一、麦蚜

麦蚜属同翅目蚜科。我国为害麦类作物的蚜虫主要有麦长管蚜［*Macrosiphum avenae* Fabr.］、麦二叉蚜［*Schizaphis graminum*（Rondani）］、禾谷缢管蚜（*Rhopalosipum Padi* Linnaeus）、麦无网蚜［*Acyrthosiphon dirhodum*（Walker）］等，均以成、若蚜刺吸小麦等作物叶、茎、穗的汁液，影响作物发育，同时传播多种病毒病，尤其是小麦黄矮病。除为害麦类作物外，还为害玉米、高粱、马唐、看麦娘等多种禾本科作物及杂草。

1. 形态特征

（1）麦长管蚜　有翅成蚜体长 2.4～2.8 mm，身体椭圆形，淡绿至绿色。触角较体长，暗褐色；前翅中脉有 3 个分支。腹管黑色、圆筒形、极长，端部有网纹。复眼红色。

（2）禾谷缢管蚜　有翅成蚜体长 1.4～1.8 mm。身体卵圆形，深绿色，后端有赤色至深紫褐色横带。触角短，约为体长一半，黑色。前翅中脉有 3 个分支。腹管黑色、短小，圆筒形，近端部呈瓶口状缢缩。复眼黑色。

（3）麦二叉蚜　有翅成蚜体长 1.4～1.7 mm，身体椭圆形或卵圆形，淡绿色或黄绿色，背面有绿色纵条带。触角短，约为体长的 3/5。前翅中脉有两个分支。腹管黄绿色，较短，圆锥形，顶端稍膨大，基部有横皱纹。复眼漆黑色（图 5-18）。

2. 发生规律

一年发生 10～20 代，禾谷缢管蚜在北方多以卵在蔷薇科木本植物上越冬，麦长管蚜和麦二叉蚜以成蚜、若蚜、卵在冬麦或禾本科杂草上越冬，翌年春暖开始活动为害，为害期间均进行孤雌胎生。气候、营养条件适宜时，产生无翅蚜。营养条件恶化或虫口密度过大时则多产生有翅蚜迁移到适宜的寄主上继续繁殖。温度在 15～25℃、相对湿度在 40%～80%，即中温低湿有利于麦蚜发生，但种类不同，温湿度的适宜范围略有差异。麦二叉蚜喜干旱，相对湿度 35%～67%。麦无网蚜及麦长管蚜喜湿，40%～80%。禾谷缢管蚜则喜湿而不耐旱，年降雨量 250 mm以下地区不会大发生。暴风雨的机械冲刷作用可使蚜量显著减少，麦长管蚜尤为明显。秋季早播麦田蚜量多于晚播麦田。小麦抽穗扬花后，田间蚜量激增，乳熟期种群数量达到最高峰，这是麦蚜直接为害最严重的时期。麦蚜的天敌很多，包括瓢虫、草蛉、食蚜蝇、蚜茧蜂、蚜小蜂和蚜霉菌等，其中以瓢虫和蚜茧蜂最为重要，这些天敌对蚜虫都有一定的抑制作用。

3. 防治技术

在非小麦黄矮病流行区，重点抓小麦穗期防治。而小麦黄矮病流行区，为了做好治蚜防病

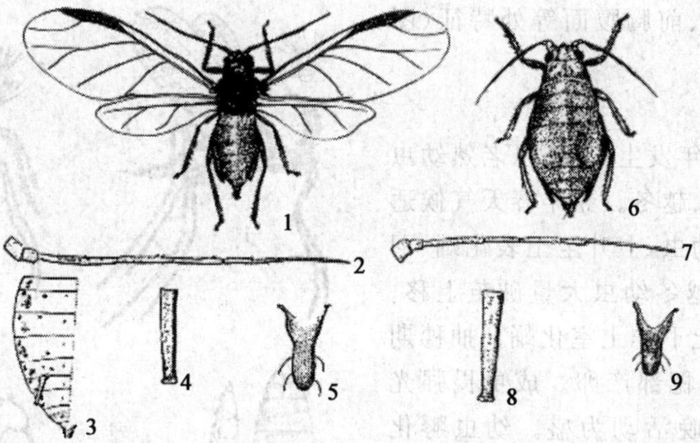

图 5-18　麦二叉蚜

有翅胎生雌蚜：1. 成虫　2. 触角　3. 腹部一侧　4. 腹管　5. 尾片

无翅胎生雌蚜：6. 成虫　7. 触角　8. 腹管　9. 尾片

工作，除进行穗期防治外，还应重点抓好苗期防治。

（1）农业防治　选用抗耐蚜良种；清除麦田内外杂草；适时集中播种，春麦适当早播，冬麦适当晚播。实行冬灌，早春耙磨镇压。合理施肥，增强麦株抗蚜能力。

（2）生物防治　合理施用农药，尽量减少对天敌的杀伤。注意保护利用天敌，充分发挥天敌对蚜虫的控制作用。

（3）药剂防治　在小麦黄矮病流行区，可选用 70%吡虫啉拌种剂 60～180 g，加水 10 L，与 100 kg 小麦种子拌匀，摊开晾干后播种。穗期治蚜一般在小麦扬花至灌浆初期，当有蚜穗率达 5%～10%时用药防治。可选用 50%抗蚜威可湿性粉剂 150～225 g/hm^2、10%吡虫啉可湿性粉剂 150～300 g/hm^2、25%唑蚜威乳油 300～600 mL/hm^2、2.5%溴氰菊酯乳油 600 mL/hm^2、48%毒死蜱乳油 600 mL/hm^2 或 25%辛·氰乳油 600 mL/hm^2，兑水 750 kg/hm^2 喷雾。

二、小麦吸浆虫

我国小麦上发生的吸浆虫有麦红吸浆虫（*Sitodiplosis mosellana* Gehin）和麦黄吸浆虫（*Contarinia tritci* Kirby）两种，均属双翅目瘿蚊科。其中麦红吸浆虫发生最普遍、危害最严重。以幼虫为害小麦花器，吸食灌浆期麦粒浆液，造成籽粒秕瘦而减产，严重时造成绝收，为毁灭性害虫。

1. 形态特征

成虫　体长 2.0～2.5 mm，橘红色，密被细毛。头小，两黑色复眼在上方愈合，触角细长、14 节、念珠状，各节呈长圆形膨大，膨大部各有 1 圈刚毛。中胸发达，足细长，前翅透明，有 4 条发达翅脉，后翅退化为平衡棒。腹部略呈纺锤形，产卵管全部伸出。雄虫体稍小，触角比雌虫长，每节具 2 个球形膨大部分，环生刚毛，腹部末端略向上弯曲。

卵　长椭圆形，长 0.32 mm，约为宽度的 4 倍，浅红色。

幼虫　体长 2～3 mm，椭圆形，橙黄色，头小，无足，蛆形，前胸腹面有 1 个“Y”形剑骨片，前端分叉，凹陷深。

蛹　长约 2 mm，裸蛹，橙褐色，头前方具白色短毛 2 根和长呼吸管 1 对。

先观察小麦吸浆虫的为害状，然后利用放大镜或体视显微镜观察麦红吸浆虫成虫体色、触角、翅脉，幼虫体色、前胸腹面等处特征（图5-19）。

2. 发生规律

小麦吸浆虫1年发生1代，以老熟幼虫在土中结圆茧越夏、越冬。翌年春天气候适宜时，破茧为活动幼虫，上升至土表化蛹、羽化。小麦拔节期，越冬幼虫大量破茧上移。小麦孕穗期，于表土下作土室化蛹。抽穗期成虫羽化、交尾，在穗部产卵。成虫畏强光和高温，早晨和傍晚活动为盛。幼虫孵化时，正值小麦扬花、灌浆期，即可从颖壳缝隙侵入吸浆为害。小麦渐近黄熟时，大部分幼虫老熟，脱颖落地，结圆茧越夏、越冬。小麦吸浆虫有多年休眠习性，如遇春旱不能破茧化蛹则继续休眠至下年或多年后再化蛹羽化，这是该虫多年发生1代的主要原因。小麦吸浆虫喜湿怕干，成虫产卵、幼虫孵化和侵入、老熟幼虫离穗入土都需要较高的湿度。如果春季缺雨，土壤板结，小麦吸浆虫很少化蛹，当年发生量少，受害轻。小麦连作受害重。凡抽穗整齐、灌浆迅速、抽穗盛期与成虫盛发期错开的品种受害轻，反之则受害重。壤土比黏土和砂土的小麦受害重，碱性土壤适宜小麦红吸浆虫发生，而酸性土壤适宜小麦黄吸浆虫发生。

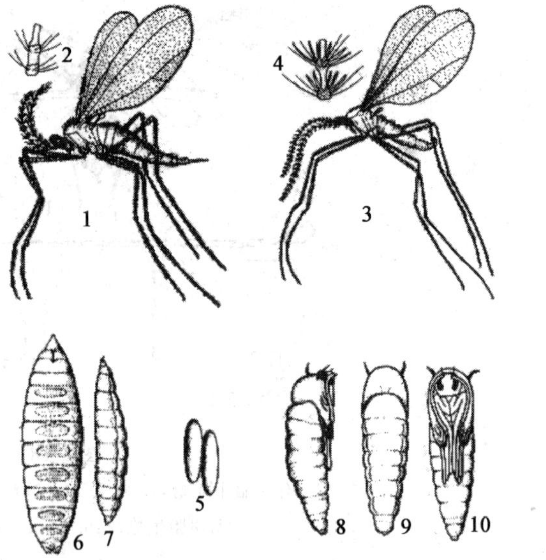

图5-19 麦红吸浆虫

1. 雌成虫 2. 雌成虫触角的1节 3. 雄成虫 4. 雄成虫触角的1节 5. 卵 6. 幼虫腹面 7. 幼虫侧面 8～10. 蛹侧、背、腹面

3. 防治技术

应采用以农业防治为基础，选用推广抗虫品种为主与药剂防治相结合的综合防治措施。

(1) 农业防治 选用抗虫良种，一般内外颖壳扣合紧密、灌浆速度快、皮厚的品种可阻碍成虫产卵和幼虫侵入。抽穗整齐，可减少成虫产卵。调整作物布局，实行轮作，使吸浆虫失去寄主，可减轻为害。

(2) 药剂防治 化蛹盛期及成虫羽化盛期用药最佳。化蛹盛期以撒毒土为主，每立方(10 cm×10 cm×20 cm)平均蛹数1头以上时，即需防治。可选用50%辛硫磷乳油1 500 mL/hm^2，加水15～30 kg，拌细土300 kg撒施。成虫盛发期，若平均网捕10复次有成虫10～25头即需防治。也可选用20%氰戊菊酯乳油300 mL/hm^{2}加水喷雾，或用48%毒死蜱乳油1 500～2 000倍液、或71%吡·单可湿性粉剂2 500～3 000倍液等喷雾。还可选用80%敌敌畏乳油1 500 mL/hm^{2}拌细土300 kg撒施。

三、小麦害螨

小麦害螨主要有麦岩螨（即麦长腿蜘蛛）[*Petrobia Latens* (Müller)]和麦叶爪螨（即麦圆蜘蛛）[*Penthaleus major* (Duges)]两种，均属于蛛形纲、蜱螨目，前者属叶螨科，后者属叶爪螨科。两种害螨均以成、幼、若螨在麦苗期至抽穗期吸食叶片汁液，被害麦叶出现褪绿斑点，严重时斑点成片，被害麦株矮小，穗少粒轻，甚至干枯死亡。

1. 形态特征

（1）麦岩螨　成螨体长0.62～0.85 mm，体纺锤形，两端较尖，紫红色至褐绿色。足4对，橘红色，第一对及第四对特别长。幼螨足3对，体圆形，初为鲜红色，取食后呈黑褐色。若螨足4对，形似成螨。

（2）麦叶爪螨　雌成螨椭圆形，深红色或黑褐色，体长0.6～0.98 mm，体背有横刻纹8条，体背后部有隆起的肛门。4对足长度相似，其上密生短刚毛，红色。幼螨足3对，初为淡红色，取食后呈暗绿色。若螨足4对，体形与成螨大体相似（图5-20）。

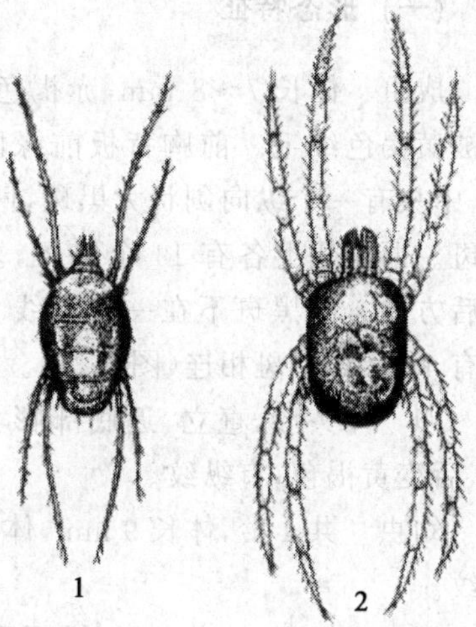

图5-20　小麦害螨

1. 麦岩螨　2. 麦圆叶爪螨

2. 发生规律

（1）麦岩螨　1年3～4代，以成螨或卵在麦田土块下、土缝中越冬。翌年春季成螨开始活动，越冬卵相继孵化。小麦孕穗至抽穗期，田间虫口密度最大，为害最重。小麦进入黄熟期，害螨将卵产于1～4 cm深的表土中越夏。冬小麦出苗后，越夏卵孵化，开始为害小麦幼苗，最后以成螨或卵越冬。麦岩螨喜温暖干燥，生长适温15～20℃，相对湿度50%以下。秋雨少，春季干旱的年份发生严重。

（2）麦叶爪螨　1年2～3代，以雌成螨和卵在小麦植株或田间杂草上越冬。次年春季越冬螨活动，越冬卵孵化。小麦分蘖至拔节期，为害最盛，之后产卵于麦茬及附近土块上越夏。10月上旬越夏卵孵化，在小麦幼苗或田边杂草上为害繁殖，最终以雌成螨及卵越冬。麦叶爪螨喜阴湿，怕高温干燥，发育适温8～15℃，相对湿度80%以上，因此水浇地、地势低洼、春秋季阴凉多雨受害较重。

3. 防治技术

（1）农业防治　清除田边杂草和麦田内的枯枝落叶及麦茬，减少虫源。害螨发生高峰期适时灌水，结合敲打麦株，将害螨淹死。可考虑轮作。

（2）药剂防治　于小麦害螨为害初盛期用药防治也可减轻为害。可选用20%哒螨灵可湿性粉剂2 000倍液、或73%克螨特乳油2 000～3 000倍液、或15%哒螨酮乳油3 000倍液等药剂喷雾，也可用1.8%阿维菌素乳油300 mL/hm^2、或50%硫黄悬浮剂3 750 g/hm^{2}等加水750 kg喷雾。

项目六　马铃薯主要害虫防治技术

一、马铃薯瓢虫

为害马铃薯的瓢虫主要有马铃薯瓢虫（马铃薯二十八星瓢虫）*Henosepilachna vigintioctomaculata* Motschulsky. 和酸浆瓢虫（茄二十八星瓢虫）*H. sparsa*（Herbst.）两种。均属翅鞘目瓢甲科，又名二十八星瓢虫，俗称花大姐。在我国马铃薯瓢虫主要分布在东北、华北、内蒙古等北方地区，酸浆瓢虫在长江以南发生为害。两种瓢虫主要为害马铃薯、茄子、番茄等茄科植物,也为害瓜类和豆类。以成虫和幼虫取食叶肉残留表皮,形成透明密集的、有规则平行排列的条状细凹纹,受害叶片常皱缩干枯,严重时全株无一剩叶,使植株停止生长甚至枯萎死亡。为害茄子时,不仅食叶,还啃食果皮,被害处变褐变硬,发苦,影响品质。

(一) 形态特征

成虫 体长 7～8 mm,赤褐色,半球形,全体密被黄褐色细毛。前胸背板前缘凹陷,前缘角突出,中央有一个纵向剑状大黑斑,两侧各有 2 个小黑斑。两鞘翅上各有 14 个黑斑,基部 3 个黑斑,其后方的 4 个黑斑不在一条直线上,两鞘翅合缝处有 1～2 对黑斑相连(图 5-21)。

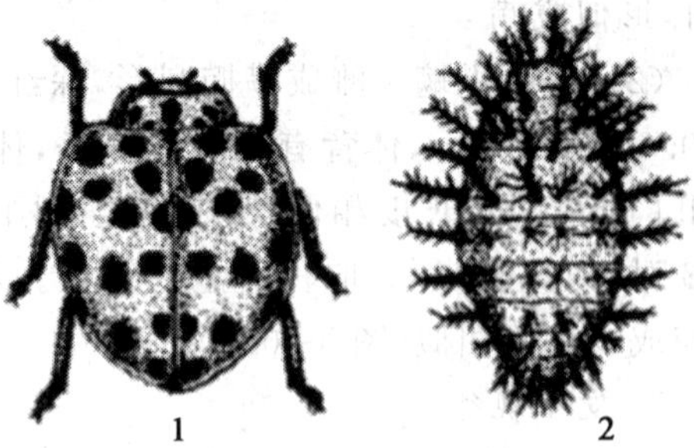

图 5-21 马铃薯瓢虫

1. 成虫 2. 幼虫

卵 弹头形,直立,近底部膨大,初产时鲜黄色,后变黄褐色,有纵纹。

幼虫 共 4 龄,体长 9 mm,体似苍耳状,淡黄色,体背各节有黑色枝刺,枝刺基部有淡黑色环纹。

蛹 为裸蛹,淡黄色,短椭圆形,背面有稀疏细毛,上有黑色斑纹,后端包着幼虫末次脱皮的皮壳。

(二) 发生规律

1. *生活史和习性* 马铃薯瓢虫 1 年发生 1～2 代,以成虫在发生地附近的背风、向阳的石块、杂草、灌木等缝隙中或隐蔽物下群集越冬。

第二年,越冬成虫先在龙葵等野生茄科植物上取食,当马铃薯苗高 17 cm 左右时,转移到马铃薯上为害。成虫早晚栖息叶背,白天取食交尾产卵,以 10～16 时时飞翔活动最盛。遇惊扰时假死坠地并分泌有特殊臭味的黄色液体。成虫寿命较长,最长达 320 天。卵多产于叶片背面,以马铃薯着卵量最大,马铃薯受害严重绿叶很少时,或马铃薯收获后茄子和番茄上着卵量才增加。雌虫产卵量随食物变化而有很大差异。成、幼虫均有取食卵块习性。幼虫有自残习性。初孵幼虫群集叶背,2 龄以后开始分散为害。幼虫在叶背为害,老熟幼虫在被害叶或附近的杂草上化蛹。

2. *发生条件*

(1) 温湿度 马铃薯瓢虫喜温暖湿润的气候条件。适宜的温度为 22～28℃,低于 16℃或高于 35℃成虫不能正常产卵,30℃以上卵不能孵化,28℃以上幼虫不能发育到成虫。天气干旱影响成虫产卵、卵的孵化和幼虫存活,暴雨显著压低虫口基数。

(2) 食物 马铃薯瓢虫食性较杂,但成虫必须取食马铃薯才能正常发育和繁殖,越冬成虫未取食马铃薯则不能产卵,幼虫不取食马铃薯发育也不正常,以取食马铃薯叶为主的产卵量大,因而在春播秋收的马铃薯产区发生为害比较严重。

(三) 防治措施

1. *人工捕杀*

成虫有群集越冬的习性,寻找越冬场所捕杀成虫。成虫发生期,利用其有假死性的特点,结合田间管理，人工捕杀成虫，摘除卵块及蛹。

2. 农业防治

收获后及时处理马铃薯、茄子等残株，压低虫源基数。

3. 药剂防治

越冬成虫发生期至一代幼虫孵化盛期，及时喷雾防治。可选用90%晶体敌百虫1 000倍液，或50%敌敌畏乳油1 000倍液，或50%辛硫磷乳油1 000～1 500倍液，或20%杀灭菊酯乳油3 000倍液，或2.5%溴氰菊酯乳油3 000倍液，或5%定虫隆乳油1 000～2 000倍液喷雾。

二、马铃薯甲虫

马铃薯甲虫属鞘翅目叶甲科。是世界有名的毁灭性检疫害虫。原产在美国，后传入法国、荷兰、瑞士、德国、西班牙、葡萄牙、意大利、东欧、美洲一些国家，是中国外检对象。寄主主要是茄科植物，大部分是茄属，其中栽培的马铃薯是最适寄主，此外还可为害番茄、茄子、辣椒、烟草等。

（一）为害特点

种群一旦失控，成、幼虫为害马铃薯叶片和嫩尖，可把马铃薯叶片吃光，尤其是马铃薯始花期至薯块形成期受害，对产量影响最大，严重的造成绝收。马铃薯甲虫最喜欢取食马铃薯，其次为茄子和番茄。此外，也喜食菲沃斯属的植物。马铃薯甲虫是马铃薯的毁灭性害虫。幼虫和成虫常将马铃薯叶片吃光，一般造成减产30%～50%，有的高达90%。在合适的条件下，该虫的虫口密度往往急剧增长，即使在卵的死亡率为90%的情况下，若不加以防治，1对雌雄个体5年之后可产生千亿个个体。

马铃薯甲虫是一个分布最广、为害最甚的马铃薯害虫。成虫和幼虫贪食，常常将马铃薯的叶子全部吃光。在许多国家，造成马铃薯减产30%～50%，最严重的地方甚至减产90%。该虫的传播途径主要通过自然传播和人工传播。自然传播，包括风、水流和气流携带传播，自然爬行和迁飞。人工传播，包括随货物、包装材料和运输工具携带传播。来自疫区的薯块、水果、蔬菜、原木及包装材料和运载工具，均有可能携带此虫。

（二）形态特征

成虫　体长9～11.5 mm，宽6～7 mm。短卵圆形，体背显著隆起，红黄色，有光泽。鞘翅色稍淡，每一鞘翅上具黑色纵带5条。头下口式，横宽，背方稍隆起，向前胸缩入达眼处。唇基前缘几乎直，与额区有一横沟为界，上面的刻点大而稀。复眼稍呈肾形。触角11节，第一节粗而长，第二节很短，第五、六节约等长，第六节显著宽于第五节，末节呈圆锥形。口器咀嚼式。前胸背板隆起，宽为长的二倍。基缘呈弧形，前角突出，后角钝，表面布稀疏的小刻点。小盾片光滑。鞘翅卵圆形，隆起，侧方稍呈圆形，端部稍尖，肩部不显著突出。足短，转节呈三角形，股节稍粗而侧扁。胫节向端部放宽，外侧有一纵沟，边缘锋利。跗节显4节。两爪相互接近，基部无附齿。

幼虫　1、2龄幼虫暗褐色，3龄逐渐开始变成鲜黄色、粉红色或橘黄色。头黑色发亮，前胸背板骨片及胸部和腹部的气门片暗褐色或黑色。幼虫背方显著隆起。头为下口式，头盖缝短。

额缝由头盖缝发出，开始一段相互平行延伸，然后呈一钝角分开。头的每侧有6个小眼，分成两组，上方4个，下方2个。触角短，3节。上唇、唇基以及额之间由缝分开。头壳上仅着生初生刚毛，刚毛短。每侧顶部着生刚毛5根。额区呈阔三角形，前缘着生刚毛8根，上方着生刚毛2根。唇基横宽，着生刚毛6根，排成一排。上唇横宽。明显窄于唇基，前线略直，中部凹缘狭而深。上唇前缘着生刚毛10根，中区着生刚毛6根和毛孔6个。上颚三角形，有端齿5个，其中上部的一个齿小。1龄幼虫前胸背板骨片全为黑色，随着龄的增加，前胸背板颜色变淡，仅后部仍为黑色。除最末两个体节外，虫体每侧有两行大的暗色骨片，即气门骨片和上侧骨片。腹片上的气门骨片呈瘤状突出，包围气门。中后胸由于缺少气门，气门骨片完整。4龄幼虫的气门骨片和上侧片骨片上无明显的长刚毛。体节背方的骨片退化或仅保留短刚毛，每一体节背方约8根刚毛，排成两排。第8、9腹节背板各有一块大骨化板，骨化板后缘着生粗刚毛，气门圆形，缺气门片。气门位于前胸后侧及第1～8腹节上。足转节呈三角形，着生3根短刚毛。爪大，骨化强，基部的附齿近矩形。

卵　长卵圆形，长1.5～1.8 mm，淡黄色至深枯黄色。

蛹　离蛹，椭圆形，长9～12 mm，宽6～8 mm，橘黄色或淡红色。成长幼虫转入土下化蛹。

(三) 发生规律

1. 生活习性

马铃薯甲虫以成虫在土壤内越冬。越冬成虫潜伏的深度为20～60 cm。4～5月，当越冬处土温回升到14～15℃时，成虫出土，在植物上取食、交尾。卵以卵块状产于叶背面，卵粒与叶面多呈垂直状态，每卵块含卵12～80粒。卵期5～7天，幼虫期16～34天，因环境条件而异。幼虫孵化后开始取食。幼虫4龄，15～34天。4龄幼虫末期停止进食，大量幼虫在被害株附近入土化蛹。幼虫在深5～15 cm的土中化蛹。蛹期10～24天。

2. 生活史

根据我国新疆对马铃薯甲虫发生规律的系统研究表明，马铃薯甲虫以成虫在寄主作物田越冬，深度6～30 cm，主要分布在11～20 cm土层中(91.2%)。在新疆马铃薯甲虫发生区，该虫1年可发生1～3代，以2代为主。一般越冬代成虫于5月上中旬出土，随后转移至野生寄主植物取食和危害早播马铃薯，由于越冬成虫越冬入土前进行了交尾，因此，越冬后雌成虫不论是否交尾，取食马铃薯叶片后均可产卵。第1代卵盛期为5月中下旬，第1代幼虫危害盛期出现在5月下旬至6月下旬，第1代蛹盛期出现在6月下旬至7月上旬，第1代成虫发生盛期出现在7月上旬至7月下旬。第1代成虫产卵盛期出现在7月上旬至7月下旬，第2代幼虫发生盛期出现在7月中旬至8月中旬，第2代幼虫化蛹盛期出现在7月下旬至8月上旬，第2代成虫羽化盛期出现在8月上旬至8月中旬，第2代(越冬代)成虫入土休眠盛期出现在8月下旬至9月上旬，该虫世代重叠十分严重，世代发育需要30～50天。

3. 传播途径

传播途径主要有人为传播和自身扩散传播。

人为传播为主：来自疫区的薯块、水果、蔬菜、原木及包装材料和运输工具，均有可能携带此虫。自身扩散传播：通过风、气流和水流等途径传播。越冬成虫出土后，若遇到10 m/s大风，16天可扩散到100 km以外地区。

（四）防治方法

1. 依法检疫

发生马铃薯甲虫的地区，应依法划定疫区，采取封锁和扑灭措施，马铃薯不得调出。其他农产品在调运前应进行产地检疫，以确保不传带马铃薯甲虫。在疫区边界实行调运检疫，对调出的有关植物、农产品、运载工具、铺垫包装材料等要严格检查和消毒处理，防止马铃薯甲虫传出。在发生区周围应建立隔离带，禁止种植马铃薯和其他茄科作物，防止马铃薯甲虫的自然传播。

马铃薯种薯繁育基地需按产地检疫规程的要求，实施产地检疫。发现马铃薯甲虫，必须全部割蔓销毁，喷药处理土壤，种薯不得带土壤，不得用马铃薯蔓条包装或铺垫。

2. 药剂防治

据国外经验，多种有机氯杀虫剂、有机磷杀虫剂、氨基甲酸酯类杀虫剂、菊酯类杀虫剂对马铃薯甲虫都有较好防治效果。

马铃薯甲虫对多种杀虫剂都产生了抗药性，造成药剂失效而重新猖獗。尤其值得注意的是，此种抗药性产生的速度很快。马铃薯甲虫在美国纽约州 1 年发生 2 代，该地有药剂防治的长期历史。据记载，杀虫剂从开始使用到首次失效的间隔，DDT 为 7 年，谷硫磷 5 年，西维因 4 年，狄氏剂 3 年，呋喃丹、菊酯类杀虫剂 2 年，艾氏剂、甲拌磷、乙拌磷等为 1 年，而久效磷、亚胺硫磷等使用当年就产生了抗药性。为延缓抗药性的产生，需轮换或交替使用不同化学成分的药剂，例如有机磷杀虫剂与菊酯类杀虫剂的轮流或交替使用。还要搞好田间虫口动态监测和预测预报，合理用药，减少施药次数和用药量。配合使用栽培防治和生物防治措施，实行综合防治。

3. 栽培防治

根据当地马铃薯栽培特点和甲虫发生规律，灵活采取减少虫口数量和减轻虫害的农业措施。薯田与谷类或其他非寄主作物倒茬，实行轮作，以避开前作薯田越冬成虫为害。种薯地周围提前 10 天左右种植马铃薯或天仙子诱集带。诱集带要专人管理，发现马铃薯甲虫后及时消灭。国外有的地方收薯前割去茎叶，收后清理田间，除去残薯，以减少马铃薯甲虫食料。

另外，早春马铃薯甲虫出土不整齐，延续时间长，可人工捕杀越冬成虫和摘除卵块。

4. 生物防治

保护利用草蛉、瓢虫、步甲、蜘蛛等扑食性天敌和寄生蜂、寄生蝇等，以减低虫口。施用苏云金杆菌制剂，对低龄幼虫有较好防效。

项目七　蔬菜主要害虫防治技术

一、菜蚜

菜蚜 *Lipaphis erysimi* Kaltenbach 属于同翅目长管蚜科，又称菜缢管蚜、萝卜蚜。寄主有白菜、油菜、萝卜、芥菜、青菜、菜薹、甘蓝、花椰菜、芜菁等十字花科蔬菜，偏嗜白菜及芥菜型油菜。在全国各地均有分布。在蔬菜叶背或留种株的嫩梢嫩叶上刺吸汁液为害，由于蚜虫密度大，为害时并分泌毒素造成植株节间变短、弯曲，幼叶向下畸形卷缩，使植株矮小，影响包心或结球，造成减产。留种菜受害不能正常抽薹、开花和结籽。同时传播病毒病，造成的为害远远大于蚜害本身。

1. 形态特征

有翅胎生雌蚜　头、胸黑色，腹部绿色。第一至六腹节各有独立缘斑，腹管前后斑愈合，第一节有背中窄横带，第五节有小型中斑，第六至八节各有横带，第六节横带不规则。触角第三至五节依次有圆形次生感觉圈：21～29 个，7～14 个，0～4 个。

无翅胎生雌蚜　体长 2.3 mm，宽 1.3 mm，绿色至黑绿色，被薄粉。表皮粗糙，有菱形网纹。腹管长筒形，顶端收缩，长度为尾片的 1.7 倍。尾片有长毛 4～6 根。

2. 发生规律

在北方地区每年发生十余代，南方地区每年发生数十代。在温室内以无翅胎生雌蚜繁殖，终年为害。长江以北地区在蔬菜上产卵越冬，翌春 3～4 月间孵化为干母，在越冬寄主上繁殖几代后产生有翅蚜，向其他蔬菜上转移，扩大为害，无转寄主习性。到晚秋部分产生性蚜，交配产卵越冬。菜蚜发育的适宜温度 24℃，繁殖适宜温度 15～26℃，适宜湿度 75.8%，对有毛的十字花科蔬菜有趋性。

3. 防治技术

（1）黄板诱蚜　在田间挂黄板涂黏虫胶诱集有翅蚜，或距地面 20 cm 架黄色盆，内装 0.1%肥皂水或洗衣粉水诱杀有翅蚜虫。

（2）银灰色驱蚜　在菜地内间隔铺设银灰色膜或挂银灰色膜条驱避蚜虫。

（3）保护和利用天敌　蚜虫的天敌很多，如瓢虫、食蚜蝇等。

（4）适时进行药剂防治　由于菜蚜世代多，繁殖速度快、蔓延迅速，多聚集在蔬菜心叶或叶背皱缩隐蔽处，喷药要求细致周到，尽可能选择兼具有触杀、内吸、熏蒸三重作用的药剂，保护地内宜选用烟雾剂或常温烟雾施药技术。喷雾可选用 10%吡虫啉乳油 2 000 倍液、50%抗蚜威（辟蚜雾）可湿性粉剂 2 000～3 000 倍液、3.2%烟碱川楝素水剂 200～300 倍液、10%多来宝悬浮剂 1 500～2 000 倍液、2.5%保得乳油 2 000～3 000 倍液、10%氯氰菊酯乳油 2 500～3 000倍液等药剂。

二、小菜蛾

小菜蛾 *Plutella xylostella* L.，属鳞翅目菜蛾科，又称小青虫、两头尖、吊丝虫等，为世界性迁飞害虫。主要为害甘蓝、紫甘蓝、青花菜、薹菜、芥菜、花椰菜、白菜、油菜、萝卜等十字花科植物。初龄幼虫仅取食叶肉，留下表皮，在菜叶上形成一个个透明的小斑，俗称“开天窗”，3～4 龄幼虫可将菜叶食成孔洞和缺刻，严重时全叶被吃成网状。在苗期常集中心叶为害，影响包心。在留种株上，为害嫩茎、幼荚和籽粒。

1. 形态特征

成虫　体长 6～7 mm，翅展 12～16 mm，前后翅细长，缘毛很长，前后翅缘呈黄白色三度曲折的波浪纹，两翅合拢时呈 3 个接连的菱形斑，前翅缘毛长并翘起如鸡尾，触角丝状，褐色有白纹，静止时向前伸。雌虫较雄虫肥大，腹部末端圆筒状，雄虫腹末圆锥形，抱握器微张开。

幼虫　初孵幼虫深褐色，后变为绿色。末龄幼虫体长 10～12 mm，纺锤形，体上生稀疏长而黑的刚毛。头部黄褐色，前胸背板上有淡褐色无毛的小点组成两个“U”字形纹。臀足向后伸超过腹部末端，腹足趾钩单序缺环（图 5-22）。

2. 发生规律

由于世界各地气候条件、作物栽培情况，天敌等因子的不同，小菜蛾在各地的发生世代和种群消长动态也不尽相同。在我国，发生代数由北向南逐渐增加，在黑龙江年发生 3～4 代，广东广州 18～20 代，海南 22 代。小菜蛾有世代重叠现象，没有越冬、越夏现象。发育适温 20～30℃。单雌产卵 200～300 粒。12 月至次年 3 月为发生盛期。成虫沿叶脉产卵，孵化后幼虫潜入叶内，取食叶肉，而残留透明的上表皮，2 龄以后食叶成孔。幼虫被惊动时，往往会吐丝下垂，老熟后沿叶脉作纺锤形网化蛹。成虫栖息于叶背。

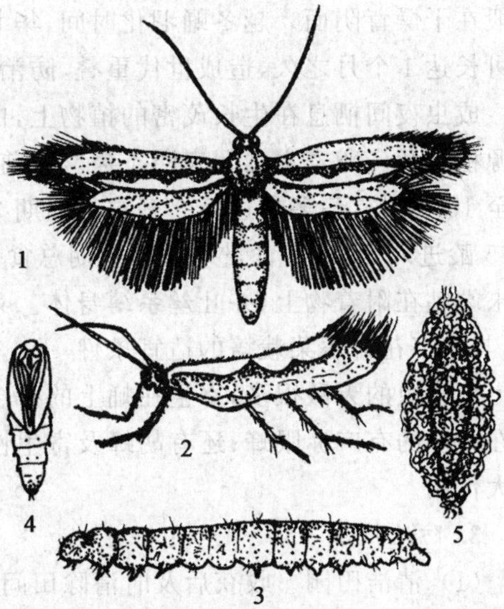

图 5-22　小菜蛾

1. 成虫　2. 成虫(侧面观)　3. 幼虫　4. 蛹　5. 茧

3. 防治技术

(1) 农业防治　合理布局，尽量避免大范围内十字花科蔬菜周年连作，以免虫源周而复始，对苗田加强管理，及时防治。收获后，要及时处理残株败叶可消灭大量虫源。

(2) 物理防治　小菜蛾有趋光性，在虫发生期，可放置黑光灯诱杀小菜蛾，以减少虫源。

(3) 生物防治　在田间挂性诱剂诱杀成虫，采用细菌杀虫剂，如 Bt 乳剂 600 倍液可使小菜蛾幼虫感病致死。采用阿维菌素和苏云金杆菌复配的农药(苏阿维和苏丹等品种)，具有强烈的胃毒作用，兼有触杀作用，对抗性小菜蛾有较高的活性，药效能持续 10～15 天。

(4) 药剂防治　在发生始期可用 15%菜虫净乳油 1 500 倍液、2.5%天王星乳油或 20%灭扫利乳油 3 000 倍液、20%速灭杀丁乳油或 20%菊・马乳油 2 000 倍液。每隔 10 天喷一次，连用 2～3 次。

三、菜粉蝶

菜粉蝶 *Pieris rapae* Linnaeus，属鳞翅目粉蝶科，别名菜白蝶、白粉蝶。幼虫俗称菜青虫。为害的植物有十字花科、菊科、旋花科、百合科、茄科、藜科、苋科等 9 科 35 种，主要为害十字花科蔬菜，尤其偏嗜含有芥子油糖苷、叶表光滑无毛的甘蓝和花椰菜。菜粉蝶仅以幼虫为害，初孵幼虫啃食叶片，残留表皮，3 龄以后将叶片咬成孔洞和缺刻，仅剩叶脉和叶柄，苗期受害严重时整株死亡，成株受害影响植株生长和包心，幼虫排出粪便污染叶面和菜心，引起腐烂，被害的伤口易诱发软腐病，降低了蔬菜产量和质量。

1. 形态特征

成虫　体长 12～20 mm，翅展 45～55 mm，体灰黑色，翅白色，顶角灰黑色，雌蝶前翅有 2 个显著的黑色圆斑，雄蝶仅有 1 个显著的黑斑。

幼虫　体青绿色，腹面绿白色，体上各节均有 4～5 条横皱纹，背部有一条不明显的断续黄色纵线，气门线黄色，每节的线上有两个黄斑，体表密布细小的黑色毛瘤。

2. 发生规律

菜粉蝶 1 年发生多代。由北向南世代逐渐增多，华北 1 年发生 4～5 代，上海、南京 5～7 代，杭州、武汉、长沙 8～9 代，再往南世代又有所减少，广西只 7～8 代。各地均以蛹在秋菜田附近的房屋墙壁、篱笆、风障、树干上，也有的在砖石、土缝、杂草或残株落叶间越冬，有滞育性。

一般在干燥背阴面。越冬蛹羽化时间，华北4～5月，东北5～6月。由于越冬场所不同，羽化期可长达1个月之久，造成世代重叠，防治困难。

成虫夜间栖息在生长茂密的植物上，白天露水干后活动，以晴朗无风的中午最活跃，常在蜜源植物和产卵寄主之间来回飞翔。卵前期4天。卵多散产在叶片上，每一雌虫可产卵10余粒至100多粒，最多可达500多粒。卵期3～8天。初孵幼虫先吃卵壳再食叶肉，幼虫共5龄，4～5龄进入暴食期，食量约占幼虫期总食量的80%。老熟幼虫多在叶片上化蛹，化蛹时以腹部末端粘在附着物上，并吐丝系缚身体。菜青虫发育最适温度为20～25℃，相对湿度76%左右，与十字花科蔬菜栽培的适宜条件一致，发生盛期东北为7～9月、华北5～6月和8～9月。

菜青虫的天敌很多，寄生在蛹上的有金小蜂、广大腿小蜂；寄生在幼虫上的有黄绒茧蜂；寄生在卵上的有广赤眼蜂；还有胡蜂及寄生性的细菌、真菌、病毒。以上天敌在抑制虫口上，起到很大作用。

3. 防治技术

(1) 清洁田园　收获后及时清除田间残株败叶，集中烧毁，以减少越冬虫口密度。

(2) 人工捕捉　人工捕捉幼虫和蛹，成虫可用网捕效果好。

(3) 保护和利用天敌昆虫　此法既防虫又保护环境，减少农药的污染。

(4) 生物农药防治　用100亿活芽孢/g苏云金杆菌可湿性剂喷雾；或用100亿活芽孢/g青虫菌粉剂1 000倍液喷雾；或用100亿活芽孢/g杀螟杆菌可湿性粉剂加水稀释成1 000～1 500倍液喷雾。以上药剂任用一种，于害虫初现期开始喷雾，7～10天喷1次，可连续喷2～3次。以上生物农药可兼杀蔬菜上其他蝶蛾类害虫，又可减少农药残留污染。但须注意的是，离桑园较近的蔬菜地不能使用以上生物农药，也不能与化学杀菌剂混用。

四、斜纹夜蛾

斜纹夜娥 *Prodenia litura* Fabricius 属鳞翅目夜蛾科，又名莲纹夜蛾，俗称夜盗虫、乌头虫等。在国内各地都有发生，是一种暴食性害虫，主要发生在长江流域的江西、江苏、湖南、湖北、浙江、安徽；黄河流域的河南、河北、山东等地区。它是一种杂食性害虫，对白菜、甘蓝、芥菜、马铃薯、茄子、番茄、辣椒、南瓜、丝瓜、冬瓜等蔬菜以及藜科、百合科300多种作物都能为害。该虫以幼虫为害全株、低龄时群集叶背啃食叶肉，使叶片呈筛网状。3龄后分散为害叶片、嫩茎、老龄幼虫可蛀食果实。

1. 形态特征

成虫　体长14～20 mm，翅展35～46 mm，体暗褐色，胸部背面有白色丛毛，前翅灰褐色，花纹多，内横线和外横线白色，呈波浪状，中间有明显的白色斜阔带纹，所以称斜纹夜蛾。

幼虫　体长33～50 mm，头部黑褐色，胸部多变，从土黄色到黑绿色都有，体表散生小白点，各节有近似三角形的半月形黑斑一对。

2. 发生规律

该虫每年发生4～5代，以蛹在土下3～5 cm处越冬。成虫白天潜伏在叶背或土缝等阴暗处，夜间出来活动。每只雌蛾能产卵3～5块，每块有卵粒100～200个，卵多产在叶背的叶脉分叉处，经5～6天就能孵出幼虫，初孵时聚集叶背，4龄以后和成虫一样，白天躲在叶下土表处或土缝里，傍晚后爬到植株上取食叶片。成虫有强烈的趋光性和趋化性，对糖、醋、酒味很敏感。

3. 防治技术

(1) 诱杀成虫　利用成虫的趋光性、趋化性进行诱杀。可用黑光灯、杨柳枝把、糖醋液等诱杀成虫，也可结合诱杀小地老虎和棉铃虫成虫。

(2) 人工捕杀　利用成虫产卵成块，初孵幼虫群集为害的特点，结合田间管理进行人工摘卵和消灭集中为害的幼虫。

(3) 保护和利用天敌　天敌有小茧蜂、广大腿蜂、寄生蝇、步行虫，以及多角体病毒、鸟类等。

(4) 化学防治　抓住幼虫3龄前群集为害和点片发生阶段，结合田间管理，进行定点防治，不必全田喷药。另外，4龄以后的幼虫白天不出外活动，因此，喷药宜在傍晚前后进行。可选用灭杀毙(21%增效氰·马乳油)6 000倍液、15%菜虫净乳油1 500倍液、2.5%天王星乳油或20%灭扫利乳油3 000倍液、20%速灭杀丁乳油或20%菊·马乳油2 000倍液、48%乐斯本乳油1 000倍液、5.7%百树菊酯乳油4 000倍液等，每隔10天喷一次，连用2～3次。

五、美洲斑潜蝇

美洲斑潜蝇 *Liriomyza sativae* Blanchard 属双翅目，潜蝇科，又称蔬菜斑潜蝇、蛇形斑潜蝇、甘蓝斑潜蝇等。美洲斑潜蝇原分布在巴西、加拿大、美国、墨西哥、古巴、巴拿马、智利等30多个国家和地区，我国1994年在海南首次发现后，现已扩散到广东、广西、云南、四川、山东、河北、北京、天津等20多个地区。

为害寄主有黄瓜、番茄、茄子、辣椒、豇豆、蚕豆、大豆、菜豆、芹菜、甜瓜、西瓜、冬瓜、丝瓜、西葫芦、蓖麻、大白菜、棉花、油菜、烟草等22科110多种植物。美洲斑潜蝇以成、幼虫均可为害。雌成虫用产卵器把植物叶片正面刺伤，吸食汁液并产卵。幼虫孵化后取食叶肉，形成先细后宽的蛇形弯曲或蛇形盘绕虫道，其内有交替排列整齐的黑色虫粪，老虫道后期呈棕色的干斑块区，一般1虫1道，1头老熟幼虫1天可潜食3 cm左右。发生严重时，每片叶可达20多个虫道，导致叶片脱落，引起果实日灼，造成减产。幼虫和成虫通过取食还可传播某些病毒病。

1. 形态特征

成虫　体长1.3～2.3 mm，浅灰黑色，胸背板亮黑色，体腹面黄色，雌虫体比雄虫大。

卵　米色，半透明，大小(0.2～0.3) mm×(0.1～0.15) mm。

幼虫　蛆状，初无色，后变为浅橙黄色至橙黄色，长3 mm，后气门突呈圆锥状突起，顶端三分叉，各具1开口。

美洲斑潜蝇形态与番茄斑潜蝇极相似，其主要区别是美洲斑潜蝇成虫胸背板亮黑色，外顶鬃常着生在黑色区上，内顶鬃着生在黄色区或黑色区上，而番茄斑潜蝇成虫内、外顶鬃均着生在黑色区。

2. 发生规律

美洲斑潜蝇在低纬度地区或在温室中全年都能繁殖，一年可发生10多代。而在长江以北广大地区，只能在温室和冬暖式大棚内越冬。美洲斑潜蝇成虫大部分在上午羽化，8～14时是成虫羽化高峰期。一般雄虫较雌虫先出现，成虫羽化后24 h即可交尾产卵，雌虫一生只交尾一次。成虫以产卵器刺伤叶片，吸食汁液，雌虫把卵产在部分伤孔表皮下，卵经2～5天孵化，幼虫期4～7天，末龄幼虫咬破叶表皮在叶外或土表下化蛹，蛹经7～14天羽化为成虫，每世代夏季2～4周，冬季6～8周，世代重叠现象明显。

3. 防治技术

由于美洲斑潜蝇每年发生世代多并且世代重叠，抗药性发展迅速，给防治带来一定困难。

(1) 严格检疫　严禁从疫区引进蔬菜和花卉，防止该虫扩大蔓延。

(2) 生物防治　释放姬小蜂、反颚茧蜂、潜蝇茧蜂等。

(3) 农业防治　在斑潜蝇为害重的地区，要考虑蔬菜布局，把斑潜蝇嗜好的瓜类、茄果类、豆类与其不为害的作物进行套种或轮作，蔬菜收获后及时清洁田园，把被斑潜蝇为害作物的残体集中深埋、沤肥或烧毁。

(4) 诱杀成虫　在成虫始盛期至盛末期，用诱蝇纸和斑潜蝇诱杀卡，每亩置15个诱杀点，每个点放置1张诱杀成虫，3～4天更换1次。诱杀卡室外使用时15天换1次。

(5) 科学用药　在受害作物每叶片有幼虫5头时，幼虫2龄前，于上午8～11时露水干后喷洒25%斑潜净乳油1 500倍液或48%毒死蜱1 500倍液、1.8%爱福丁乳油3 000倍液、25%杀虫双水剂500倍液、1%增效7051生物杀虫素2 000倍液、44%速凯乳油1 000～1 500倍液。此外，提倡施用0.12%天力Ⅱ号可湿性粉剂1 000倍液、40%绿菜宝乳油1 000倍液、20%康福多浓可溶剂4 000倍液、5%抑太保乳油2 000倍液、36%克螨蝇乳油1 000～1 500倍液、5%卡死克乳油2 000倍液。防治时注意农药的交替使用，以降低抗药性的产生。

六、温室白粉虱

温室白粉虱(*Trialeurodes vaporariorum*)属同翅目，粉虱科，又称白粉虱，小白蛾，白蝇。分布范围比较广，在东北、华北、华中、华东等地均有分布。寄主植物包括多种蔬菜、花卉、特用作物、牧草和木本植物600种以上，尤偏嗜黄瓜、番茄、烟草、茄子和豆类。以成虫和若虫群集叶背面吸食叶片汁液，受害叶片褪绿变黄、萎蔫，严重时全株枯死。除直接为害外，粉虱成、若虫的排泄物，污染叶片和果实，诱发煤污病，影响植株的呼吸作用和光合作用，以致削弱长势，降低产量和品质。

1. 形态特征

成虫　体长1～1.5 mm，淡黄色。翅面覆盖白蜡粉，停息时双翅在体上合成屋脊状如蛾类，翅端半圆状遮住整个腹部，翅脉简单，沿翅外缘有一排小颗粒。

卵　长约0.2 mm，长椭圆形，基部有卵柄，淡绿色渐变褐色，覆有蜡粉。

若虫　体长0.3～0.5 mm，长椭圆形，淡绿色或黄绿色，足和触角退化，紧贴在叶片上。

2. 发生规律

温室白粉虱除在温室等保护发生较重外，对露地栽培植物为害也很严重。温室条件下一年发生约10代。在自然条件下不同地区的越冬虫态不同，一般以卵或成虫在杂草上越冬。繁殖适温18～25℃，成虫有群集性，趋嫩性、对黄色也有趋性，营有性生殖或孤雌生殖。卵多散产于叶片上。若虫期共3龄。各虫态的发育受温度因素的影响较大，抗寒力弱。早春由温室向露地扩散，在田间点片发生。白粉虱的种群数量，由春至秋持续发展，夏季的高温多雨抑制作用不明显，到秋季数量达高峰，集中为害瓜类、豆类和茄果类蔬菜。在北方由于温室和露地蔬菜生产紧密衔接和相互交替，可使白粉虱周年发生，而且世代重叠严重。

3. 防治技术

(1) 农业防治　育苗前清除棚室杂草残株并熏蒸棚室除去残余虫口。尽量避免黄瓜、西红柿、菜豆等混栽。调整生产茬口也是有效的方法，即头茬安排芹菜、甜椒等白粉虱为害轻的蔬菜，二茬再种黄瓜、番茄等；生产中打下的枝杈、枯老叶及时处理掉。老龄若虫多分布于下部叶片，茄果类整枝时适当摘除部分老叶，深埋或烧毁以减少种群数量。

（2）生物防治　当白粉虱成虫在0.5头/株以下时，释放丽蚜小蜂或草蛉。

（3）利用黄板诱杀成虫　黄色对白粉虱成虫有强烈诱集作用，在温室设置黄板诱杀成虫。

（4）药剂防治　当平均每株成虫3头时用25%噻嗪酮（扑虱灵）可湿性粉剂2 000倍液、3%啶虫脒乳油1200倍液、25%噻虫嗪水分散粒剂3 000倍液、10%吡虫啉可湿性粉剂1 500倍液喷1～2次。

项目八　果树主要害虫防治技术

一、桃小食心虫

桃小食心虫 *Carposina sasakii* Matsumura 属鳞翅目，蛀果蛾科。又称桃蛀果蛾、桃蛀虫、桃小食蛾、桃姬食心虫。为害寄主有苹果、梨、枣，还有海棠、花红、槟子、榅桲、山楂、桃、杏等。分布在我国东北、华北、华东、华中、西北。以幼虫由果实胴部或底部蛀入果内，2～3天蛀孔流出水珠状的果胶，俗称“淌眼泪”，干后形成白粉，随果生长蛀孔愈合成针头状大小的小黑点，周围凹陷，幼虫在国内纵横取食造成畸形，称谓“猴头”果，在虫道内充满红褐虫粪，俗称“豆沙馅”，刚入果的幼虫若被药杀死，入果孔愈合成绿色小点，俗称“青疔”，幼虫老熟后脱果，脱果孔2～3 mm，孔外有虫粪。

二维码 5-8
果树主要害虫图片

1. 形态特征

成虫　体长6～8 mm，翅展16～18 mm，前翅前缘中央处有一个近三角形蓝黑色有光泽的大斑纹，翅基部和中央有7簇蓝黑色斜立的鳞片，后翅灰白或青灰色，触角雌蛾丝状，雄蛾栉齿状。

卵　椭圆形，深红色，卵壳上有不规则呈椭圆形刻纹，端部有2～3圈“Y”形刺。

幼虫　老熟幼虫体长13～16 mm，头褐色，体红色，腹足趾钩单序环10～24个，无臀栉。

蛹　淡黄色，体长6.5～8.6 mm，翅、足、触角端部不紧贴蛹体。

茧　有两种，一种为扁平形的老熟幼虫越冬茧，另一种为纺锤形的夏季蛹化茧。两种茧由幼虫吐丝缀合土粒而成，茧的端部有羽化孔。

2. 发生规律

一年发生1～2代，以老熟幼虫外结扁圆形冬茧在树盘3～15 cm深的土中越冬，第二年春5月中旬出蛰，6月初为出土盛期，土壤干燥（含水量＜5%）出土困难，含水量达10%，大量出土，越冬茧垂直分布3～12 cm的土中，水平分布距树干70～210 cm最多。幼虫咬破冬茧出土后，在石块、草根、荫蔽处结夏茧化蛹，蛹期9～15天，6月中旬出现成虫，直到8月上旬，成虫白天不活动，夜间活动交尾，产卵于萼洼处，卵期6～7天，幼虫孵化后先咬破果皮放于旁边不食而后钻入果内，入孔周围流出胶状水滴，不久干涸，容易识别，幼虫在果内为害20余天开始脱果，若在8月中旬以前脱果就有一大部分继续结夏茧完成第二代，8月中旬以后脱果的幼虫则结扁圆冬茧入土越冬。

3. 防治技术

5月以前进行人工挖茧。6月下旬开始及时摘除虫果，挖土、换土、埋土使茧不能正常羽化。在堆果场上铺沙，幼虫脱果入沙后，进行集中消灭。实施果实套袋，防止害虫侵入。在成虫发生期利用黑光灯和性诱剂进行诱杀成虫。此外，要保护利用天敌，中国齿腿姬蜂和甲腹茧蜂等是桃小食心虫的寄生性天敌。

树下防治：5月中旬前在地面上撒施48%毒死蜱800倍液、或25%辛硫磷微胶囊剂200倍液、或50%地亚农乳剂200倍液等药液。

树上防治：可选用50%杀螟松乳油1 000倍液、或5%顺式氰戊菊酯(来福灵)乳油、或10%氯氰菊酯乳油、或2.5%溴氰菊酯乳油均为3 000倍液、或20%甲氰菊酯(灭扫利)乳油3 000倍液、或2.5%氟氯菊酯(天王星)乳油1 500倍液、或青虫菌6号、或灭幼脲3号500～1 000倍液。

二、梨小食心虫

梨小食心虫 *Grapholitha molesta* Busck 属鳞翅目，小卷叶蛾科。又称桃折心虫、东方蛀果蛾、梨小、蛀虫、黑膏药等。为害寄主有梨、桃、苹果、李、杏、樱桃、欧李、枇杷、山楂等。以幼虫早春为害桃梢，多自顶端第二至三幼嫩叶柄的基部蛀入，向下蛀食髓部，直至木质化部分，蛀孔外有虫粪并流出胶液，受害桃梢很快萎蔫下垂。幼虫转移，每头幼虫可为害2～3个桃梢。

幼虫蛀食梨果多由果底部、果肩或两果交接处蛀入，晚期为害梨果时，蛀果孔很小，周围青绿色，果面稍微凹陷，幼虫入果后直达果心，然后蛀食果肉，虫粪堆积在果内，但早期为害梨果时，蛀果孔比较大，还有虫粪排除，蛀果孔周围常逐渐扩大腐烂变黑，稍稍凹陷，俗称“黑膏药”，脱果孔较大3～4 mm，虫道有幼虫吐的丝。

1. 形态特征

成虫　体长6～7 mm，翅展13～14 mm全身灰褐色，前翅前缘有8～10组白色短斜线，在翅中央近外缘1/3处有明显的白点一个。

卵　乳白色，半透明。

幼虫　体长10～13 mm，粉红色，趾钩单序环状，臀栉4～7个。

蛹　蛹长7 mm，黄褐色，腹部3～4节，背面后缘有两排小刺，腹末有8根钩刺。

2. 发生规律

一年发生3～4代，以老熟幼虫在树皮缝、根茎处外结茧越冬，根茎处占46.2%，主干上占38.5%，主枝占15.3%。4月上旬开始化蛹，蛹期16天，4月中下旬至6月出现越冬代成虫，5月上旬为盛期，成虫傍晚活动，对糖蜜、果汁、黑光灯有一定趋性。1～2代卵主要产在桃叶上，3～4代卵产在梨果的萼洼处，从萼洼、梗洼处蛀入，遇水腐烂称“水眼”，幼虫老熟后从内爬出，到树干上化蛹。

3. 防治技术

(1) 农业防治　春季刮除树上的翘皮，可消灭越冬幼虫。剪除被害桃梢、摘除被害虫果。

(2) 诱杀成虫　可利用悬挂频振式杀虫灯从3月中旬至10月中旬，可以有效诱杀。也可采用糖醋液、性诱剂等诱杀成虫。

(3) 生物防治　在成虫发生高峰期后1～2天，人工释放松毛虫赤眼蜂防治。

(4) 药物防治　自8月开始进行卵果率调查，当卵果率达1%～2%时开始喷药防治，可选用2.5%溴氰菊酯乳油2 500倍液、10%氯氰菊酯2 000倍液及40%水胺硫磷1 000倍液或

1.8%阿维菌素 3 000～4 000 倍液。

三、苹小食心虫

苹小食心虫 *Grapholitha inopinata* Heinrich 属鳞翅目小卷叶蛾科。又称苹果小蛀蛾，寄主有苹果、梨、桃、花红、山楂、山荆子。以幼虫多由果实胴部蛀入，在果皮下浅处为害，被害部果皮干枯变色，形成 1 cm 左右的虫痕，俗称"干疤"，虫疤上有入果孔、脱果孔和排粪孔等小孔。

1. 形态特征

成虫　体长 4～4.5 mm，翅展 10～11 mm，体暗褐色带紫色光泽。前翅前缘处有 7～9 组白色短斜纹，翅上有很多白鳞毛，形成很多白色斑点。

卵　在果实胴部每处一粒，无色，半透明，近孵化时琥珀色。

幼虫　老熟时体长 7～9 mm，头淡黄褐或红色，有臀栉 4～6 个，腹背 3～8 节各有两条红纹，前条宽大，后条细小。

蛹　长 4.5～6.5 mm，黄褐色，腹背 2～7 节各有短刺两排。

2. 发生规律

在辽宁、山东、河北、河南、山西和陕西等地 1 年发生 2 代，以老龄幼虫在剪锯口、树皮缝隙里和枝干、果筐、果箱内作成平伸的灰色薄茧越冬。次年 5 月初化蛹，蛹期 10 余天，苹果落花后 10 多天越冬代成虫出现，6 月中旬为盛期，第一代幼虫蛀果在 6 月中旬开始，第二代蛀果盛期在 8 月中旬，8 月下旬老熟幼虫开始陆续脱果到潜伏场所越冬。成虫对果汁、糖蜜、糖醋有趋性，趋光性弱。

3. 防治技术

(1) 刮树皮，消灭越冬幼虫，或在越冬前绑草诱杀；成虫发生期用糖醋液诱杀。

(2) 幼虫蛀果期及时摘除虫果，拾落地果。

(3) 生物防治　苹小食心虫的天敌主要有步甲、蜘蛛和蚂蚁等。

(4) 药剂防治　可参看梨小食心虫。

四、苹果小卷叶蛾

苹果小卷叶蛾 *Adoxophyes orana* Fisher von Roslerstamm 属鳞翅目卷叶蛾科。俗称卷叶虫、舔皮虫。食性很杂，能为害 30 多种植物，北方以苹果、桃和李为主。春季新叶长出后幼虫吐丝缀连叶片，潜居其中为害，当树上有果时常将叶片缀贴在果实上，幼虫啃食果皮及果肉后呈现一个个小坑洼或针孔状伤口，故称舔皮虫。

1. 形态特征

成虫　体长 5～17 mm，翅展 16～20 mm，体棕黄色。前翅基斑褐色，中带上半部狭窄，下半部向外部突然增宽，似倾斜的"h"形。

卵　椭圆形，浅黄色，数十粒排成毛鳞片卵块。

幼虫　体长 13～18 mm，体翠绿，头浅绿，臀栉 6～8 个。

蛹　体长 9～10 mm，黄褐色，腹部第 2～7 节各节背面有二横列刺突，后面一列较小而密，尾端有 8 个钩状刺毛。

2. 发生规律

一年发生 3 代，以初龄幼虫潜伏在剪口、锯口、树丫的缝隙中、老皮下，做白色薄茧越冬。

苹果花芽开绽时出蛰，金冠苹果盛花期为出蛰盛期，国光初花期为出蛰末期。出蛰后潜伏嫩芽、花蕾上为害，叶展开后缀叶形成虫苞，在内取食称为“紧苞期”，老熟后在苞内化蛹，越冬代成虫盛期在6月中下旬，寿命4～6天，产卵于叶面及果实胴部，产卵量200粒左右，第一代成虫盛期8月上中旬，第二代成虫盛期9月中旬，第三代幼虫9～10月发生，不久便寻找缝隙越冬。

幼虫非常活泼，稍受惊动迅速前进或后退，吐丝下垂，随风飘荡，转移到其他新梢上为害，成虫白天潜伏于叶丛间，夜间活动，有趋光性，对糖醋、果醋趋性较强。喜湿，多雨年份发生严重，干旱年份发生较少。

3. 防治技术

(1) 人工防治　刮老翘皮，剪虫稍，消灭虫源，组织人工捏虫苞或剪虫苞。

(2) 诱杀成虫　可采用黑光灯或糖醋液诱杀成虫(糖5份∶酒5份∶醋20份∶水80份)，也可选用性诱剂进行诱杀。

(3) 生物防治　卵发生期释放赤眼蜂。

(4) 药剂防治　可选用25%灭幼脲3号悬浮剂1 000～1 500倍液防治出蛰幼虫。6月中旬结合苹果套袋可选用10%氯氰菊酯乳油、或20%甲氰菊酯乳油2 000倍液杀灭1代初孵幼虫。8月上中旬结合防治2代桃小食心虫还可选用40%好劳力乳油1 500倍。9月中旬结合防治苹果绵蚜于摘袋前用40%好劳力或毒死蜱乳油1 500倍液杀灭3代幼虫。

五、顶梢卷叶蛾

顶梢卷叶蛾 *Spilonota lechriaspis* 属鳞翅目、小卷叶蛾科，又称顶芽卷叶蛾、拟白卷叶蛾、梨白卷叶蛾、稍卷叶蛾。寄主有苹果、海棠、梨、杜梨、榅桲、枇杷等。冬季被害稍顶端由碎片、叶片、绒毛以虫丝缠卷成黄褐色疙瘩，似拳头状，很易识别，生长季节在苗木及新梢顶端吐丝将新稍嫩尖弯下，并将附近几片叶缠卷在一起用茸毛做成虫袋，静伏袋内，为害时爬出一半为害，被害的顶梢及嫩叶干枯，不脱落，容易识别。

1. 形态特征

成虫　体长6～7 mm，翅展13～15 mm，灰白色，斑纹暗褐，前缘具有一列暗褐短纹，距翅基1/3处及翅中部各有一弓形横带，后缘近臀角处具一褐色臀角斑，两翅合拢时，左右两斑构成以近于菱形的斑纹，前缘距臀角间具6～8个黑褐色平行纹。

卵　椭圆形，扁平而光滑，颜色为白色或乳黄色半透明，卵产于叶背。

幼虫　体长8～9 mm，头、前胸背板及胸足黑色，胴部污白色无臀栉。

蛹　纺锤形黄褐色，外有黄白色绒毛状茧。

2. 发生规律

一年发生两代，以2～3龄幼虫在枝梢顶端卷叶内结茧越冬，一个顶梢内往往有数条幼虫，次年苹果发芽时(4月末至5月初)气温达10℃以上越冬幼虫开始活动，由枯梢转移到嫩芽叶丛内为害，每梢内只有一头幼虫。幼虫老熟后就在虫袋内化蛹，越冬代成虫发生于6月中旬至7月上旬。第一代成虫发生于7月下旬至8月中旬，成虫具有弱趋光性，羽化后1～4天产卵于叶片背面，卵期4～5天，幼虫孵化后爬至梢头第二三叶片，吐丝缀叶做袋潜藏为害，造成顶梢束状，卷叶干枯不脱落，第一代为害春梢，第二代为害秋梢。

3. 防治技术

(1) 人工防治 结合冬季修剪,彻底剪掉被害稍集中处理。在幼树及苗圃越冬代成虫羽化前可以进行人工摘除虫梢一次,减少一代的为害。

(2) 药剂防治 在幼虫出蛰转梢期、越冬代成虫产卵盛期或各代幼虫孵化盛期喷药,药剂可选用50%杀螟松乳剂1 000倍液、20%杀灭菊酯乳油4 000倍液或75%辛硫磷乳剂2 000～3 000倍液等。

六、果树红蜘蛛类

果树红蜘蛛类属蛛形纲,蜱螨目,叶螨科。红蜘蛛是果树主要害虫之一,以刺吸式口器吸食植物汁液,极易成灾。这类害虫虽然个体很小,行动能力有限,但繁殖力强,世代多。可以借风传播,对果树的为害也是相当严重的。

主要种类有3种:山楂红蜘蛛 *Tetranychus viennensis* Zacher、苹果红蜘蛛 *Panonychusulmi* Koch、苜蓿红蜘蛛 *Bryobiasp*。山楂红蜘蛛为害苹果、梨、桃、李、杏、山楂等;苜蓿红蜘蛛为害苹果、梨、苜蓿等;苹果红蜘蛛主要为害苹果。苹果树上3种红蜘蛛常混合发生,不同地区有主次之分,梨树上主要是山楂红蜘蛛和苜蓿红蜘蛛,桃树上基本是山楂红蜘蛛。

3种红蜘蛛均吸食叶片及嫩芽的汁液,严重年份也为害幼果。芽受害严重时不能继续萌发而死亡,叶片受害严重后最初呈现失绿斑点(山楂红蜘蛛褐色斑点,吐丝结网;苹果红蜘蛛黄色斑点,严重时也吐丝结网;苜蓿红蜘蛛灰白色点,灰绿色点),而后扩大连片,最后全叶变为焦枯而脱落,大发生年份,7～8月叶片大部分脱落,甚至造成第二次开花,对当年和第二年产量均有影响。

1. 形态特征

3种红蜘蛛成虫(雌)的主要形态区别见表5-3所示。

表5-3 3种红蜘蛛成虫(雌)的主要形态区别

形态特征	山楂红蜘蛛	苹果红蜘蛛	苜蓿红蜘蛛
体形	椭圆、背部隆起	半卵形,整个背隆起	扁平椭圆,体周缘有宽边
体色	越冬雌虫鲜红有亮点,夏季雌虫深红,背面两侧有黑斑	深红,取食后变成褐红色	褐色,取食后变黑绿
刚毛	26根细长,基部无瘤	26根粗长,基部有黄白色瘤	26根扁平,叶片状

2. 发生规律

(1) 山楂红蜘蛛 均以受精雌螨在树体各种缝隙内及干基附近土缝里群集越冬。翌春日平均气温达9～10℃,苹果芽膨大露绿时出蛰为害芽,展叶后到叶背为害,此时为出蛰盛期,整个出蛰期达40天。取食7～8天后开始产卵,盛花期为产卵盛期,卵期8～10天,落花后7～8天卵基本孵化完毕,同时第1代成螨出现,第1代卵落花后30余天达孵化盛期,此时各虫态同时存在,世代重叠。一般6月前温度低完成1代需20余天,虫量增加缓慢,夏季高温干旱9～15天即可完成1代,卵期4～6天,麦收前后为全年发生的高峰期,严重者常早期落叶,由于食料不足营养恶化,常提前出现越冬雌螨潜伏越冬。食料正常的情况下,进入雨季高湿,加之天敌数量的增长,致其虫口显著下降,至9月可再度上升,为害至10月陆续以末代受精雌螨潜伏越冬,不太活泼,喜欢群居叶背吐丝拉网,除进行两性生殖外,也可进行孤雌生殖,孤雌生殖的后代均为雌性。

(2) 苹果红蜘蛛　一年发生 7～9 代，以卵在小枝背阴面(二年生枝)，果台、轮痕、盲节处越冬。国光花序分离期(平均气温 12～13℃)是越冬卵孵化盛期，这时是药防关键时期，元帅品种盛花期为越冬代成虫发生盛期，落花后一周左右，第一代成虫出现尚未产卵，世代比较整齐，是药防的好时机，以后出现世代重叠，7 月为害最严重，8 月产生越冬卵，成虫比较活泼，在叶的正反面都有，喜欢在叶的主脉两侧及叶的基部产卵，发生多时也吐丝结网，生殖方式与山楂红蜘蛛相同。

(3) 苜蓿红蜘蛛　一年发生 3～7 代，以卵在主侧枝背阴面及果台处越冬，苹果发芽时越冬卵孵化，初期花期是孵化盛期，比较集中，是药防关键期，6～7 月是为害盛期，7 月以后产生越冬卵。成虫在叶正面为害，不拉网，很活泼，不断在叶和枝上来回爬动，常到叶柄和枝上脱皮，孤雌生殖。

3. 防治技术

药剂防治时应掌握两个关键时期，一是越冬雌成虫出蛰盛期，二是第一代卵或苹果红蜘蛛越冬卵孵化盛期。

(1) 消灭越冬虫源　在越冬雌虫出蛰前刮老翘皮进行消灭越冬雌成虫。

(2) 人工诱杀　在越冬雌成虫进入越冬前，树干绑草，诱集其在草上越冬，早春出蛰前解除绑草烧毁。

(3) 树干涂白　落叶后，在树干及各大枝的主干部位涂白。

(4) 清理果园　秋季落叶后，将园内树下的枯枝、落叶、杂草等全部清理干净，消灭越冬成虫，减少虫口密度。

(5) 生物防治　保护利用小黑瓢虫、塔六点蓟马、小黑花蝽、大草蛉、中华草蛉、小黑隐翅甲、异色瓢虫、捕食螨类等天敌。

(6) 药剂防治　早春可选用 3～5 波美度石硫合剂喷雾防治越冬雌虫和越冬卵，或在花前花后选用 0.3～0.5 波美度石硫合剂、或 50%硫黄悬浮剂 150～200 倍液，并注意与其他杀螨剂交替使用和混合使用。也可选用 1%阿维菌素乳油 5 000 倍液、或 0.3%苦参碱水剂 800～1 000 倍液、或 10%浏阳霉素乳油 1 000 倍液、或 20%三氯杀螨醇 1 000 倍液、或 40%水胺硫磷 1 500 倍液(花后禁用)、或 20%灭扫利 2 000 倍液、或 50%溴螨酯 1 000 倍液等。

七、果树蚜虫类

果树蚜虫类属同翅目、蚜科。蚜虫又称腻虫，全世界约有 30 000 种，我国有 150 种。蚜虫个体虽小，但繁殖量惊人，世代多，既可以两性生殖又可以孤雌生殖，一头成虫可产几十头甚至几百头幼虫，有群居习性，对新梢幼叶为害较重。为害果树的蚜虫主要有绣线菊蚜(*Aphis citricola* Van der Goot)、苹果瘤蚜(*Myzus malisutus* Matsumura)、苹果绵蚜(*Eriosoma lanigerum* Hausmann)、梨黄粉蚜(*Cinacium iakusuiensis* Kishida)、桃蚜(*Myzus persicae* Sulzer)、桃黄粉蚜(*Hyalopterus amygdali* Blanchard)、桃瘤蚜(*Myzus momonis*)等。现以苹果瘤蚜为例阐述。

苹果瘤蚜在我国东北、华北、华东、中南、西北、西南及台湾地区有分布；朝鲜、日本也有分布。主要为害苹果、梨、沙果、海棠、山荆子等。以成虫和若虫群集在嫩芽、叶片和幼果上吸食汁液。初期被害嫩叶不能正常展开。后期被害叶片皱缩，叶缘向背面纵卷，卷曲部分变色、变厚、变脆。幼果被害后，果面出现许多略凹陷的红斑。枝条受害扭曲生长，节间短，叶小，冬季不落。

1. 形态特征

无翅胎生雌蚜 体近纺锤形，体长1.4～1.6 mm，暗绿色或褐绿色。头部淡黑色，复眼红色，额瘤明显。胸、腹部背面均有黑色横带。腹管长圆筒形，末端稍细，黑色。

有翅胎生雌蚜 体卵圆形，长1.5 mm左右。头胸部暗褐色，有明显额瘤，且生有2～3根黑毛。触角黑色有感觉孔，尾片三角形，有3对毛。

若虫 淡绿色，体小，似无翅蚜。

卵 长椭圆形，长约0.5 mm，黑绿色，有光泽。

2. 发生规律

一年发生10余代，以卵在一年生枝梢、芽腋或剪锯口等处越冬。翌年4月上旬孵化，4月中旬达孵化盛期。6月中下旬瘤蚜为害最重，成虫和若虫群聚在新芽、嫩叶或幼果上吸取汁液，被害叶皱缩，边缘向背面纵卷，叶片出现红斑，后又变成黑褐色，直至干枯死亡。

3. 防治技术

(1) 生物防治 在生长季保护和利用好蚜虫的天敌，如瓢虫、草蛉和食蚜蝇等。

(2) 人工防治 冬季修剪和生长季剪除虫梢。

(3) 药剂防治 重点抓好蚜虫越冬卵孵化期的防治。在苹果萌芽至展叶期，可选用50%抗蚜威可湿粉800～1 000倍液、10%吡虫啉可湿粉5 000倍液、48%乐斯本乳油1 000～1 500倍液或10%蚜虱净可湿性粉剂3 000～4 000倍液。

八、桃红颈天牛

桃红颈天牛 *Aromia bungii* Faldermann 属鞘翅目、天牛科。别名红脖子老牛、铁炮虫、哈虫。为害桃、杏、李、梅、樱桃等。以幼虫蛀食树干，深达木质部造成中空，蛀道弯曲，孔外有红褐色虫粪和木屑。

1. 形态特征

成虫 体长28～37 mm，宽8～10 mm，全体黑色，前胸背板大部分光亮棕红色或完全黑色。头顶部两眼间有深凹陷，前胸两侧各有一尖锐的刺突。鞘翅表面光滑，基部较前胸宽，后部较窄，雄成虫比雌成虫小，雄成虫前胸腹面密布刻点，触角比体长4～5节，雌虫前胸腹面不具刻点，但密布横皱，触角超过体长2节。

卵 长圆形，乳白色，长约1.5 mm.

幼虫 老熟幼虫体长约50 mm，初龄乳白色近老熟时稍带黄色，头小黑褐色，前胸背板扁平方形，前缘有两块中央凹入的黄褐色斑纹。

蛹 初为淡黄白渐黄褐，体长36 mm，前胸两侧和前缘中央各有刺突一个。

2. 发生规律

2～3年完成一代，以幼虫在蛀道内越冬，4～6月老熟幼虫黏结粪便、木屑在木质部做茧化蛹，6～7月出现成虫，晴天中午成虫多休息在枝上，雌虫受惊后多飞跑，雄虫则爬起躲避或掉落地上，交尾后雌虫多在主干和主枝基部缝隙处产卵，产卵前先咬一“丁”字形伤口，然后将卵产在其中，10天左右可孵化，孵化后的幼虫先蛀食皮下，虫道纵横而无规则，蛀孔外有红褐色锯末状虫粪。

3. 防治技术

(1) 树干涂白　成虫发生前在树干和树枝上涂白涂剂(生石灰 10 份、硫黄粉 11 份、水 40 份),防成虫产卵。

(2) 捕杀成虫　在 6～7 月成虫发生期,利用中午静息于枝条的习性进行人工捕杀。用糖醋液(糖∶酒∶醋=1∶0.5∶1.4)诱杀成虫,每隔 30 m,高 1 m,挂一个罐。

(3) 刮出虫卵,挖掉幼虫　产卵期用小刀等刮去虫卵,幼虫刚蛀入树皮下,若有虫粪及时挖掉幼虫,用铁丝伸入虫道钩杀幼虫。

(4) 药剂防治　成虫发生盛期和幼虫刚刚孵化期,在树体上喷洒杀 50%螟松乳油 1 000 倍液、或 10%吡虫啉 2 000 倍液。

幼虫为害期,向蛀孔灌注 50%敌敌畏 800 倍液、或 10%吡虫啉 2 000 倍液,然后用泥封严虫孔口。也可往蛀道内塞入 50%敌敌畏棉花球或磷化铝片封严蛀孔以毒杀幼虫。

九、桑白蚧

桑白蚧 *Pseudaulacaspis pentagona* (Targioni) Tozzetti 属同翅目,盾蚧科,又称桑介壳虫、桃介壳虫、桑白盾蚧、黄点介壳虫、桑盾蚧、树虱。为害桃、李、杏、樱桃、苹果、梨、葡萄、核桃、梅、柿、枇杷、醋栗、柑橘、桑等。以雌成虫和若虫群集固着在枝干上吸食养分,严重时灰白色的介壳密集重叠,形成枝条表面凹凸不平,树势衰弱,枯枝增多,甚至全株死亡。

1. 形态特征

雌成虫　橙黄或橙红色,体扁平,卵圆形,长约 1 mm,腹部分节明显。雌介壳圆形,直径 2～2.5 mm,略隆起,有螺旋纹,灰白至灰褐色,壳点黄褐色,在介壳中央偏向一侧。

雄成虫　橙黄至橙红色,体长 0.6～0.7 mm,仅有翅 1 对。雄介壳细长,白色,长约1 mm,背面有 3 条纵脊,壳点橙黄色,位于介壳的前端。

卵　椭圆形,长径仅 0.25～0.3 mm。初产时淡粉红色,渐变淡黄褐色,孵化前橙红色。

若虫　初孵若虫淡黄褐色,扁椭圆形、体长 0.3 mm 左右,可见触角、复眼和足,能爬行,腹末端具尾毛两根,体表有绵毛状物遮盖。脱皮之后眼、触角、足、尾毛均退化或消失,开始分泌蜡质介壳。

2. 发生规律

桑白蚧在不同地区发生世代不同,北方一年发生 2～3 代,以雌成虫在枝条上越冬,次年 3 月开始产卵,卵产于介壳下,每条雌虫产卵 40～400 粒,4 月中下旬第一代若虫出现,6～7 月第二代若虫出现,9～10 月第三代若虫出现。出现后在附近的枝干上面群集固定吸汁为害,并分泌白色蜡粉,有世代重叠现象,一般以二三年生枝条受害严重。

3. 防治技术

(1) 人工防治　冬季或春季树萌芽前,可用硬毛刷或破布刷掉密集枝干和枝条上的虫体,消灭越冬虫源,以减轻第一代虫口基数,并且结合修剪,剪除被害严重的枝条,带出田外集中烧毁。

(2) 化学防治　在初孵若虫分散爬行期进行药剂防治。可选用 50%混灭威乳剂、50%杀螟松可湿性粉剂 1 000 倍液、40%速扑杀乳剂 700 倍液。还可选用松碱合剂 20 倍液、融杀蚧螨 80 倍液。

(3) 保护利用天敌　田间寄生蜂的自然寄生率比较高,有时可达 70%～80%。此外,瓢虫、方头甲、草蛉等的捕食量也很大,均应注意保护。

十、梨星毛虫

梨星毛虫 *Illiberis pruni* Dyar 属鳞翅目、斑蛾科。俗称饺子虫、梨包虫、裹叶虫。除为害梨树外，还为害苹果、海棠、桃、杏、樱桃和沙果等果树。越冬幼虫蛀食花芽、花蕾。刚开绽的花芽被蛀食，花不能开放，部分被蛀花虽能张开，但歪扭不正，并有褐色伤口或孔洞。展叶期幼虫吐丝将叶片纵卷成饺子状，幼虫居内为害，啃食叶肉，留下表皮和叶脉成网状。6～7月当年第一代幼虫多群居叶片上，啃食叶肉，但叶不卷，叶片呈筛网状。

1. 形态特征

成虫　体长11 mm左右，翅展20～30 mm。体黑色，翅半透明，翅脉清晰，翅面分布黑色绒毛。雄触角羽状，雌锯齿状。

卵　椭圆形扁平状，长0.75 mm左右，初产乳白后变紫褐色，几十粒或百余粒排列成块状。

幼虫　体长15～20 mm，头、胸、足黑褐色，体肥硕，略呈纺锤形，淡黄白色。头中段粗，中胸至腹部8节，每节具黑色圆斑2个，有横列毛簇6个，上生白色长毛和短毛。

蛹　长11～14 mm。初黄白渐变黑褐色。腹背有1列刺突。蛹外有2层丝茧。

2. 发生规律

梨星毛虫在北方大多1年发生1～2代，但均以2～3龄幼虫在树干粗皮缝内和根茎部结茧过冬，梨花芽膨大期开始活动，蛀食花蕾或芽基。展叶期则卷叶为害。叶向正面卷成饺子状，啃食正面叶肉，留叶脉和下表皮，每吃光一叶则转移到另一新叶，仍吐丝将叶纵卷为害，一个幼虫可为害5～8片叶，严重时将全树叶片吃光。幼果期幼虫在最后一片包叶内结茧化蛹。蛹期约10天，6月中旬出现成虫，傍晚活动，交尾产卵，卵期7～8天，6月出现当年第1代幼虫，群居叶背，啃食叶肉，留上表皮成透明乳状，但不卷叶，叶呈筛网状。幼虫取食10～15天，即转移树皮缝结长椭圆形似革质的厚茧越夏并越冬。

3. 防治技术

秋冬季可刮树皮消灭越冬幼虫。摘叶杀死幼虫。花芽开绽吐蕾期喷药防治，以杀死出蛰的越冬幼虫。可选用灭扫利、功夫菊酯、速灭杀丁、溴氰菊酯2 000倍液，在开花前连喷两次，一般可控制为害；或在成虫盛发期和第1代幼虫在叶片上为害期各喷一次。

十一、天幕毛虫

天幕毛虫 *Malacosoma neustria testacea* Motsch 属鳞翅目、枯叶蛾科，俗称顶针虫、春黏虫。为害梨、苹果、海棠、沙果、桃、李、杏、樱桃、榅桲、梅，及杨、榆、柳、栎等。刚孵化幼虫群集于枝杈处，吐丝结成网幕，食害嫩芽、叶片，随生长渐下移至粗枝上结网巢，白天群栖巢上，夜出取食，5龄后期分散为害，严重时将全树叶片吃光。

1. 形态特征

成虫　雌雄差异很大。雌虫体长18～20 mm，翅展约40 mm，全体黄褐色。触角锯齿状。前翅中央有1条赤褐色宽斜带，两边各有1条米黄色细线；雄虫体长约17 mm，翅展约32 mm，全体黄白色。触角双栉齿状。前翅有2条紫褐色斜线。

卵　圆柱形，灰白色，高约1.3 mm。每200～300粒紧密黏结在一起环绕在小枝上，如“顶针”状。

幼虫　低龄幼虫身体和头部均黑色，4 龄以后头部呈蓝黑色。末龄幼虫体长 50～60 mm，背线黄白色，两侧有橙黄色和黑色相间的条纹，各节背面有黑色瘤数个，其上生许多黄白色长毛，腹面暗褐色。腹足趾钩双序缺环。

蛹　初为黄褐色，后变黑褐色，体长 17～20 mm，蛹体有淡褐色短毛。化蛹于黄白色丝质茧中。

2. 发生规律

一年发生 1 代，以完成胚胎发育的小幼虫在卵壳内越冬。春季果树发芽时，幼虫钻出卵壳，为害嫩叶，以后转移到枝杈处吐丝结网，1～4 龄幼虫白天群集在网幕中，晚间出来取食叶片，5 龄幼虫离开网幕分散到全树暴食叶片，5 月中下旬陆续于老熟叶间杂草丛中结茧化蛹。6～7 月为成虫盛发期，羽化成虫晚间活动，产卵于当年生小枝上，幼虫胚胎发育完成后不出卵壳即越冬。

3. 防治技术

(1) 人工防治　在幼虫未孵化前，人工摘除卵块，春季可人工捕杀幼虫。在幼龄、中龄幼虫期，折取在天幕状巢内群集的幼虫枝烧毁，或用竹竿尖绑缚布块、棉麻等物蘸上火油，用火直接烧巢内幼虫，效果更好。

(2) 灯光诱杀　在成虫发生期，可利用灯光诱杀成虫。

(3) 药剂防治　在幼虫发生期，选用 2.5% 功夫或 2.5% 敌杀死乳油 3 000 倍液、10% 天王星乳油 4 000 倍液等。

(4) 保护和利用天敌　现已发现的天敌有广大腿小蜂、齿腿长尾小蜂、姬蜂、毒蛾绒茧蜂、日本追寄生蝇等寄生蜂、寄生蝇 21 种，捕食虫 2 种。另外灰喜鹊、黄鹂等鸟类也取食其幼虫。

模块小结

地下害虫是指活动为害期间生活在土壤中，主要为害植物的地下部分(如种子、地下茎、根等)和近地面部分的一类害虫，是农业害虫中的一个特殊生态类群。我国已知地下害虫有 320 多种，主要包括蛴螬、蝼蛄、金针虫、地老虎、拟地甲、根蛆、根蝽等，其中蝼蛄、蛴螬、金针虫和地老虎是东北地区农作物的重要害虫。这些害虫的共同特点是分布广、遍及全国、食性杂，粮食、棉花、油料等作物以及蔬菜、果树、林木等幼苗都遭受为害。

我国水稻虫害已知的有 350 多种，其中最主要的有 20 余种，东北地区水稻种植区的主要虫害包括二化螟、负泥虫、潜叶蝇、稻水象甲、稻飞虱、黏虫等。对已经出现害虫为害的稻田，在做好无公害防治工作的同时，要科学施用化学药剂，提高防治效果，确保秧苗的健康生长。在选用化学农药时，要使用低毒、低残留的药剂，严格禁止使用高毒、高残留的化学农药，避免产生药害和污染生态环境。要严格按照药剂的使用说明书所标明的用量、使用方法喷施药剂。要精量、准确使用，并安全处理农药包装物，避免出现农药残留。如果需要多种农药配合施用，植保无人机、药剂种类严格配比，以增强害虫的抗药性。

玉米上发生的害虫，全国记载有 227 种；高粱上发生的害虫，全国记载有 129 种。杂粮害虫主要发生的种类有黏虫、亚洲玉米螟、玉米蚜、玉米叶螨、东亚飞蝗、高粱蚜、高粱条螟、粟灰螟、粟茎跳甲等。

在我国为害麦类的害虫约有 200 种，其中对生产影响较大的有黏虫、蚜虫、吸浆虫、小麦叶蜂、小麦害螨、地下害虫等。在局部地区为害较为严重的种类有麦根蝽、麦水蝇、麦秆蝇、麦茎叶甲、秀夜蛾、小麦皮蓟马等。这些害虫的取食不仅对小麦直接为害造成损失，而且有些害虫如麦蚜等还能传播各种病毒病，造成更大损失。

薯类作物主要是指甘薯和马铃薯。甘薯害虫有100多种，为害较重的有甘薯麦蛾、甘薯叶甲、甘薯天蛾、甘薯锥象甲、斜纹夜蛾等，另外蛴螬、小地老虎等地下害虫也严重为害甘薯。马铃薯害虫有六七十种，其中以马铃薯瓢虫、马铃薯块茎蛾为害最大，蛴螬、蝼蛄等地下害虫常食害块茎，造成许多孔洞，影响产量和品质。

蔬菜主要害虫种类：温室粉虱、烟粉虱、美洲斑潜蝇、南美斑潜蝇、番茄斑潜蝇、豌豆彩潜蝇、瓜绵蚜、桃蚜、萝卜蚜、甘蓝蚜、豆蚜、蓟马、甜菜夜蛾、甘蓝夜蛾、小菜蛾、菜青虫、棉铃虫、烟青虫、豇豆荚螟、瓜绢螟、黄条跳甲、红蜘蛛、茶黄螨、红蜘蛛、白蜘蛛等。

果树害虫包括食叶害虫、刺吸害虫、蛀果害虫和枝干害虫等。食叶害虫中有毛虫、卷叶蛾、潜叶蛾、金龟子等。刺吸害虫主要是蚜虫、介壳虫和椿象，广义上还包括红蜘蛛。蛀果害虫中有蛀果蛾、吸果夜蛾和蛀果象甲。

模块巩固

1. 简述水稻潜叶蝇的综合防治措施。
2. 简述黏虫的综合防治措施。
3. 简述玉米螟的综合防治措施。
4. 简述大豆食心虫的综合防治措施。
5. 简述马铃薯瓢虫的综合防治措施。
6. 简述菜蚜的综合防治措施。
7. 简述桃小食心虫的综合防治措施。

模块六

主要农作物杂草防除

【知识目标】

通过本模块学习，学生了解掌握农田杂草的分类、群落演替及为害特点，掌握各类除草剂的杀草谱、适用作物及施药剂量。

【能力目标】

具备识别常见杂草的辨别能力，能够针对主要作物田杂草为害特点，提出防除策略，能够根据发生杂草种类进行杂草化学防除。

项目一　水稻田杂草防除技术

我国水稻种植面积大、分布范围广，北至黑龙江省，南至海南省的广大地区均有水稻种植，全国每年水稻种植面积约 3 500 万 hm^2。在水稻栽培上分为移栽稻和直播田两种方式。水稻田杂草的防除又有秧田和本田(移栽田和抛秧田)之分。

一、水稻秧田杂草防除技术

水稻秧田常见杂草为稗草、藜、蓼、荠菜、异形莎草、鳢肠、节节菜、陌上菜、牛毛毡等。其中以稗草发生数量大，为害较重，如果稗草不能在秧田除掉，则会被带入本田成为“夹心稗”。所以，防除稗草是水稻秧田防除的重点。南北方水稻秧田的育秧方式存在较大差异，旱育秧田以旱生型杂草为主，而水育秧田则以沼生型杂草为主。在除草剂品种的选择上应遵循对稻苗安全、针对性强的原则，因此提倡苗后茎叶处理防除水稻秧田杂草。

1. 旱育秧田杂草防除

(1) 播后苗前土壤封闭处理　水稻播种覆土后，采用药土法封闭处理(按每 100 m^2计算用药量)。

除草剂单用　防除稗草及小粒种子阔叶杂草，如反枝苋、藜等，可选用 60％丁草胺(含安全剂)乳油 25 mL 或 33％二甲戊灵乳油 22.5～33 mL。

除草剂混用　防除稗草、藜、蓼、鳢肠等，可选用 60％丁草胺(含安全剂)25 mL＋25％扑草净可湿性粉剂 10 g 或 50％禾草丹乳油 40～50 mL＋25％扑草净 10 g。

施药方法　每 100 m^2 所需药量与湿润细土或细沙 10～15 kg 混拌均匀后撒施于苗床表面，也可兑水 3～5 kg 均匀喷雾。要求苗床床面整平，覆土厚度 0.75～1 cm，床面不可有积水，水稻秧苗 1.5 叶期之前不能浇水，否则将出现药害。

(2) 苗后茎叶喷雾处理　水稻出苗后，采用喷雾法茎叶处理(按每 100 m^2 计算用药量)。当防除对象为稗草时，在稻苗 1.1 叶期，选用 16%敌稗乳油 150～175 mL；或稻苗 1.5～3.5 叶期，选用 10%氰氟草酯乳油 7.5～9 mL。当防除对象为阔叶杂草时，可在稻苗 3～5 叶期，选用 48%灭草松水剂 25～30 mL；当防除对象为稗草、千金子和多种阔叶杂草时，选用 48%灭草松 25 mL＋10%氰氟草酯 10 mL。茎叶喷雾法施药兑水量均需 1～3 kg。

2. 水育秧田杂草防除

水育秧田杂草的防除应以茎叶处理为主，需依据苗床草相选用适宜的除草剂(按每100 m^2 计算用药量)。稻苗 1.5～3 叶期，稗草小于 1.5～2 叶期，采用 90.9%禾草敌乳油 15～22.5 mL，秧床保持均匀水层，勿淹没秧苗心叶，施药方法为药土法，拌细土 3～4.5 kg；或采用 1%噁嗪草酮悬浮剂 15～30 mL，或 50%哌草丹乳油 22.5～33 mL，茎叶喷雾处理，兑水量为 1～3 kg。稗草 3 叶期以上时，采用 10%氰氟草酯 8～10 mL，茎叶喷雾处理，兑水量为 1～3 kg。在稻苗 2～5 叶期，采用 48%灭草松 25～30 mL，兑水茎叶均匀喷雾，兑水量为 1～3 kg，防除多种阔叶杂草。也可以氰氟草酯 10 mL＋灭草松 25 mL(桶混)茎叶喷雾法施药，同时防除稗草、千金子及阔叶杂草。

二、水稻本田杂草防除技术

全国稻田杂草有 120 余种，其中发生普遍、为害严重的常见杂草约有 40 种，如稻稗、稗草、千金子、四叶萍、鸭舌草、雨久花、矮慈姑、野荸荠、野慈姑、泽泻、狼把草、节节菜、鳢肠、牛毛毡、水莎草、眼子菜、扁秆藨草、萤蔺、日照飘拂草、水苋菜、陌上菜、丁香蓼、水绵等。其中，稻稗和稗草是为害最重、分布最广的杂草。千金子、矮慈姑、野慈姑、泽泻、鸭舌草、雨久花、牛毛毡、萤蔺等杂草的发生为害呈明显的上升趋势，已经从次要杂草演变成了主要杂草。

从稻田杂草的消长规律看，北方地区从南向北，一般从 4 月中旬开始水整地，地温达到 7℃以上，稻稗、稗草、野慈姑宿生苗、泽泻宿生苗、扁秆藨草宿生苗等开始萌发，4 月末 5 月初陆续出土，5 月末 6 月初进入为害期。6 月上中旬，地温超过 15℃时，狼把草、野慈姑实生苗、鸭舌草、雨久花、泽泻实生苗开始萌发出苗，同时土层 15 cm 以下的杂草也陆续出土，6 月下旬至 7 月初造成为害。杂草的发生受温度及耕作栽培措施影响较大，一般情况下，杂草有 2 个发生高峰。第 1 个发生高峰出现在水稻移栽后 3～7 天，主要有稗草、稻稗、千金子、异形莎草、鳢肠、狼把草等一年生杂草以及多年生杂草的宿生根萌发的杂草(如野慈姑、泽泻、萤蔺、扁秆藨草等)；第 2 个发生高峰出现在移栽后 20 天左右，主要是稻稗、鸭舌草、雨久花及多年生杂草实生苗(如野慈姑、泽泻等)。因此，水稻移栽田杂草的防除策略为狠抓前期(封闭)，挑治中期和后期(视草情用药)，即移栽前(后)土壤封闭处理，防除第 1 个高峰期发生的杂草，如稗草、一年生阔叶杂草和莎草科杂草等，水稻分蘖期(充分缓苗后)再进行一次土壤处理，以防除第 2 个高峰期发生的一年生和多年生莎草科杂草、眼子菜以及多种阔叶杂草。在水稻有效分蘖末期视草情采取茎叶喷雾处理进行局部挑治(补救措施)。

1. 移栽前土壤处理

(1) 除草剂单用　防除稗草、稻稗及一年生阔叶草等多种杂草。①采用 12%噁草酮乳油

2 500～3 000 mL/hm^2，采用甩施法均匀施药，间隔 3～7 天移栽。②80%丙炔噁草酮可湿性粉剂90 g/hm^2，采用甩喷法均匀施药，间隔 3～7 天移栽。移栽后要求田间保持浅水层，不要断水或晒田。

（2）除草剂混用　移栽前 3～7 天封闭处理，防除稗草、稻稗、阔叶草等多种杂草。①80%丙炔噁草酮 90 g/hm^2＋10%吡嘧磺隆可湿性粉剂 225 g/hm^2或 30%苄嘧磺隆可湿性粉剂 300 g/hm^2。②60%丁草胺乳油 1 600 mL/hm^2＋30%苄嘧磺隆 225 g/hm^2。③50%丙草胺乳油 900 mL/hm^2＋30%苄嘧磺隆 300 g/hm^2，50%苯噻酰草胺可湿性粉剂 1 000g/hm^2＋30%苄嘧磺隆 150～300 g/hm^2或 10%吡嘧磺隆 150～300 g/hm^2，采用药土法或甩喷法均匀施药，保持水层但不淹没稻苗心叶。移栽后要求田间保持浅水层，不要断水或晒田。

2. 移栽后土壤处理

（1）除草剂单用　移栽后 5～9 天，稻苗返青后，稗草、稻稗 1.5 叶期之前，用 60%丁草胺 1 600 mL/hm^2、50%丙草胺 1 000 mL/hm^2、30%莎稗磷乳油 750～1 000 mL/hm^2。施药时要求田间水层 3～5cm，施药后保持水层 5 天以上。

（2）除草剂混用　移栽后 5～9 天，稻苗返青后，稗草、稻稗 2 叶期之前，用 30%莎稗磷 900 mL/hm^2＋10%吡嘧磺隆 225 g/hm^2、50%丙草胺 750～1 000 mL/hm^2＋10%吡嘧磺隆 225 g/hm^2，采用药土法施药，拌土量为 100 kg/hm^2，施药时要求田间水层 3～5 cm，施药后保持水层 5 天以上。

另外，南方水稻移栽田，在水稻移栽后 7 天，稗草 1.5 叶期前，可用 50%异丙甲草胺乳油 225～300 mL/hm^2＋30%苄嘧磺隆可湿性粉剂 250 g/hm^2或 50%乙草胺乳油 200 mL/hm^2＋30%苄嘧磺隆 250 g/hm^2，或乙草胺·苄嘧磺隆复配剂或异丙草胺·苄嘧磺隆复配剂或苄嘧磺隆·乙草胺·甲磺隆复配剂防除稗草、一年生阔叶草及莎草科杂草。但异丙甲草胺（包括异丙草胺）、乙草胺及甲磺隆及其复配制剂对应用技术要求高，对小苗及弱苗安全性差，在低温条件下对水稻敏感，研究结果表明这四种有效成分的除草剂对水稻存在隐性药害的风险。特别是东北单季稻由于早春气温低，小苗（3.1～3.5 叶）移栽，对乙草胺、异丙草胺、异丙甲草胺及甲磺隆等敏感，药害较重，延迟生长发育，影响产量，所以该技术仅适用于南方大苗移栽田。

3. 茎叶喷雾处理

水稻分蘖盛期至拔节之前，防除 4～7 叶期大龄稗草、稻稗和千金子，可采用 2.5%五氟磺草胺油悬浮剂 1 000～1 200 mL/hm^2；防除稗草、稻稗及阔叶杂草，可用 48%灭草松水剂 2 250～3 000 mL/hm^2＋50%二氯喹啉酸可湿性粉剂 900～1 000 g/hm^2、2.5%五氟磺草胺 1 000～1 200 mL/hm^2＋48%灭草松 2 000～2 250 mL/hm^2，茎叶喷雾兑水量 150 kg/hm^2。喷药前需排出水层或待水层自然落干后喷药，施药后 1～2 天复水。

对于水稻移栽田恶性杂草防除，东北三省及宁夏等地区水稻田杂草野慈姑、泽泻、雨久花、牛毛毡、萤蔺、水莎草、稻稗等杂草适应性广，繁殖力和竞争力强，生长旺盛，能很快蔓延成优势种群。因为难以防除，所以称其为“恶性杂草”，也叫“难治杂草”。野慈姑、长瓣慈姑及泽泻等为多年生杂草，既能种子繁殖，也可以宿生根繁殖，5 月中下旬宿生根先开始出苗，6 月上中旬种子开始萌发，持续发生期达 40 天以上，有较强的抗药性，常规药剂很难奏效。雨久花为一年生杂草，种子繁殖，6 月上中旬萌发出苗，抗药性明显。萤蔺、牛毛毡、水莎草为多年生莎草科杂草，种子及根茎均可繁殖，5 月下旬出苗，对常规药剂耐药性很强。防除策略上应采取狠抓前期（杂草萌芽期，一般为水整地至移栽后 10 天），挑治中期（移栽后 20 天左右）及后期（6 月

30日前后)的综合治理策略。由于水稻移栽至移栽后7天正是水稻缓苗期,生命活力弱,解毒能力差,故不提倡在水稻移栽后7天之内用药。适宜的施药时期及方法是移栽前进行封闭处理,将恶性杂草控制在萌芽状态,再于移栽后的中后期视草情采取封闭或茎叶喷雾处理(南方稻田恶性杂草防除可参照进行)。

以稻稗、稗草、野慈姑、泽泻等为主要杂草群落的田块为例,水耙地整平后,用80%丙炔噁草酮90 g/hm^2+10%吡嘧磺隆150 g/hm^2+30%苄嘧磺隆225 g/hm^2,采用甩喷法均匀施药,间隔3～7天插秧,移栽后要求田间保持浅水层,不断水或晒田。然后在水稻移栽后20天左右,根据田间杂草残存情况,决定是否进行第二次用药。多数情况下田间会残存少量泽泻及慈姑,待其株高达到15～30 cm时,排出田间水层或待水层自然落干,采用48%灭草松2 500～3 000 mL/hm^2进行茎叶喷雾,喷液量为150 kg/hm^2,药后1～2天复水。

三、抛秧本田杂草防除技术

水稻抛秧田常见杂草与移栽田相同,一般情况下,肥沃土壤暄地块,水整地后间隔3天以上抛秧,可在抛秧前施药进行封闭处理。如果土壤黏重,水整地后很快沉降,土壤板结,需要整地后1～2天抛秧,所以为保证水稻秧苗的安全,则抛秧前不使用除草剂。以上2种情况,后期均需要进行第2次用药。

1. 抛秧前封闭处理

采用50%丙草胺900 mL/hm^2、或30%莎稗磷900 mL/hm^2;也可用50%苯噻酰草胺1 200 g/hm^2或80%丙炔噁草酮90 g/hm^2,混配药剂及剂量为10%吡嘧磺隆200 g/hm^2或30%苄嘧磺隆225 g/hm^2,施药方法为甩喷法均匀施药,在抛秧前3～5天施药。抛秧后要求田间保持浅水层,不要断水或晒田。

2. 抛秧后处理

一般于抛秧后5～7天,稻苗扎根返青后,稗草、稻稗小于2叶时,采用30%莎稗磷900 mL/hm^2+30%苄嘧磺隆300 g/hm^2、50%丙草胺900 mL/hm^2+30%苄嘧磺隆300 g/hm^2。施药时要求田间水层3～5 cm,施药后保持水层5天以上。

3. 茎叶喷雾处理

防除稗草和稻稗,稗草和稻稗4～7叶期,株高10～30 cm,采用50%二氯喹啉酸1 200 g/hm^2+30%阿罗津(莎稗磷)900 mL/hm^2进行茎叶喷雾,兑水量150 kg/hm^2,施药适期为6月25日左右(北方稻区);如果同时防除阔叶杂草和莎草科杂草,可另加入48%灭草松2 500 mL/hm^2。施药时要求田间排出水层或待水层自然落干后施药,施药后1～2天复水。

四、水稻直播田杂草防除技术

直播水稻有旱直播和水直播之分。旱直播稻田土壤湿润无积水,透气性良好,以旱生型和湿生型杂草为主;水直播稻田则以水生型和沼生型杂草为主。由于直播稻前期干湿交替的水层管理方式,利于杂草的发生,一般会出现3个发生高峰。播后7天左右,处于土表的稗草、稻稗、千金子等杂草种子开始萌发,出现第1个高峰;播后15～20天出现第2个高峰,此期发生的杂草以鸭舌草、矮慈姑等阔叶草为主。若前期除草效果不佳,播后35天左右会出现第3个小高峰,此期以稻稗、千金子等杂草为主。所以直播稻田应采取"一封、二杀、三补"的防除策略。

1. 水直播田杂草防除

杂草发生高峰期通常出现在播后15天左右，持续发生期长达20天以上，这段时间是杂草防除的重点。根据现有除草剂的作用特点及对水稻幼苗的安全性，主要应采取茎叶喷雾处理：在稻苗1.5～4叶期，稗草、千金子1.5叶期之前，用50%禾草丹1 800～2 250 mL/hm^2+30%苄嘧磺隆150～225 g/hm^2；96%禾草敌1 500 mL/hm^2+10%苄嘧磺隆300 g/hm^2；2.5%五氟磺草胺750 mL/hm^2+30%苄嘧磺隆225 g/hm^2，喷液量225 kg/hm^2；10%噁唑酰草胺乳油900～1 200 g/hm^{2}主要防除稗草、千金子等一年生禾本科杂草，排水施药(喷雾法)，药后1～2天复水。稗草、千金子2～3叶期利用禾草丹、禾草敌、二氯喹啉酸或与苄嘧磺隆、吡嘧磺隆等混用进行茎叶喷雾处理，防除第二批杂草和第一批残余杂草。此后，根据田间草情，选用二氯喹啉酸、灭草松、2-甲-4-氯、五氟磺草胺、氰氟草酯、嘧啶肟草醚等均按登记剂量进行单用或混用，进行茎叶喷雾补杀，以防除残余4～7叶期禾木科杂草和阔叶杂草。

2. 旱直播稻田化学除草

杂草防除通常在播种后5～7天处于土表的杂草种子开始萌发，播后10～15天进入杂草萌发高峰期，若防治不及时，极易造成草荒，因此，旱直播稻杂草防除的重点是水稻生育前期(播种后25天之内)。

土壤处理　免耕旱直播田可在播前7～10天，先用41%草甘膦水剂3 000 mL/hm^2，杀灭已出苗杂草，然后用12%噁草酮1 200 mL/hm^2+60%丁草胺乳油1 200 mL/hm^{2}兑水喷雾，3天后播种。

茎叶处理　稻苗2叶期后，针对1.1～3叶期杂草，用30%丙草胺(含安全剂)乳油1 650～2 100 mL/hm^2+30%苄嘧磺隆150～200 g/hm^2；5%嘧啶肟草醚乳油375～450 mL/hm^2；2.5%五氟磺草胺750 mL/hm^2+30%苄嘧磺隆225 g/hm^{2}排出水层，兑水150 kg/hm^{2}喷雾，药后1～2天复水。如果水稻分蘖期(5～7叶)仍有残存稗草、阔叶杂草和莎草，可用50%二氯喹啉酸900 g/hm^2+48%灭草松2 500 mL/hm^2，排出水层或水层自然落干，兑水150 kg/hm^{2}喷雾处理。如果杂草基数较小，田面平整，基本一次土壤封闭或一封、二杀即可达到防除目的。

项目二　玉米田杂草防除技术

我国玉米种植区域较为集中，北方春播玉米区、黄淮海夏玉米区属于2个黄金玉米带，其他区域玉米面积较小，代表性不强，如长江流域玉米区、华南玉米区、云贵川玉米区和西北玉米区。各区域间杂草的种类及发生为害特点存在差异。北方春播玉米区属春玉米带，一年一熟，主要杂草有稗草、马唐、狗尾草、野黍、藜、反枝苋、铁苋菜、龙葵、苍耳、苘麻、打碗花、田旋花、小蓟、苣荬菜等。一般杂草发生较早，几乎与玉米同步出苗生长，随着气温升高，杂草进入发生高峰，而后陆续有杂草出苗，其发生特点是出苗不整齐，持续发生期长。防除策略为“抓好苗前与苗后早期防除”。通常以土壤处理为主，苗后除草为辅。因为只要土壤墒情好，土壤处理剂可有效控制杂草的发生与为害。但由于春玉米区春季十年九春旱，气候冷凉，风蚀较重，且土壤有机质含量高，多数年份土壤处理剂防效并不能得到保证，往往还需要进行一次苗后茎叶处理。

黄淮海夏玉米区为夏玉米带，一年两熟为主，前茬以冬小麦或冬油菜为主。该区域草害主要由两部分杂草构成，一部分是前茬作物田残余下来的杂草，另一部分是新出土的晚春杂草。其中前茬残余杂草生长迅速，竞争优势强，加之高温多雨的气候条件，在玉米出苗前就对玉米生长构成威胁。如果耕翻后种植夏玉米，则这部分杂草可被灭掉。而晚春杂草与玉米同时出苗，是构成为害的主要杂草。这些杂草主要有马齿苋、反枝苋、稗草、千金子、凹头苋、胜红蓟、野燕麦、牛筋草、画眉草、马唐、藜、狗尾草、铁苋菜、打碗花、田旋花、小蓟、苣荬菜、曼陀罗等。夏玉米播种期一般在6月上中旬，温度较高，在墒情较好时，杂草发生集中，杂草生长较快，一般在播后10天即达出苗高峰，30天杂草基本出齐。夏玉米田杂草防除策略为“以苗前除草为主，苗后中期除草为辅”。

一、播后苗前封闭处理

1. 以一年生禾本科杂草和小粒种子阔叶杂草为主的玉米田

采用96%精异丙甲草胺乳油900～2 100 mL/hm²，进行苗前封闭，当土壤有机质含量小于3%时，用下限剂量，当土壤有机质含量大于4%时用上限剂量；或采用72%异丙草胺乳油1 500～3 000 mL/hm²，进行苗前封闭，当土壤有机质含量小于3%时用下限剂量，当土壤有机质含量大于4%时用上限剂量。

2. 禾本科及阔叶杂草等多种杂草混合发生的玉米田

采用90%乙草胺1 500～2 000 mL/hm²＋80%唑嘧磺草胺水分散粒剂30～60 g/hm²；96%精异丙甲草胺乳油900～2 100 mL/hm²＋75%噻吩磺隆30 g/hm²；72%异丙草胺1 500～3 500 mL/hm²＋70%嗪草酮可湿性粉剂400～600 g/hm²（低洼易涝地及沙土地或有机质含量小于2%的田块不宜用嗪草酮）。

播后苗前土壤封闭处理，喷液量为450～600 kg/hm²。最好是于玉米播种覆土后，趁土壤呈湿润状态时随即施药。

3. 玉米播后苗前“明草”的防除技术

该方法特别适用于夏玉米区（春玉米区可参照进行），即在玉米播种后出苗前，有很多杂草已经出土（注：在作物出苗前即已出土的杂草称为“明草”），此时采用41%草甘膦3 000～3 750 mL/hm²或20%百草枯2 500～3 000 mL/hm²进行茎叶喷雾处理，喷液量为225～300 kg/hm²，将“明草”杀死。在多年生杂草多的田块选用草甘膦，在一年生杂草多的田块选用百草枯。

二、苗后茎叶处理

针对多种禾本科杂草和阔叶杂草，采用4%烟嘧磺隆悬浮剂1 500 mL/hm²；4%烟嘧磺隆750 mL/hm²＋38%莠去津悬浮剂2 000 mL/hm²；10%硝磺草酮水剂1 500 mL/hm²＋38%莠去津2 000 mL/hm²；4%烟嘧磺隆900 mL/hm²＋72%2,4-滴异辛酯750 mL/hm²。施药时期为玉米3～5叶期，禾本科杂草4叶期之前，阔叶杂草5叶期之前，喷液量为225～300 kg/hm²（注意：烟嘧磺隆不宜于玉米自交系、硬粒型玉米、甜玉米、爆裂玉米田使用；2,4-滴用于玉米苗后茎叶除草，应在玉米3～5叶期施药，玉米小于3叶期使用2,4-滴不安全，低温多雨安全性差）。

1. 防除苣荬菜、刺儿菜、苍耳、卷茎蓼等恶性杂草

采用75%二氯吡啶酸乳油150～200 mL/hm²，在上述杂草出齐苗后进行茎叶喷雾，喷液量为225 kg/hm²。

2. 防除香附子

48%灭草松2 500～3 000 mL/hm²，在香附子株高10 cm左右时进行茎叶喷雾，喷液量为225 kg/hm²。

3. 防除苗后大龄杂草(株高大于 10 cm)

当玉米株高超过 50 cm 高时，采用 20%百草枯 2 250～3 000 mL/hm²，兑水 400 kg/hm² 进行行间保护性定向喷雾，几乎对所有已出苗的杂草有效。百草枯也可用于播前或播后苗前土壤处理，防除已出苗的杂草。在除草剂的选择上必须注意除草剂的残留期，避免对后茬作物产生药害，适用于各种作物。

项目三　大豆田杂草防除技术

我国大豆生产可分四大栽培区域，分别是东北春大豆区、黄淮海大豆区、长江流域大豆区和华南双季大豆区。东北春大豆区常见杂草有稗草、卷茎蓼、问荆、鸭跖草、苣荬菜、大蓟、小蓟、柳叶刺蓼、苘麻、绿狗尾、藜、马齿苋、铁苋菜、鬼针草等；黄淮海夏大豆区杂草有马唐、牛繁缕、绿狗尾、金狗尾、反枝苋、鳢肠等；长江流域大豆区杂草有千金子、稗草、牛筋草、碎米莎草、凹头苋等；华南双季大豆区杂草有马唐、稗草、牛筋草、碎米莎草、胜红蓟等。

不论是春大豆还是夏大豆播种前都要进行机械整地，所以播前很少有杂草存在，所以主要是采用播后苗前土壤封闭处理措施。苗后施药成为补充措施。

一、播后苗前土壤封闭处理

1. 以一年生禾本科杂草为主田块

采用 48%甲草胺乳油 2 250～4 500 mL/hm²；90%乙草胺 1 200～2 250 mL/hm²；72%异丙草胺 1 500～3 750 mL/hm²；96%精异丙甲草胺 1 200～1 800 mL/hm²。

2. 禾本科杂草及阔叶杂草混合发生的田块

采用 75%噻吩磺隆 30 g/hm² ＋72%异丙草胺 2 500 mL/hm²；48%异噁草松 1 000～1 200 mL/hm² ＋90%乙草胺 2 000～2 400 mL/hm² ＋80%唑嘧磺草胺 30～45 g/hm²；48%异噁草松1 000～1 200 mL/hm² ＋72%异丙草胺 2 500～3 000 mL/hm² ＋72%2,4-滴异辛酯(或丁酯)750 mL/hm²。

土壤处理兑水喷雾，喷液量为 450～600 kg/hm²。最好是于大豆播种覆土后，趁土壤呈湿润状态时随即施药。

二、茎叶喷雾处理

1. 以一年生禾本科杂草为主田块

采用 12.5%烯禾啶机油乳油 1 000～1 500 mL/hm²；5%精喹禾灵乳油 900～1 500 mL/hm²；15%精吡氟禾草灵乳油 900～1 500 mL/hm²；10.8%高效氟吡甲禾灵乳油 400～750 mL/hm²；6.9%精噁唑禾草灵水乳剂 750～1 000 mL/hm²。

2. 以阔叶杂草为主田块

采用 25%氟磺胺草醚 1 000～1 500 mL/hm²；48%灭草松 1 500～3 000 mL/hm²；24%乳氟禾草灵 300～450 mL/hm²；21.4%三氟羧草醚 1 000～1 500 mL/hm²；24%乳氟禾草灵 250 mL/hm² ＋25%氟磺胺草醚 700 mL/hm²。

3. 禾本科杂草和阔叶杂草混合发生的田块

采用 48%异噁草松 1 000～1 200 mL/hm² ＋5%咪唑乙烟酸 800～1 000 mL/hm²(咪唑乙

烟酸为长残留除草剂，使用时须考虑下茬作物的安全性）；25%氟磺胺草醚 1 200 mL/hm^2＋15%精吡氟禾草灵 1 200 mL/hm^2；48%灭草松 1 500 mL/hm^2＋15%精吡氟禾草灵 1 200 mL/hm^2。茎叶处理施药时期为大豆 1 片复叶至 3 片复叶期，禾本科杂草 1～5 叶期，阔叶杂草 2～4 叶期。喷液量为 225～300 kg/hm^2。

三、大豆田恶性杂草防除

草害是东北春大豆区尤其是黑龙江和内蒙古东部大豆生产的主要威胁。所谓恶性杂草是指刺儿菜（大蓟、小蓟）、苣荬菜、鸭跖草、问荆、苘麻、铁苋菜、野黍、卷茎蓼、繁缕等常见杂草，特别是俗称“三菜”的鸭跖草、刺儿菜、苣荬菜在大豆主产区发生较为普遍，为害严重，防除困难，属恶性杂草的典型代表。

1. 苗前土壤封闭处理

采用 48%异噁草松 1 000～1 200 mL/hm^2＋72%异丙草胺 2 500～3 000 mL/hm^2＋80%唑嘧磺草胺 30～45 g/hm^2；或 48%异噁草松 1 000～1 200 mL/hm^2＋90%乙草胺 1 500～2 000 mL/hm^2＋80%唑嘧磺草胺 30～45 g/hm^2。如果田间苣荬菜、刺儿菜发生数量大，则可将上述 2 个配方中的唑嘧磺草胺替换成 72%2,4-滴异辛酯（或丁酯）750 mL/hm^2。土壤处理兑水喷雾，喷液量为 450～600 kg/hm^2。最好是于大豆播种覆土后，趁土壤呈湿润状态时随即施药。

2. 茎叶喷雾处理

采用 48%异噁草松 1 200 mL/hm^2＋5%咪唑乙烟酸 1 200 mL/hm^2＋72%2,4-滴异辛酯（或丁酯）750 mL/hm^2；24%乳氟禾草灵 250 mL/hm^2＋48%异噁草松 1 000 mL/hm^2＋15%精吡氟禾草灵 1 200 mL/hm^2；48%异噁草松 1 000 mL/hm^2＋25%氟磺胺草醚 1 000 mL/hm^2＋15%精吡氟禾草灵 1 200 mL/hm^2；48%异噁草松 1 000 mL/hm^2＋48%灭草松 2 500 mL/hm^2＋15%精吡氟禾草灵 1 200 mL/hm^2。茎叶处理施药时期为大豆 1 片复叶至 3 片复叶期，禾本科杂草 1～5 叶期，阔叶杂草 2～4 叶期。喷液量为 225～300 kg/hm^2。

3. 分期施药

对于叶龄较大的恶性杂草（如鸭跖草 4～6 叶期，刺儿菜 5～8 叶期），可采用分期施药的方式进行防除：第 1 次用药剂量为灭草松 1 500 mL/hm^2＋异噁草松 1 200 mL/hm^2，间隔 5～7 天进行第 2 次用药，剂量为灭草松 2 500 mL/hm^2＋异噁草松 900 mL/hm^2。兑水茎叶喷雾，喷液量为 225～300 mL/hm^2。

项目四　小麦田杂草防除技术

麦类作物一般是指小麦（冬小麦和春小麦）、大麦（冬大麦和春大麦）、黑麦和元麦（青稞），由于土壤条件、气候因素和耕作措施的不同，杂草的种类和习性存在很大区别。

南方冬麦区主要杂草有播娘蒿、看麦娘、大马蓼、牛繁缕、碎米荠、猪殃殃、棒头草、硬草、雀麦等；北方冬麦区主要杂草有葎草、藜、荠菜、扁蓄、米瓦罐、打碗花、野燕麦、猪殃殃等；青海、西藏春麦区主要杂草有野燕麦、猪殃殃、田旋花、藜、密穗香薷、薪蓂、卷茎蓼、薄蒴草等；新疆、甘肃春麦区主要杂草有野燕麦、田旋花、芦苇、野芥菜、苣荬菜、扁蓄等；东北及内蒙古自治区东部春麦区主要杂草有卷茎蓼、藜、野燕麦、鸭跖草、苣荬菜、大蓟、鼬瓣花、野荞麦等。

一、麦田杂草的发生规律

冬麦区田间杂草主要在冬前萌发出苗，小麦播种后15～20天(10月下旬至11月中旬)，为杂草出苗高峰，此期出苗的杂草占杂草总数的90%以上。只有个别种类在翌年返青期还有一次出苗小高峰。

春麦区田间杂草主要在5月中旬前后出苗，5月末进入发生高峰期。春麦区杂草受土壤墒情影响很大，如果干旱少雨，土壤干燥，则禾本科杂草发生少，为害轻。而阔叶杂草发生量较大。如果降雨次数多，土壤湿度大，则禾本科杂草和阔叶杂草发生量都很大，为害严重。

二、麦田杂草防除策略

冬麦区冬前化学除草时间应在10月20日至11月20日，气温在10℃以上，此时多数杂草基本出齐，杂草耐药力及抗药性弱，药效可以充分发挥。一般禾本科杂草为2～3叶期，阔叶杂草2～5叶期是施药的最佳时期(注意田间泥泞积水及寒流期不能用药)。冬麦区翌年2月下旬至3月中旬是麦田杂草防除的辅助施药时期，一般在小麦起身后拔节前进行(小麦拔节后禁止用药)。冬麦区杂草防除应采取“抢前抓早，冬前为主，冬后为辅，前后结合”的策略；而对于春麦区杂草的防除策略为“见草施药，综合防除”。

三、冬麦区杂草防除技术

1. 播前土壤处理

对少耕或免耕麦田，冬前杂草发生数量大，高峰出现早，为害提前。在小麦播种前3～5天，采用41%草甘膦水剂2 250～3 000 mL/hm^2，或在播种前2～3天用20%百草枯水剂3 000 mL/hm^2，兑水300 kg/hm^2，均匀茎叶喷雾，防除已经出苗的杂草。

2. 播后苗前处理

在小麦播种后出苗前，采用40%野麦畏乳油2 250～3 000 mL/hm^2，兑水300 kg/hm^{2}均匀喷雾，防除萌芽期野燕麦。

3. 苗期茎叶处理

(1) 以野燕麦、稗草、看麦娘、茵草等禾本科杂草为主的田块采用6.9%精噁唑禾草灵(含安全剂)水乳剂750～900 mL/hm^2，于杂草2～3叶期，兑水225～300 kg/hm^2，均匀喷雾。如果田间有碱茅、狗牙根等恶性杂草，则精噁唑禾草灵(含安全剂)用量为1 050～1 200 mL/hm^2；或用50%异丙隆可湿性粉剂2 100 g/hm^2，兑水300 kg/hm^{2}均匀喷雾，施药时期为小麦1.1～2.1叶期，施药过晚易产生药害。

(2) 以雀麦为主的麦田　采用70%氟唑磺隆45 g/hm^{2}加专用助剂200 mL，兑水450 kg/hm^{2}喷雾。

(3) 以早熟禾、硬草为主的田块　采用50%高渗异丙隆可湿性粉剂1 800～2 250 g/hm^2，兑水茎叶喷雾。

(4) 以节节麦为主的田块　采用1.2%二磺·甲碘隆可分散油悬浮剂675～1 125 mL/hm^{2}兑水茎叶喷雾，喷液量为300 kg/hm^2。

(5) 以播娘蒿、稻槎菜、婆婆纳、麦家公、猪殃殃、大巢菜、泽漆等阔叶杂草为主的田块　采用75%苯磺隆水分散粒剂18～30 g/hm^2；50%唑草酮干悬浮剂60～80 g/hm^2；20%氯氟吡氧乙酸乳油 750～950 mL/hm^2 +13% 2甲4氯钠水剂 2 500 mL/hm^2；75%苯磺隆 15～22.5 g/hm^2 +50%唑草酮 60 g/hm^2 兑水喷雾；1.2%二磺·甲碘隆 675～1 125 mL/hm^2，兑水茎叶喷雾。注意二磺·甲碘隆对麦家公无效，使用前后2天内不可大水漫灌，以避免药害。

四、春麦区杂草防除技术

1. 针对阔叶杂草

可采用 75%苯磺隆 15～22.5 g/hm^2；72%2,4-滴异辛酯乳油 750～900 mL/hm^2；75%噻吩磺隆水分散粒剂 10～15 g/hm^2；22.5%溴苯腈乳油 1 500～2 100 mL/hm；苯磺隆、噻吩磺隆、溴苯腈分别与2,4-滴异辛酯进行混用，但各自剂量均减半使用。

2. 针对禾本科杂草

采用 6.9%精噁唑禾草灵（含安全剂）750～900 mL/hm^2（骠马仅用于小麦田；大骠马既可用于大麦田，也可用于小麦田）。

3. 针对野燕麦、稗草及阔叶杂草

采用 6.9%精噁唑禾草灵（含安全剂）750～900 mL/hm^2 +75%苯磺隆 10～15 g/hm^2；或64%野燕枯 1 000～1 500 g/hm^2 +75%苯磺隆 10～15 g/hm^2 +72% 2,4-滴异辛酯 400 mL/hm^2。

一般于小麦分蘖期至拔节期之前用药，施药方法为兑水茎叶喷雾，喷液量 300～450 kg/hm^2。

项目五　其他作物田杂草防除技术

一、马铃薯田杂草防除技术

马铃薯田常见杂草有稗草、狗尾草、野黍、马唐、苘麻、苍耳、藜、蓼、苋、田旋花、铁苋菜、龙葵、大蓟、小蓟、鸭跖草等。

1. 播前土壤处理

采用 48%氟乐灵 1 000～1 500 mL/hm^2 +70%嗪草酮 600～800 g/hm^2，施用氟乐灵后，应随即进行浅耙混土。

2. 播后苗前土壤处理

采用 72%异丙草胺 1 500～3 000 mL/hm^2 +70%嗪草酮 600～800 g/hm^2；96%精异丙甲草胺 800～1 000 mL/hm^2 +90%乙草胺 800～1 000 mL/hm^2 +70%嗪草酮 600～800 g/hm^2。土壤处理喷液量为 450～600 kg/hm^2，播后苗前施药在播种覆土后趁土壤呈湿润状态时随即施药为宜。

3. 苗后茎叶处理

马铃薯株高小于 10 cm（幼苗 5～7 叶），杂草 2～4 叶施药为宜。采用 12.5%烯禾啶 1 200～1 500 mL/hm^2 +70%嗪草酮 500～700 g/hm^2（其中烯禾啶可以 10.8%高效氟吡甲禾灵 400～550 mL/hm^2 或 5%精喹禾灵 900～1 500 mL/hm^2 替代）；或 25%砜嘧磺隆 75～100 g/hm^2，兑水均匀喷雾，喷液量 225～300 kg/hm^2。

二、油菜田杂草防除技术

油菜田常见杂草包括稗草、狗尾草、马唐、牛筋草、看麦娘、早熟禾、藜、蓼、苋、苣荬菜、苘麻、繁缕、猪殃殃、薄蒴草等。

1. 移栽油菜田杂草防除

（1）土壤处理　油菜移栽前5天内趁土壤湿润时，采用50%敌草胺1 500 g/hm^2；96%精异丙甲草胺900～1 200 mL/hm^2；72%异丙草胺1 200～2 250 mL/hm^2，土壤喷雾，兑水量600 kg/hm^2。

（2）茎叶处理　油菜移栽前3～5天，采用41%草甘膦2 250～3 000 mL/hm^2；20%百草枯2 500～3 000 mL/hm^2；50%扑草净1 500 g/hm^2+15%精吡氟禾草灵1 200 mL/hm^{2}茎叶喷雾，兑水量300～450kg/hm^{2}以杀死已出土杂草。

（3）移栽后处理　油菜移栽成活后，以禾本科杂草为主的田块，杂草3～5叶期，采用5%精喹禾灵450～750 mL/hm^{2}或6.9%精噁唑禾草灵800 mL/hm^2，茎叶喷雾，兑水300～450 kg/hm^2；以禾本科杂草和阔叶杂草混合发生的田块，杂草3～4叶期，采用50%草除灵450 mL/hm^2+5%精喹禾灵900 mL/hm^2，茎叶喷雾，兑水量225～300 kg/hm^2（草除灵不宜在芥菜型油菜田使用）。

2. 直播油菜田杂草防除

（1）土壤处理　油菜播种前3～4天，在杂草基数高的田块，采用41%草甘膦2 500 mL/hm^2，兑水喷雾，防除已出苗的杂草。播后苗前土壤处理，采用90%乙草胺750 mL/hm^{2}或50%敌草胺1 500 g/hm^2，于播种覆土后趁土壤湿润状态随即施药，兑水500 kg/hm^{2}土壤喷雾。

（2）茎叶处理　以禾本科杂草为主时，杂草3～4叶期，采用12.5%烯禾啶1 200 mL/hm^{2}或10.8%高效氟吡甲禾灵400～500 mL/hm^2；以禾本科和阔叶杂草混生田块，油菜5叶期后，采用50%草除灵500 mL/hm^2+5%精喹禾灵1 000 mL/hm^{2}或50%草除灵260 mL/hm^2+20%胺苯磺隆可溶粉剂75 g/hm^2+15%精吡氟禾草灵900 mL/hm^2，茎叶喷雾，兑水量225～300 kg/hm^2。

三、甜菜田杂草防除技术

甜菜种植区域主要集中在黑龙江、吉林、内蒙古及新疆等地，主要杂草包括稗草、野燕麦、狗尾草、芦苇、马唐、大蓟、小蓟、藜、蓼、苋、地肤、鸭跖草及龙葵等。甜菜分直播和纸筒育苗移栽2种种植方式，现以直播为主。直播甜菜一般于3下旬至5月上旬播种，实行垄作或平作栽培。由于甜菜幼苗期对除草剂特别敏感，所以甜菜前期除草剂的选择及应用必须特别注意。

1. 直播甜菜田杂草防除

（1）播后苗前土壤封闭处理　采用96%精异丙甲草胺900～1 500 mL/hm^2，兑水450 kg/hm^2，土壤喷雾。主要防除稗草、马唐、狗尾草等一年生禾本科杂草和小粒种子阔叶杂草。施药时如果土壤干旱，可进行浅耙混土，以提高除草效果。对于土壤有机质含量小于2%沙质土、低洼地或平播甜菜不宜苗前封闭。

（2）苗后茎叶处理　采用15%精吡氟禾草灵750～1 200 mL/hm^{2}或6.9%精噁唑禾草灵750～1 200 mL/hm^2，于杂草3～5叶期进行茎叶喷雾，兑水量225 kg/hm^2，防除禾本科杂草；采用16%甜菜安·宁乳油5 000～6 000 mL/hm^2，于杂草3～5叶期进行茎叶喷雾，对藜、卷茎蓼、繁缕等防效较好，与烯禾啶、精噁唑禾草灵、精吡氟禾草灵等禾本科除草剂按登记剂量混用，可有效防除单双子叶杂草。

2. 育苗移栽甜菜田杂草除草

主要采用移栽前土壤处理，在整地起垄后，采用 96%精异丙甲草胺 1 200～2 000 mL/hm^2，或 60%丁草胺 1 500～1 900 mL/hm^2，兑水 450 kg/hm^2，土壤喷雾。

3. 留种甜菜田化学除草

在黄河、淮河流域地区的留种甜菜，一般于 8 月上中旬播种，露地越冬，翌年 6 月下旬收获。杂草有 3 次出苗高峰，第 1 次在 8 月中下旬，第 2 次在翌年 5 月中旬，第 3 次在翌年 6 月下旬的梅雨季节。

（1）播前或播后土壤处理　播种前采用 48%氟乐灵 1 500 mL/hm^2，施药后立即浅耙混土，然后播种；也可在播后苗前选用 96%精异丙甲草胺 1 200～2 000 mL/hm^2，兑水 450～600 kg/hm^2进行土壤喷雾。

（2）苗后茎叶处理　在黄淮地区，留种甜菜播后 20 天左右，禾本科杂草 3～5 叶期，阔叶杂草 2～4 叶期，采用精喹禾灵、烯禾啶、精噁唑禾草灵、甜菜安・宁等除草剂进行茎叶处理。施药剂量、方法与直播甜菜田苗后茎叶处理相同。

四、棉花田杂草防除技术

棉花田常见杂草有马唐、牛筋草、千金子、稗草、狗尾草、狗牙根等禾本科杂草，以及鳢肠、反枝苋、灰绿藜、铁苋菜、苘麻等阔叶杂草，还有香附子等莎草科杂草。

1. 露地直播棉田杂草防除

（1）播前土壤封闭处理　采用 48%氟乐灵 1 500～1 875 mL/hm^2，兑水 375～450 mL/hm^2，土壤喷雾，施药后及时用圆盘耙耙地混土，耙地深度为 5～7 cm，可有效防除禾本科杂草和莎草。

（2）播后苗前处理　采用 90%乙草胺 800～1 200 mL/hm^2；50%敌草胺 2 250～3 750 g/hm^2；25%噁草酮 1 350～1 800 mL/hm^2；72%异丙甲草胺 1 100～2 200 mL/hm^2；24%乙氧氟草醚乳油 600 mL/hm^2；33%二甲戊灵 3 000～4 500 mL/hm^2。兑水 375～450 kg/hm^2，进行土壤喷雾，以播种后趁土壤呈湿润状态时随即用药为宜。

（3）茎叶喷雾处理　以禾本科杂草为主时，采用 12.5%烯禾啶 1 300～1 500mL/hm^2，15%精吡氟禾草灵 750～1 000 mL/hm^2，10.8%高效氟吡甲禾灵 450～750 mL/hm^2等。当禾本科和阔叶杂草混合发生时，待棉苗 30～50 cm 时，采用 24%乙氧氟草醚 600～900 mL/hm^2 或 20%百草枯 3 000～4 500 mL/hm^2，采用背负喷雾器进行定向（扇形喷头）保护性喷雾，施药时应防止药液接触到棉花植株的绿色组织。

2. 麦棉套作棉田杂草防除

麦棉套作直播田，棉花约在 4 月下旬至 5 月初播种；麦棉套作移栽田，约在 5 月中旬到 5 月底移栽。5 月底小麦收割后，随着雨季的来临，麦垄上杂草大量萌发，因此，麦棉套作的棉田一般应进行 2 次化学除草。第 1 次在棉花播种或移栽前后，第 2 次在麦收灭茬整地后进行全田施药，时间应赶在雨季来临之前。第 1 次施药主要使用土壤处理剂，如氟乐灵、敌草胺、异丙草胺、丁草胺、敌草隆等；第 2 次施药使用茎叶处理剂，如烯禾啶、精噁唑禾草灵、精喹禾灵、百草枯等。具体各药剂的用量和用法参照露地直播棉田施药。

3. 免耕棉田杂草防除

所谓免耕是在前茬收获后不翻耕土壤，直接开沟播种的轻型保护性耕作技术。免耕棉田的主要杂草是前茬作物田的残存杂草，所以防除上可采用灭生性除草剂在播后苗前施药。对一年生杂草为主的田块，采用 20%百草枯 4 000 mL/hm^2，对杂草全株进行茎叶喷雾，兑水量 300～450 kg/hm^2。以一年生和多年生杂草混合发生的田块，可选用 41%草甘膦 3 000 mL/hm^2，茎叶喷雾处理，兑水量 150～300 kg/hm^2。施药时必须注意风向风速，压低喷头喷雾，以免百草枯或草甘膦对临近作物造成药害。

模块小结

杂草是长期适应当地的作物、栽培、耕作、气候、土壤等生态条件和生产条件生存下来的植物，它从不同的方面侵害农作物，与作物竞争养分、水分和光照；传播植物的病、虫害，降低作物的产量和品质，影响人畜的健康。由于杂草具有休眠性、再生性、繁殖力强、繁殖和传播方式多样、种子寿命长、出苗时间不一致等特性，因此，其危害时间长，分布广泛，危害严重，防除困难。全世界广泛分布的杂草有 3 000 余种，每年大约有 180 种杂草对作物造成危害，对主要作物危害的杂草有 200 种，但分布广泛、危害严重的杂草只有 20～30 种。人类利用生物、生态、物理、机械和化学的方法进行杂草防除，其中化学除草(除草剂)占主要地位。本模块主要介绍主要作物田杂草化学防除技术，包括土壤封闭处理和苗后茎叶除草。用化学除草剂防除杂草可以节省劳力，降低除草成本，提高劳动生产率，便于机械化、规模化等现代化种植，在我国化学除草已经成为农田杂草防除的主要方式，并占有主导地位。

模块巩固

1. 简述水稻移栽田茎叶除草技术。
2. 简述玉米田播后苗前封闭处理。
3. 简述大豆田恶性杂草防除技术。
4. 简述小麦田苗期茎叶处理。
5. 简述马铃薯苗后茎叶处理。

参考文献

[1] 张学哲．作物病虫害防治．北京:高等教育出版社,2005
[2] 陈啸寅,马成云．植物保护．2版．北京:中国农业出版社,2008.
[3] 北京农业大学．昆虫学通论(上册)．北京:农业出版社,1980.
[4] 北京农业大学．农业植物病理学．北京:中国农业出版社,1982.
[5] 马成云．农学专业技能实训与考核．北京:中国农业出版社,2006.
[6] 马成云．作物病虫害防治．北京:高等教育出版社,2009.
[7] 李洪波．作物病虫草害防治技术．哈尔滨:黑龙江人民出版社,2007.
[8] 董金皋．农业植物病理学(北方本)．北京:中国农业出版社,2001.
[9] 仵均祥．农业昆虫学(北方本)．北京:中国农业出版社,2002
[10] 李清西,等．植物保护．北京:中国农业出版社,2002
[11] 黄宏英．植物保护技术．北京:中国农业出版社,2001
[12] 徐冠军．植物病虫害防治学．北京:中央广播电视大学出版社,1999.
[13] 袁锋．农业昆虫学．3版．北京:中国农业出版社,2001.
[14] 王险峰．进口农药应用手册．北京:中国农业出版社,2000.
[15] 张红燕,石明杰．园艺作物病虫害防治．北京:中国农业大学出版社,2009.
[16] 张随榜．园林植物保护．北京:中国农业出版社,2001.
[17] 张中社,江世宏．园林植物病虫害防治．北京:高等教育出版社,2005.
[18] 张中义．植物病原真菌学．成都:四川科学技术出版社,1986.
[19] 宗兆锋,康振生．植物病理学原理．北京:中国农业出版社,2002.
[20] 李照会．农业昆虫鉴定．北京:中国农业出版社,2002.
[21] 李照会．农业作物病虫草害防治．北京:中国农业科学技术出版社,2008.
[22] 陈宇飞．郃连春. 农艺作物病虫害防治技术. 北京:中国农业科学技术出版社,2008.